사회 속의 기초과학

기초과학연구원과 새로운 지식 생태계

이 도서의 국립중앙도서관 출판예정도서목록(CIP)은
서지정보유통지원시스템 홈페이지(http://seoji.nl.go.kr)와
국가자료공동목록시스템(http://www.nl.go.kr/kolisnet)에서
이용하실 수 있습니다. CIP2016026381

사회 속의 기초과학

기초과학연구원과 새로운 지식 생태계

Basic Science in Society

Institute for Basic Science and the New Ecology of Knowledge

박범순 · 우태민 · 신유정 지음

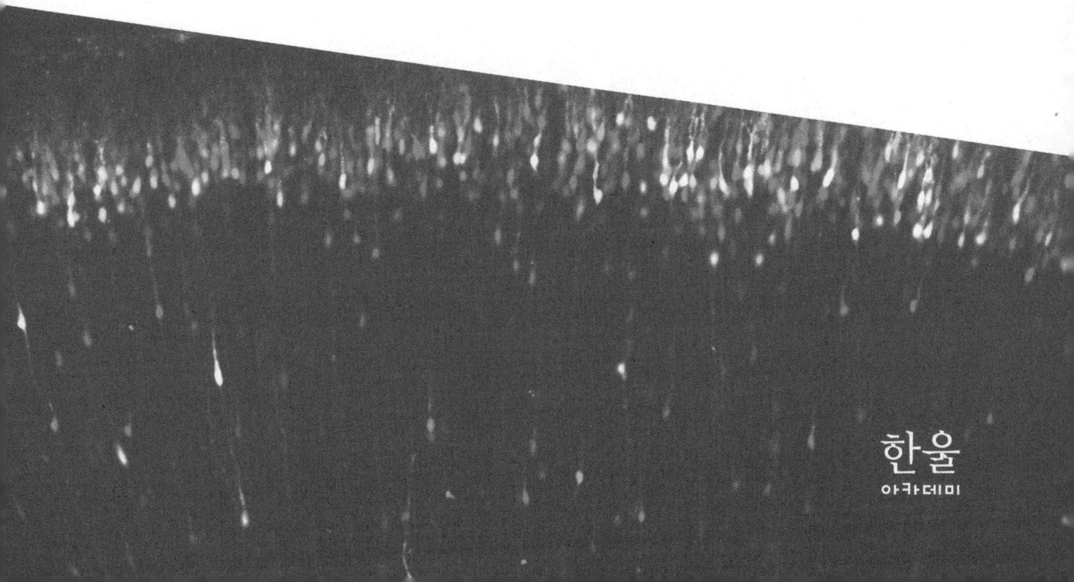

한울
아카데미

차례

표 차례

참고 차례

그림 차례

추천사

기초과학연구원(IBS: Institute for Basic Science)이 출범한 지 올해로 5년째가 됩니다. 짧은 기간에도 기록할 만한 사건과 성과가 많았지만 사실 역사를 돌이켜볼 만큼 긴 시간은 아닐 것입니다. 하지만 기초과학연구원의 탄생과 성장은 좀 더 긴 안목과 큰 틀에서 바라보고, 이해해야 할 것입니다. 우리나라에 기초과학연구원이 설립되기까지 이어져 온 수많은 고민과 논의 과정을 거슬러 올라간다면 그 역사는 30년 가까이 될 것이라 생각합니다. 이미 1988년에 기초과학을 전담하는 연구기관이 필요하다는 통찰이 있었습니다. 또 가깝게는 10여 년 전 과학자들의 꿈을 담은 도시를 건설해보자는 "은하도시" 프로젝트가 새롭게 부상했습니다. 기초과학연구원의 탄생은 몇 년간의 짧은 기획으로 이뤄진 것이 아닙니다. 과학자들의 오래된 꿈과 의지가 실현된 것이라 생각합니다. 물론 법(국제과학비즈니스벨트 조성 및 지원에 관한 특별법)이 통과되고 기관설립 안이 수립되는 과정은 과학자들의 바람대로만 이뤄지진 않았습니다. 정치적 이해나 정부정책의 변화도 주요 변수로 작용했습니다. 국가적·사회적 요구와 과학자들의 뜻이 만나는 지점에서 기초과학연구원이 출범하는 토대가 형성되었다 할 수 있겠습니다.

이번에 출간하는 『사회 속의 기초과학: 기초과학연구원과 새로운 지식 생태계』는 기초과학이 어떤 담론의 형태로 논의되고 정책에 반영되며 실현되었는지 긴 여정을 보여준다는 데 의미가 있습니다. 단순히 기초과학연구원이라는 기관이 성장해온 발자취만을 기록한 것이 아닙니다. 기초과학이 왜 새롭게 조명을 받았는지, 연구원이 왜 사회에 등장했으며 어떤 의미를 가지는가에 대해 정치, 사회, 경제 등 다각적인 프리즘으로 살펴보았기에 한국 과학사에 의미 있는 메시지를 전달해줍니다. 또한 연구소와 대학의 역할, 기초연구 생태계, 연구지원 정책 등을 둘러싼 다양한 견해와 정책들이 충돌·경합하고 선택·합의되는 과정을 따라가다 보면 우리가 현재 논의하는 과학계 여러 이슈들을 더 큰 시야로 바라볼 수 있음을 알게 됩니다. 미래를 바라보고자 하면 과거를 돌이켜보아야 한다는 말이 있듯이, 반복되는 논쟁 대신 미래 지향적인 토론과 소통을 하고자 한다면 과거와 역사는 좋은 참고자료가 될 것입니다.

저서가 기초과학연구원을 기초과학 생태계 혹은 지식 생태계 안에서 조망했듯이 우리 연구원은 새로운 생태계를 창출하는 데 힘을 써왔습니다. 초대 원장을 역임했던 오세정 의원이 "(IBS는) 우리나라의 R&D 패러다임을 바꾸는 계기"라고 강조했으며 저 역시 취임사를 통해 "IBS는 새로운 기초과학 연구생태계를 만든다는 점에서 과학계의 많은 기대를 받았다"고 언급한 바 있습니다. 기초과학연구원은 과학자들의 희망을 바탕으로 사회적 합의를 얻은 결과, 그 역할을 부여받은 셈입니다. 성장하는 과정에서도 꾸준히 그 사회적 합의를 재확인하고, 필요하다면 변화를 선택했습니다. 특히 장기·대형·집단 연구라는 오랫동안 비어 있던 한국 R&D 지형의 빈 공간을 채우는 한편, 연구 패러다임 변화를 선도하겠다는 의지를 천명했기에, 국내에서 시도된 적이 없는 진보적인 선택을 해왔습니다. 연구단장 선정과 연구그룹 구성, 연구단 운영과 지원방식은 늘 자율성, 수월성, 개방성, 창의성이라는 네 가지 철학을 벗어나지 않도록 노력해 왔습니다. 그 덕에 짧은 기간에도 전 세계 과학자들이 주목하는 연구기관으로 자리를 잡았다고 생각합니다. 독일 막스플랑크협회, 일본 리켄 등 유수한 연구기관과 어깨를 나란히 한다는 것은 고무

적입니다. 그러나 무엇보다 중요한 것은 연구자들이 호기심과 자율성을 바탕으로 연구에 집중할 수 있고, 오직 연구의 질적 우수성만으로 평가받을 수 있는 제도를 안착시킨 것입니다. 이는 국내 연구문화가 진화하고 새로운 혁신이 일어나는 데 크게 기여할 것이라 기대하고 있습니다.

새로운 제도를 시행하는 과정에서 소수 연구자에 연구비가 집중되고, 기존 기초연구비가 오히려 줄었다는 오해도 생겨났습니다. 공개적인 토론과 대화를 거쳐 일부 오해는 이해로 바뀌었지만 여전히 국내 과학 커뮤니티와 꾸준한 소통이 필요함을 알고 있습니다. 연구비 논쟁은 과학 선진국인 미국, 독일, 일본에서도 흔히 벌어진 일입니다. 논쟁 자체가 문제라기보다 연구자들과 정책결정자들이 그 이슈를 어떻게 다루고 풀어나가느냐가 과학자집단과 사회의 성숙도를 보여줄 것입니다. 이러한 관심과 이슈들이 역사적 맥락 아래 논의된다면 기초과학연구원은 물론 우리나라 기초과학 생태계와 과학정책이 진일보 하리라는 점을 이 책을 통해 확인할 수 있습니다.

앞선 이들을 뒤쫓는 추격자 전략으로 우리는 지난 50년간 눈부시게 발전했습니다. 앞으로 50년, 100년은 우리 스스로 길을 만들어가야 할 것입니다. 기초과학연구원은 지식의 최전선에서 개척자 역할을 하고자 합니다. 그리고 우리가 걸어가는 과정을 늘 기록하고 남겨, 후배들이 다음 단계를 바라보는 혜안을 갖도록 노력할 것입니다.

2016년 가을 기초과학연구원장 김두철

서론

과학은 시대의 산물이자 시대를 바꾸는 원동력이다. 과학의 역사에서 잘 알려져 있듯이, 중세 때에는 주로 종교적 필요에 따라 천체의 움직임을 관찰하고 자연세계를 탐구했지만, 새로운 지식의 축적은 과학혁명을 일으켜 세계관의 변화를 가져왔다. 현대에 들어와서는 국가의 경제적·군사적·문화적 영향력 확대를 위해 과학을 후원하고 조직화하는 경향이 두드러졌는데, 이 흐름 속에서 우주의 근본물질과 생명현상의 본질에 대한 새로운 이해가 가능해졌고, 이에 기초한 기술개발은 인간, 기계, 사회의 관계에 근본적인 변화를 일으키고 있다. 이처럼 과학의 발전은 사회 속에서 이루어지고, 사회의 제도와 문화에 변화를 일으킨다. 과학연구의 출발점이 개인의 지적 호기심이라 하더라도, 이를 추구하기 위한 수단과 방법은 사회에서 제공되기에, 그 지향점으로 사회적 효용성과 수용성 및 신뢰성을 고려하지 않을 수 없게 되었다. "사회 속의 과학(Science in Society)"에 대한 깊은 이해가 필요한 이유가 여기에 있다.

이 책은 "사회 속의 과학"의 관점에서 한국 기초과학 정책의 역사를 조망하는 것을 목적으로 한다. 한국전쟁 이후 국가를 재건할 시기에 기초과학을 위한 정책은 정부의 우선순위에서 밀려나 있었고, 1980년대에 들어서야 대학의 과학교육 및 연구기능 강화를 위한 움직임이 가시적으로 나타나기 시작했다. 유전공학육성법, 기초과학진흥법과 같은 제도적 장치가 마련되었고, 1990년대에 들어서 과학기술한림원, 고등과학원 등 새로운 기관이 설립되었으며, 대학에서 다수의 우수연구센터가 이공계 분야에 신설되었다. 그럼에도 불구하고 기초과학에 대한 정책적 관심은 다른 응용개발 분야에 비해 적다는 비판이 상존했는데, 이를 극복하기 위한 노력 끝에 2011년 기초과학연구원이 설립되었다. 따라서 이 기관의 설립은 사회 속에서 기초과학 정책이 변화하는 과정과 특징을 잘 보여준다고 할 수 있다. 이 책은 기초과학연구원의 설립배경과 성장과정을 분석하여 개발도상국에서 선진국으로 전환하는 시기의 한국 사회에서 기초과학이 갖는 다층적 의미를 보일 것이다.

과학과 사회의 관계는 과학사, 과학사회학, 과학정책학, 과학기술학의 핵심적인 연구주제 중의 하나이다. 전통적인 관점은 과학과 사회가 거리를 두고 어느 정도 독립적인 주체로서 상호작용하고 있다는 것이다. 과학이 사회에서 지원을 받는 대신에 사회가 필요로 하는 지식을 생산하고 공급한다는 "과학의 사회계약론"이 대표적인 예이고, 과학자 사회를 객관성, 합리성, 독창성 등 고유한 가치를 추구하는 공동체로 보고 여기에 작동하는 보편주의, 공유주의, 회의주의와 같은 규범체계에 대한 중요한 연구도 있으며, 이와 비슷하게 과학자 사회의 정치경제적 분석을 통해 자율과 협력의 특징을 보인 "과학 공화국(Republic of Science)"의 입장도 널리 알려져 있다.[1] 과학사에서도 과학과 사회의 상호작용을 보인 사례연구가 많이 있다. 예컨대 로저 한(Roger Hahn)은 1666년에 설립된 프랑스 파리 과학아카데미의 성장과 쇠퇴를 분석하면서, 과학기관이 "종종 충돌하기도 하는 과학과 사회의 가치를 실

1) 사회와 과학의 관계를 위임자와 대리인 사이에 체결된 일종의 사회적 계약으로 본 입장에 대한 분석은 David H. Guston (1996), "Principal-Agent Theory and the Structure of Science Policy," *Science and Public Policy* 23, pp.229-240에 잘 나와 있다. 과학자 사회의 규범체계와 정치경제적 분석에 대해선 다음을 참조할 것; Robert Merton (1973), *The Sociology of Science: Theoretical and Empirical Investigations* (Chicago: University of Chicago Press); Michael Polanyi (1962), "The Republic of Science: Its Political and Economic Theory," *Minerva* 1, pp.54-73.

행 가능한 형태로 만들어 주는 모루(anvil)"의 역할을 할 수 있음에 주목했다.[2] 이 같은 연구는 과학기관, 단체, 학회를 자율적인 규범을 지닌 주체로서 계속 변하는 사회의 정치경제적 상황에 어떻게 적응하는가에 관심의 초점을 맞추었다. 즉, 적응의 결과로 조직에 어떤 구조적 변화가 일어났으며 어떤 사회적 기능이 새롭게 부여되었는지를 살펴보는 "구조기능주의"의 입장에서 과학과 사회의 관계를 이해한 것이다.[3]

구조기능주의는 국가의 혁신체제 구축과 변화를 이해하는 데 여전히 유효한 이론적 틀을 제공해주고 있다. 즉, 평가, 펀딩, 보상체계와 같은 제도적 조건이 과학연구의 생산성과 독창성에 어떤 영향을 주는지, 그리고 냉전, 신자유주의, 보호무역주의와 같은 정치사회적 조건이 과학의 발전방향에 어떤 작용을 하는지를 살펴보는 데 구조기능주의 이론은 큰 도움이 된다. 그러나 이 관점은 과학지식이 실험실에서 생산되고 사회에 수용되는 과정에 대한 통찰을 제공하지 못한다는 비판을 받아왔다. 1980년대 이후, 지식생산의 장으로서 실험실에 대한 역사적·인류학적 연구가 쌓이면서, 과학자 사회를 둘러싼 경계의 내부와 외부의 상호작용보다는 실험기재 및 기구의 사용, 연구자 사이의 권력관계, 학술발표와 출판, 암묵지(tacit knowledge)와 신뢰의 재생산과 같은 이슈에 관심이 옮겨 갔다.[4] 이러한 변화에는 과학철학에서 토마스 쿤의 패러다임 개념과 이를 공유하는 과학 공동체에 대한 새로운 인식, 언어철학에서 비트겐슈타인의 "언어게임(language-game)" 개념, 즉 언어사용

---

2) Roger Hahn (1971), *The Anatomy of a Scientific Institution: The Paris Academy of Sciences, 1666-1803* (Berkeley: University of California Press), preface.

3) 과학기관과 제도에 대한 과학사 연구의 흐름에 대한 정리로 박범순 (2013), 「역사 속의 인스티튜션 빌더」, 『과학사 학회』 35, 105-129쪽 참조.

4) 대표적인 예로 다음을 들 수 있다. Steven Shapin and Simon Schaffer (1985), *Leviathan and the Air-Pump: Hobbes, Boyle, and the Experimental Life* (Princeton: Princeton University Press); Bruno Latour and Steve Woolgar (1986), *Laboratory Life: The Construction of Scientific Facts*, 2nd ed. (Princeton: Princeton University Press); Bruno Latour (1987), *Science in Action: How to Follow Scientists and Engineers through Society* (Cambridge: Harvard University Press).

과 삶의 형식 사이의 상관관계에 대한 새로운 관심, 그리고 미셸 푸코의 근대성에 대한 새로운 해석 등이 복합적으로 작용했다. 이를 통해 자연세계에서 지식의 체계를 쌓으려는 노력과 인간사회에서 정치적 질서를 이루려는 움직임을 함께 이해하려는 시도들이 나왔다. 예컨대, 쉴라 재서노프는 과학과 사회의 "공동생산(co-production)"의 개념을 제안하면서, 건전한 과학연구와 건전한 민주주의의 수행이 서로 동일한 가치에 의존함을 지적했다. 다시 말해, 판단과 의사결정의 투명성, 비판적 검토에 대한 수용성, 이성과 논증을 최대한 활용하는 합리성, 의사소통에서의 공정성, 불확실성을 받아들일 수 있는 개방성 등, 과학과 사회가 공유하는 가치가 많다는 것이다.[5] 따라서 더 이상 과학자 사회의 고유한 규범체제에 기대어 과학과 사회의 관계를 바라보지 않고, 가치와 규범을 함께 만들어가는 "사회 속의 과학"을 이해해야 한다는 입장이다.

"사회 속의 과학" 관점은 과학 커뮤니케이션 및 과학정책에서도 새로운 바람을 불러일으켰다. 전통적인 과학 커뮤니케이션은 과학지식을 갖추고 있지 못한 대중을 계몽하기 위해 더 많은 과학지식을 알기 쉽게 전달하는 것을 목적으로 하고 있었다. 이러한 결핍모델은 일방적인 지식전달을 가정하고 있었는데, 2000년대 들어 광우병 사태를 겪으면서 과학에 대한 대중의 신뢰 회복을 커뮤니케이션의 핵심으로 파악하고 대중과의 적극적인 대화를 강조하게 되었다. 더 나아가 대중이 과학정책 수립과정에 더욱 적극적으로 참여하여 사회의 가치를 과학연구에 투영하고 과학의 가치를 사회에서 검토하는 "사회 속의 과학" 실현에 큰 중요성을 두게 되었다.[6]

---

5) Sheila Jasanoff (2006), *States of Knowledge: The Co-Production of Science and the Social Order* (London and New York: Routledge).

6) 이러한 변화는 다음 세편의 보고서에 잘 나와 있다; Royal Society of London (1985), *The Public Understanding of Science* (London: The Royal Society); House of Lords Select Committee on Science and Technology (2000), *Science and Society*; MASIS Expert Group (2009), *Challenging Futures of Science in Society: Trends and Cutting Edge Issues* (European Commission). 이

마찬가지로 과학정책의 패러다임도 최근 들어 크게 바뀌었다. 이전에는 제2차 세계대전이 끝날 무렵 바네바 부시가 미국 대통령에게 제출한 「과학, 그 끝없는 프런티어」 보고서에 나와 있는 선형모델에 기초하고 있었다. 이 모델에 따르면, 기초과학에 대한 투자는 궁극적으로 독창적인 기술개발을 가져오고, 이를 통해 경제성장, 질병퇴치, 국방력 강화를 이룰 수 있다. 선형모델의 연장선상에서, 대학은 주로 기초과학을 담당하고, 정부출연연구소와 기업연구소는 설립취지에 부합하는 응용 및 개발 연구를 담당하는 역할 분담도 정책의 한 축을 이루고 있었다. 하지만 기초과학의 지원에 대한 대가로 연구의 "사회적 연관성(social relevance)"에 대한 요구가 커졌고, 연구비 사용의 투명성에 대한 공적감시의 수준도 점점 높아졌다.

1980년대에 들어서는 사회적 필요가 큰 특정 연구프로그램을 집중적으로 지원하는 정책수단이 광범위하게 활용되기 시작했다. 프로그램 기반의 재정지원을 통한 이른바 "전략적 연구(strategic research)"의 체제가 등장하여 기존의 선형모델에 기초한 연구체제와 상호보완 및 경쟁관계를 이루게 되었다. 여기에서는 기초과학과 응용과학의 구분이 크게 의미 없게 되었으며, 대학, 공공연구소, 기업연구소 간의 역할분담도 설계할 필요가 없게 되었다. "전략적 연구는 현재 혹은 미래에 나타나는 현실적인 문제들을 해결하는 데 바탕이 되는 광범위한 지식 기반을 마련할 수 있을 것이라는 기대를 가지고 수행되는 기초연구"라고 정의되기에, 분명한 목표는 설정하면서도 제품생산 또는 특허확보와 같은 단기적 결과에 얽매이지 않고 진행할 수 있다. 따라서 전략적 목표는 있지만 과학연구의 유연성과 개방성은 유지할 수 있고, 정책적으로 사회적 연관성과 과학적 우수성을 동시에 추구한다는 점이 이 연구체계의 특징이다. 주지하다시피, 1990년대 이후 생명과학, 나노과학, 환경,

---

보고서들은 인터넷에서 쉽게 구할 수 있다. 이것들의 발췌 번역은 박범순, 김소영 (2015), 『과학기술정책: 이론과 쟁점』 (파주: 한울아카데미), 154-202쪽을 참조.

의료 분야의 특정 연구프로그램에 대규모 전략적 연구 지원이 이루어졌고, 계속 확대되는 추세이다.[7] 이와 더불어, 유전자 조작, 나노기술, 합성생물학, 유전자 가위기술 등, 과학이 지닌 사회에서의 역할과 사회에 끼치는 영향에 대해 그 어느 때보다도 성찰적인 자세를 가질 것이 요구되고 있다. 이처럼 새로운 과학이 가져올 수 있는 불확실성이 더욱 커짐에 따라 과학자가 과학의 내용뿐만 아니라 윤리, 철학, 법, 사회적 이슈에 대한 폭넓은 이해와 소통의 자세를 가질 것이 요구되고 있다. 과학정책에 있어서도 "성찰적 과학(reflexive science)"에 대한 요구가 커지고 "전략적 연구"의 폭이 넓어진다는 것은 "사회 속의 과학" 실현이 중요해짐을 의미한다.[8]

이 책에서 우리는 기초과학연구원의 설립배경과 성장과정을 분석하면서, "사회 속의 과학"의 관점을 적극적으로 활용할 것이다. 먼저 기초과학에 대한 담론이 형성되고 선택되며 제도화되는 과정의 사회적 맥락에 주목하고, 기초과학이 전략화·대형화되는 과정 속에서 새로운 기관 설립의 정당성은 어떻게 주장되는지 살펴볼 것이다. 또한 자율성·수월성·개방성·창의성과 같은 과학자 사회의 전통적 가치가 특별히 강조되고 기관 운영철학으로 활용되는 과정을 조사하며, 투명성·공정성·합목적성과 같은 민주주의의 덕목이 사회에서 요구되는 과정을 분석할 것이다. 이와 함께 기관의 정체성이 도시의 정체성과 어떻게 연계되어 진화되는지 논의할 것이다.[9]

이런 문제의식을 가지고 그린 "사회 속의 기초과학"은 단순히 기초과학연

---

7) 전략적 연구에 대해선 위의 MASIS Expert Group 보고서에 잘 나와 있다. 전략적 연구에 대한 정의는 John Irvine and Ben Martin (1984), *Foresight in Science: Picking the Winners* (London: F. Pinter)를 참조. 이와 비슷하게 목적연구와 기초과학의 결합을 강조한 관점이 Donald E. Stokes (1997), *Pasteur's Quadrant: Basic Science and Technological Innovation* (Washington, D.C.: Brookings Institution Press)에 나와 있다.

8) 성찰적 과학에 대한 간략한 설명은 MASIS Expert Group 보고서 참조.

9) 성찰적 과학과 관련된 것은 각 연구단의 특색과 이슈 및 평가에 대한 분석이 선행되어야 하므로 본 논의에서는 제외했지만, 앞으로 기초과학연구원이 적극적으로 고려해야 할 부분이라 생각된다.

구원의 자화상이 아니다. 한국에서 기초과학을 위한 연구 환경, 즉 대학과 정부출연연구소로 이루어진 연구 환경이 그림의 배경으로 들어가고, 기초과학의 교육, 연구, 응용을 담당하는 여러 부처 사이의 힘겨루기도 그림에 담겨 있다. 실제로 기초과학연구원이 출범하면서 "국가 R&D 생태계"에 변화가 있을 것으로 예측하는 보도들이 나오는 가운데, 국가과학자 1호이자 정부출연연구소인 한국과학기술연구소(KIST)에 몸담고 있었던 신희섭 박사는 "기초연이 출연연을 업그레이드시키고, 국내 과학기술 수준이 세계를 리드하는 계기가 될 것"으로 기대했다.[10] 오세정 초대원장도 비슷한 맥락에서, "자율성과 연속성이 보장되는 기초과학원의 연구 환경이 정착돼 국내 연구 현장으로 전파·확산되길 희망"하며, 기초과학연구원이 연구 생태계에 긍정적인 변화를 가져올 것이라 설파했다.[11] 김두철 제2대 원장 또한 2014년 취임사에서 이 점을 특별히 강조했다.

> **IBS는 새로운 기초과학 연구 생태계를 만든다는 점에서 과학계의 많은 기대를 받으며 탄생되었습니다.** 국가적 차원의 대규모 기초연구가 점차 주목을 받기 시작하면서 추진된 IBS의 설립은 당시나 지금이나 기초과학계의 희망입니다. 그 후 우리나라 기초과학의 발전과 창조적 가치 창출을 위해 끊임없이 노력해왔고 우리나라 과학의 전진기지로서 훌륭히 발전해오고 있습니다.[12]

따라서 이 책에서는 "사회 속의 과학" 관점과 함께 "지식 생태계(ecology of knowledge)"의 개념도 사용할 것이다. 이 개념은 지식을 생산하는 연구자와

---

10) 디지털타임즈 (2012. 1. 2), 「기초과학연구원 출범… 국가 R&D 생태계 바뀐다」.

11) 대덕넷 (2012. 11. 20), 「기초과학연구원의 첫 시험 "한국 연구생태계 바꾼다"」.

12) 김두철 기초과학연구원 제2대 원장 취임사 (2014. 9. 22). 강조는 저자가 함. http://www.ibs.re.kr/newsletter/2014/10/sub_02.html. 김두철 원장은 2015년 시무식에서도 "IBS가 연구 생태계의 일원으로 공감과 신뢰를 받는 기관이 되도록" 노력할 것을 주문했다.

이 활동을 지원하며 소비하는 사회 사이의 관계에 영향을 주는 제도적 구조를 설명하는 데 유용하다. 여기서 제도적 구조는 학회, 기관, 재단, 기업, 정부, 시민 등 여러 주체가 어우러져 만든 생태계를 가리킨다. 지식 생태계는 역사의 흐름 속에서 계속 변화하는 동적인 성격을 띠고 있고, 기본적으로 과학과 사회를 한데 묶어 보기 때문에 "사회 속의 과학" 관점과도 일맥상통한다.[13] 편의상 지식 생태계를 지식을 생산하는 주체에 초점을 맞춘 "연구 생태계"와 이를 위한 정책을 만들고 집행하는 "정책 생태계"를 나누어 논의할 때도 있으나, 여기에서는 주로 이들 사이의 역동적인 관계를 함께 살펴볼 것이다.

제1장에서는 한국에서 기초과학 육성을 위한 담론이 나오고 제도화되면서 지식 생태계가 형성되는 과정을 살펴본다. 국제적으로 보호무역주의 장벽이 모습을 갖추기 시작한 1980년대와 1990년대에는 지속적인 경제발전을 위해서 원천기술 확보가 시급했고, 이를 위해 정부는 특정목적연구프로그램 지원정책을 폈다. 이런 배경하에 1988년 정부출연 형태의 "기초과학연구소" 설립제안서가 과학기술처를 통해 제출되었으나 문교부의 반대로 무산되고, 대신 대학의 기초과학연구 기능을 강화하기 위한 지원센터가 만들어지게 되었다. 이 사례를 통해, 기초과학 생태계에 대학중심 담론이 정부출연연구소 중심 담론과 치열하게 경합하고 있었음을 보일 것이다. 1996년 카이스트 부설 기관으로 설립된 고등과학원도 결국 대학중심으로 기초과학의 발전을 이루려는 담론과 정책에서 크게 벗어나지 못했음을 주장할 것이다.

2000년대 초, 경제위기 후 찾아온 이공계 기피 현상과 함께 노무현 정권의 지역균형발전 정책의 일환으로 다수의 혁신도시가 설립되는 상황에서 대학의 기초과학자들은 위기감을 느꼈다. 이에 서울대 물리학과 민동필 교수를 중심으로 새로운 가속기를 건설하자는 움직임이 일어났다. 이들은 과학자와

---

13) Charles Rosenberg (1997), "Toward an Ecology of Knowledge: On Discipline, Context, and History," in *No Other Gods: On Science and American Social Thought* (Baltimore: Johns Hopkins University Press), pp.225-246.

예술가가 어울려 지내고 교류할 수 있는 새로운 형태의 과학도시 건설을 통해 가속기 건설을 지원받고자 했다. 제2장에서는 "은하도시"라고 불린 이 과학도시의 아이디어가 이명박 정부의 과학비즈니스벨트 사업 일부로 활용되면서 행정부처의 세종시 이전 재검토라는 급격한 정치적 소용돌이에 휘말리는 과정을 그릴 것이다. 흥미롭게도 이때에는 대학중심 담론과 연구소중심 담론의 경쟁보다는 새로운 도시건설 담론이 중요하게 작용했음을 보일 것이다.

2011년 5월, 기초과학연구원의 가속기와 본원을 대전에 위치하는 결정이 내려졌고, 설립위원회와 설립사무국은 그해 11월 연구원 창설을 위한 본격적인 준비 작업에 들어갔다. 제3장에서는 기초과학연구원의 거버넌스 조직을 어떻게 구성하고 어떤 원칙하에 운영할 것인가에 대한 논의를 분석할 것이다. 뛰어난 과학자의 선발과 자유로운 연구 환경 제공을 위해, 수월성, 자율성, 개방성, 창의성의 가치를 운영철학으로 활용한 점은 새로운 실험이었다. 하지만 결국 대학과 연구원의 관계설정 문제가 복잡하게 얽혀 있는 상태로 남아 있어, 기관의 정체성 정립은 다른 한편으로는 기관의 정당성 확보와 직접적으로 연결되어 있음을 보일 것이다.

제4장에서는 기초과학연구원의 출현이 기초과학 생태계에 던진 파장을 다룰 것이다. 몇 차례에 걸쳐 연구단장들이 선정되자 그 과정과 결과에 대해 많은 기대와 함께 우려를 표명하는 사람도 생겨났다. 이처럼 소수의 연구단에 엄청난 규모의 지원이 제공되는 시점에, 다수의 기초과학자들은 소규모의 연구비조차 획득하기 어려워졌음을 호소하면서, 기초과학연구원의 설립 자체를 비판하는 목소리를 내기 시작한 것이다. 이러한 도전을 통해 기초과학연구원은 기관을 더 투명하고 공정하게 운영해야 할 뿐만 아니라 기초과학 지식 생태계에 긍정적인 영향을 줄 수 있는 방법을 고민하기 시작했음을 보일 것이다.

제5장에서는 본원 설립과 가속기 설치를 위한 부지매입비 문제가 중앙정부와 지방정부 사이의 타협을 통해 해결되는 정치적 과정을 다루면서, 기초

과학연구원에 대한 지역사회의 기대가 어떤 방식으로 표출되는지 살펴볼 것이다. 기초과학연구원은 도심형 사이언스파크와 같은 개념을 통해 대전시와 상생할 수 있는 방법을 찾았고, 대전시는 과학도시의 이미지 강화에 기초과학연구원 설치를 적극적으로 활용할 수단을 추구하게 되었다. 기관과 도시는 과학이란 "상징"을 공유하는 방법으로 정치적 문제를 해결했던 것이다. 이 과정을 통해 기초과학연구원은 "사회"의 다층적 의미, 즉 국제사회에서 한국을 대표하는 연구기관으로 발전해야 할 뿐만 아니라 지역사회 속에서 과학도시의 이미지를 대표하는 역할도 맡게 되었음을 지적할 것이다.

이 책은 기관사에 흔히 나타날 수 있는 주요 인물에 대한 칭송 위주의 서술(영어로 "hagiography"), 또는 역사적 해석을 배제한 채 사실만을 충실히 모으고 나열하는 백서 형태의 방법을 모두 피했다. 그 대신 여기저기 흩어져 있는 사료를 모아 체계적으로 분석하여 한국 기초과학 생태계의 특징을 그리고, 기초과학연구원이 사회 속에서 자리 잡아가는 여정을 보여주려 했다. 이를 위하여 각종 정부보고서, 제안서, 백서, 공청회 회의록 및 준비자료, 국회 회의록(본회의/상임회의), 신문기사, 인터뷰 기사, 학술 논문 등을 발굴, 활용했고, 기초과학연구원 내부 자료도 참고했다. 또한 주요인물에 대한 인터뷰를 실시했다.

기초과학연구원의 실험은 계속되고 있다. 이 실험을 계획하고 준비하고 수행하고 있는 사람들, 그 주체가 된 연구자들, 그리고 이 기관의 성장을 주의 깊게 보고 있는 시민과 국제사회의 일원들에게, 이 책이 기초과학연구원을 이해하는 데 도움이 되길 바란다. 더불어, 과학과 마찬가지로 기관도 시대의 산물이기에 이 기초과학연구원의 초기 역사를 통해 개발도상국에서 선진국으로 탈바꿈하고 있는 한국 사회의 역동성에 대한 이해도 깊어질 수 있기를 바란다.

제1장

담론과 제도

기초과학의 생태계 형성

1. 대학과 기초과학

대학이 과학연구의 핵심주체가 된 것은 그리 오래된 일이 아니다. 대학은 12세기 중반 이후 유럽 주요 도시에 설립되기 시작했는데, 수백 년 동안 기독교 중심 사회를 이끌 종교 지도자의 양성을 주된 목적으로 하고 있었다. 자연세계에 대한 탐구도 신학적 논의를 위한 범주 내에서 수행되었고, 새로운 것을 발견하는 것보다는 옛것을 재해석하는 데 초점이 맞추어져 있었다. 따라서 16세기, 17세기 과학혁명기 대표적인 과학자들—예컨대, 코페르니쿠스, 갈릴레오, 데카르트, 보일, 뉴턴 등—도 대학 밖에서 개인적인 네트워크를 통해 교류하거나 또는 영국 왕립학회와 같은 장소에서 모임을 가져 새로운 연구결과를 발표하고 인정받았던 것이다.[1] "교육"을 통한 지식의 보존과 전수라는 대학의 전통적인 존재이유에 "연구"기능이 더해진 것은 19세기에 들어서였

---

1) 과학혁명기 대학의 역할에 대한 논의에 대해선 다음을 참조할 것; H. Floris Cohen (1994), *The Scientific Revolution: A Historiographical Inquiry* (Chicago: University of Chicago Press), Chapter 3.

다. 독일 대학들이 독창적인 연구를 강조하여 경쟁적으로 우수한 교수를 확보하기 위해 노력하고 기본적인 커리큘럼에도 큰 변화를 일으킨 개혁에 자극을 받아, 19세기 말 20세기 초 이른바 "연구대학" 또는 "연구중심대학"들이 미국에 등장하기 시작했다. 이것을 제1차 대학혁명이라고 한다면, 20세기 후반에는 대학연구의 상업화가 강조되는 제2차 대학혁명이 일어났다. 단순히 대학과 기업의 연대강화가 아니라 대학 스스로 지적 재산권을 확보하고 벤처기업을 육성하여 경제발전의 전진기지 역할을 수행하는 현상이 나타나고 있는 것이다.[2)]

한국 대학의 역사는 비교가 안 될 정도로 짧고 대학에 연구기능이 강조된 것은 그나마 최근의 일이며 연구의 상업화도 함께 진행되고 있다. 즉, 한국의 대학들은 서구의 대학들이 겪었던 두 차례의 대학혁명을 거의 동시에, 압축적으로 경험하고 있는 것이다.[3)] 1945년 해방 당시 총 21개의 고등교육기관 중에서 대학은 경성제국대학 하나뿐이었고, 나머지는 모두 전문학교였다. 그 다음해 미군정은 경성대학과 9개 관립 전문학교를 '국립서울대학교'로 통합하는 소위 '국대안'을 발표했고, 나머지 전문학교들은 대학으로 승격시켰다. 이 당시 대학의 사회적 위상은 민족을 이끌 국가 지도자를 양성하는 곳으로 높았다. 1949년 12월에 제정된 교육법에도 "대학은 국가와 인류사회 발전에 필요한 학술의 심오한 이론과 그 광범하고 정치한 응용방법을 교수연구하며 지도적 인격을 도야하는 것을 목적으로 한다"[4)]라고 명시되었다. 여

---

2) Joseph Ben-David (1971), *The Scientist's Role in Society: A Comparative Study* (Eaglewood Cliffs: Prentice-Hall); Roger L. Geiger (1986), *To Advance Knowledge: The Growth of American Research Universities, 1900-1940* (London: Oxford University Press); Henry Etzkowiz, Andrew Webster, Peter Healey, ed. (1998), *Capitalizing Knowledge* (Albany: SUNY Press); Sheila Slaughter and Larry L. Leslie (1999), *Academic Capitalism: Politics, Policies, and the Entrepreneurial University* (Baltimore: Johns Hopkins University Press), 한국에서 연구중심대학에 대한 논의로 민철구, 이춘근 (2000), 「연구중심대학의 효과적 육성방안」, 『정책연구』, 1-146쪽 참조.

3) 박희제 (2006), 「한국 대학에서의 과학연구의 성격과 변화: 1980년대 이후 연구개발비 흐름을 중심으로」, 『사회이론』 통권 제30호, 213-244쪽, 특히 215쪽.

기서 "지도적 인격"은 한쪽에 치우치지 않은, 즉 인문과 과학을 겸비한 자로 이해되기도 했다. "과거 봉건시대의 교육에서는 과학 없이 인문만으로도 한 완전한 인격을 도야할 수 있었지마는 현대의 민주주의 교육에서는 인문만이 아니고 인문과 과학을 합해서 비로소 전인적 인격을 도야할 수 있는 것이다."[5] 이처럼 전인적 지도자 양성을 주된 목적으로 하던 대학에 새로운 국가건설과 경제발전에 적극적으로 참여할 것을 요구한 것은 박정희 정권 때였다. 국가의 성장과 발전을 시대적 과제로 규정하고 대학이 여기에 선도적 역할을 할 것을 요구했던 것이다. 박정희 대통령은 1974년 서울대학교 졸업식 치사에서 본인의 대학관을 분명히 드러냈다.

> 우리나라 대학교육은 조국 근대화와 민족중흥을 위해 적극적으로 헌신할 수 있는 진실하고 유능한 한국인을 양성하는 데 그 목적이 있는 것입니다.[6]

박 대통령은 "전인적 지도자"가 아닌, "진실하고 유능한 한국인", 즉 조국의 근대화의 역군이 될 "고급 기술인력"의 양성을 대학에 주문했던 것이다.

1970년대의 정치적 상황을 고려할 때 박정희 대통령의 서울대학교 졸업식 치사를 액면 그대로 받아들이기는 어려울 것이다. 1960년 4월 항쟁으로 독재정권을 무너뜨린 대학생들은 이미 한국 사회에서 지도적 위치에 올라서 있었고,[7] 이후 박정희 정권과의 계속되는 투쟁 속에서 민주주의의 수호자로 인식되고 있었다. 박 대통령이 요구한 경제성장의 동반자로서가 아니라, 정

---

4) 교육부 (1949. 12. 31), 「[법률 제 86호] 교육법」.

5) 조윤제 (1949), 「교육정책 사견」, 『신천지』, 57쪽; 오제연 (2013), 「전인적 지도자 양성에서 고급 기술인력 양성으로—해방 이후 1970년대까지 대학의 위상 변화」, 『역사비평』, 36-64쪽에서 재인용, 43쪽.

6) 박정희 (1974. 2. 26), 「서울대학교 졸업식 치사」, 대통령기록관; 오제연 (2013), 「전인적 지도자 양성에서 고급 기술인력 양성으로—해방 이후 1970년대까지 대학의 위상 변화」, 51쪽.

7) 오제연 (2013), 「전인적 지도자 양성에서 고급 기술인력 양성으로—해방 이후 1970년대까지 대학의 위상 변화」, 50쪽.

치적 “현실참여”로 사회변혁을 이끄는 세력이 되었던 것이다. 사실 박정희 정부도 대학에 큰 기대를 건 것은 아니었다. 대학을 통해 경제개발을 위한 인력을 양성하기 위해, 산업 분야별, 업종별, 직종별 필요한 인력을 정기적으로 조사하고 이공계 학과의 정원조정문제에 직접적으로 간여하기도 했으나, 실제로 연구개발을 위한 투자는 거의 없었다. 1963년에 문교부가 새롭게 시작한 ‘학술연구조성비’사업으로 대학에서의 연구를 위한 유일한 지원정책을 펼쳤지만, 규모가 작아 실험실 운영을 해야 하는 자연과학연구에는 큰 도움이 되지 않았다.[8]

하지만 박정희 정부는 대학연구에 대한 지원이 아닌 독립적인 연구소와 새로운 연구중심 대학(원)을 설립하는 방식으로 과학기술연구를 수행하려고 했다. 여기에는 산업발전이라는 실용적 목표를 세우고 이를 위한 특정한 분야에 집중적으로 투자를 하여 단기간 최대한 효과를 이루려는 정책적 판단도 있었지만, 국가적인 필요성보다는 개인적인 지적 호기심만을 좇는 대학의 연구 풍토에 대한 불신도 있었다. 이러한 배경에서 1966년 종합과학기술연구소 성격의 한국과학기술연구소(KIST)가 설립되었고, 1971년에는 문교부 및 대학 교수들의 거센 반발에도 불구하고 산업기술개발을 위한 교육과 연구를 전담할 대학원 중심 대학인 한국과학원(KAIS, 한국과학기술원의 전신)이 과학기술처 산하에 생겨났다.[9] 박정희 대통령은 지속적인 경제성장에 그 무엇보다도 과학기술이 필요함을 인지했으나, 이를 위해 기존 대학의 연구토대를 넓히고 대학 엘리트를 파트너로 삼기보다는 해외에서 인재를 정부출연

---

8) 박희제 (2006), 「한국 대학에서의 과학연구의 성격과 변화: 1980년대 이후 연구개발비 흐름을 중심으로」, 213-244쪽.

9) KIST와 KAIS의 설립은 한국과학사에서 매우 중요한 사건으로 기록되기 때문에 비교적 많은 연구가 수행되었다. 대표적으로 다음과 같은 것들이 있다; 김근배, 「한국과학기술연구소 설립과정에 관한 연구—미국의 원조와 그 영향을 중심으로」, 『한국과학사학회지』 제12권 1호, 44-70쪽; 문만용 (2010), 『한국의 현대적 연구체제의 형성』 (서울: 선인); Kim Dong-Won and Stuart W. Leslie (1998), “Winning Markets or Winning Nobel Prizes? Kaist and the Challenges of Late Industrialization,” *Osiris* 13, pp.154-185.

연구소에 모셔오고 연구중심의 대학원을 신설하는 방식을 선택했던 것이다. 그 결과 연구 지원의 편중 현상은 심각하게 일어났다. 1970년대 중반까지 대학에게 지원된 연구개발비는 국공립 및 정부출연연구소가 사용한 연구개발비의 10분의 1에도 미치지 못했다.[10)]

이러한 맥락에서 1977년 한국과학재단(KOSEF)의 설립은 우리나라에서 기초과학연구에 대한 실질적인 정부지원을 알리고 대학의 연구기능을 강화한 중요한 분기점이라 할 수 있다. 1960년대 정부가 '과학기술개발 장기종합계획'[11)]을 통해 기초-응용-개발 연구비 배분을 규정하기도 했으나, 이 계획에서는 기초과학을 창조적 지식의 근원으로 파악하기보다는 응용 및 개발 연구를 위한 기반 구축의 의미로 파악하여 기초연구의 목표는 따로 설정하지 않았기 때문이다.[12)] 한국과학재단의 설립과 설립 이듬해에 실시된 기초연구지원 사업은 다름 아닌 대학의 연구 환경을 개선하고, 대학의 연구 활동을 촉진시키는 계기를 마련하기 위한 것이었다.[13)] 위에서도 언급했듯이, 그 이전 대학의 연구 환경은 열악했고, 서울대학교도 교내에 설치된 16개의 연구소가 모두 연구비 부족에 시달리고 있어 제대로 된 연구 기능을 거의 발휘하지 못하는 처지였다.[14)] 정책적 노력이 전혀 없었던 것은 아니었다. '과학기술개발 장기종합계획'에 나와 있듯이, "과학기술 인재양성과 연구 활동의 추진 모체"로서 대학 및 대학원의 육성이 과학연구의 역할분담론과 함께 강조되었다.[15)] 즉, 대학을 제외한 정부출연연구소 및 기업연구소들을 통해 산업계에

10) 1960, 1970년대 대학연구를 둘러싼 갈등에 대해선, 박희제 (2006), 「한국 대학에서의 과학연구의 성격과 변화: 1980년대 이후 연구개발비 흐름을 중심으로」, 특히 220-225쪽 참조할 것.

11) 과학기술처 (1968), 『과학기술개발 장기종합계획』 (서울: 과학기술처).

12) 정세환, 설성수 (2010), 「한국의 기초과학연구 발전의 시대구분과 발전요인 도출」, 『한국기술혁신학회지』 제13권 제3호, 587-616쪽.

13) 같은 글.

14) 대학신문 (1963. 6. 10), 「부족한 연구비, 마비되는 기능」.

15) 과학기술처 (1968), 『과학기술개발 장기종합계획』, 45-50쪽; 당시 '기초과학'이라는 용어는 사실 단일한 의미로 사용되지 않았으며 상황에 따라 '자연과학'과 혼용되어 사용되기도 했다. 용어의 의미는

즉각적으로 응용될 수 있는 산업기술을 개발하고, 대학을 장기적인 관점을 갖고 기초연구를 수행할 주체로 육성하자는 생각이었다. 약 10년 뒤 과학재단의 설립으로 이를 구체화할 수단을 마련했던 것이다.

한국과학재단은 크게 세 가지 목적을 가지고 설립되었다. 첫 번째로 과학기술 과제의 선정 및 평가의 실시를 통해 연구 활동을 국가발전목표에 부합할 수 있도록 체계적으로 유도하며, 두 번째로 대학의 연구와 교육을 밀착 심화시켜 대학개혁을 일으키며, 세 번째로 과학기술자들의 국제공동연구와 교류를 촉진한다는 것이 주목적이었다.[16] 이 세 가지 목적에서 공통적으로 강조된 것은 대학의 기초연구 역량 강화였다. 당시 과학기술처 최형섭 장관의 회고에 따르면,

> 과학기술처 장관 5년째로 접어들어 나는 그만두기 전에 기초연구를 강화하는 방안, 특히 대학의 연구를 활성화하는 방안을 마련해놓아야 하겠다는 생각이 들었다. 과학재단의 설립은 이런 관점에서 계획된 것이었다. … (미국 전문가들이 추천한 '과학기술재단'이라는 이름 대신) 과학재단이라는 명칭을 고집한 것(도) 이제 우리도 기초과학 육성에 관심을 가져야 한다는 의사표시를 분명히 하고 싶어서였다.[17]

최형섭 과학기술처 장관은 한국과학재단의 수혜범위를 기초과학뿐만 아니라 응용과학, 즉 공학도 포괄해야 한다는 미국 측 전문가들의 의견을 받아

분명치 않았지만 분명 산업기술과는 구별되는 어떤 다른 종류의 과학기술활동을 뜻하는 의미로 통용되었다.

16) 최순달(1987), 『한국과학재단 10년사: 1977-1986』 (대전: 한국과학재단), 30쪽; 첫째, 기초과학 및 공학 분야에 종사하고 있는 대학교수의 연구 수준을 높이기 위하여, 둘째, 교수의 질적 수준을 높이고 교육 내용을 충실히 하게 하기 위한 것이었다. (원글), NAS 타당성조사 결과 - 세 가지 기능 중 두 가지임. 참고로 나머지 하나는 과학기술자의 국내 및 국제교류를 촉구하고 미국을 비롯한 여러 외국과 개인적으로 관심이 있는 분야에서 공동사업을 수행하는 데 필요한 재정지원이다.

17) 최형섭 (1995), 『불이 꺼지지 않는 연구소』 (서울: 조선일보사); 한국과학재단30년사편찬위원회 (2007), 『한국과학재단 30년사: 1977-2007』 (대전: 한국과학재단), 98쪽.

들여 영문 명칭은 'Korea Science & Engineering Foundation(KOSEF)'라고 하되, 우리나라 명칭은 '한국과학재단'으로 붙이기로 결정했다. 그 이유에는 한국정부가 기술에 치중하는 정책을 중점적으로 추진했지만, 과학재단의 설립을 기점으로 기초과학 분야에 대한 지원에 주력하겠다는 의지를 강력하게 부각시키기 위한 의도가 있었다.[18] 과학재단은 일반연구자를 위한 연구비 지원 사업, 신진 연구자를 위한 정착연구비 지원 사업, 석박사 학생들에게 지급하는 연구 장학금 지원 사업, 박사학위 소지자들의 해외 연수 지원 사업,

〈그림 1-1〉 한국과학재단 연구분야별 일반연구비 지원액 (1978-1981)

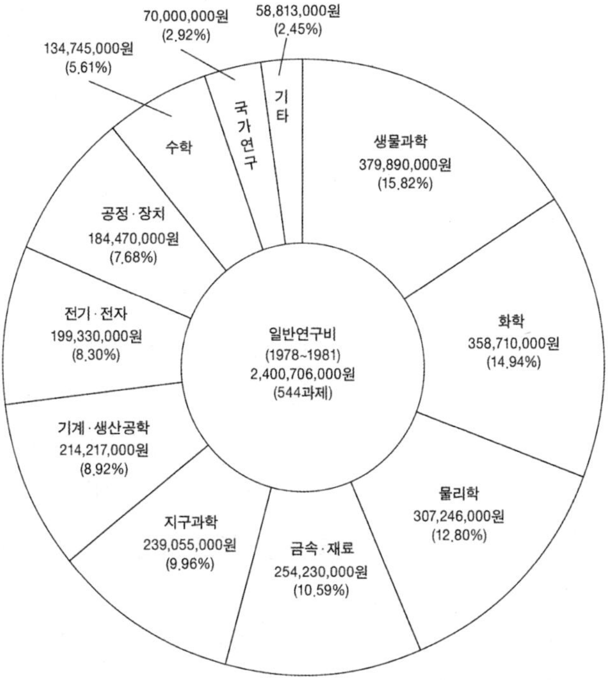

출처: 최순달 (1987), 『한국과학재단 10년사: 1977-1986』.

18) 최순달 (1987), 『한국과학재단 10년사: 1977-1986』, 29쪽.

외국과학자 초청 활용 지원 사업 등 다양한 사업들을 실시했고, 이는 한국의 기초과학 연구자의 저변 확대에 큰 영향을 끼쳤다.[19]

또한 한국과학재단의 지원 사업은 대학에서의 기초 연구의 성격 형성에도 영향을 미쳤다. 설립 초기에는 교육을 위한 기초연구를 강조하며 비교적 다양한 분야의 연구를 균형 있게 지원하는 방식이었다(〈그림 1-1〉). 즉, 이 시기의 기초연구는 기초과학, 공학연구와 혼용되었고, 농림수산학과 의약학 분야까지도 포괄하는 상당히 광범위한 개념으로 사용되었다. 그러나 1980년대 중반 이후 기초연구는 순수기초연구와 명확하게 구분되어 인식되기 시작했고, 목적 기초의 경우에는 상황에 따라 응용이나 개발연구의 선행연구를 지칭하기 시작했다. 이는 한국과학재단의 지원 방식이 국가의 경제발전을 위한 목표에 부합하는 응용연구 및 개발에 선행하는 기초연구를 집중적으로 지원하는 것으로 바뀌었다는 사실을 잘 보여준다. 나아가 이러한 변화는 결과적으로 1990년대 이후 대학에서 순수과학보다는 응용과학 및 공학 연구에 더욱 집중하고, 이러한 분야의 발전이 더 두드러지게 나타나게 된 계기를 가져오게 되었다.[20]

과학재단의 설립과는 별도로 대학에서의 기초과학 교육과 연구를 강화하기 위한 노력하기 전혀 없었던 것은 아니었다. 1970년 과학기술처가 제안한 '기초과학연구센터에 대한 설립구상'에 따르면, 기초과학을 분야별로 중점육성하기 위해 각 대학의 강점을 살려 특성 있는 연구센터를 설립하고, 이를 바탕으로 미래의 산업기술혁신의 저력을 축적하고 안정적 성장이 가능토록 하는 동시에, 대학교육의 질적인 수준향상을 기대했었다.[21] 각 대학에서 기초과학 전 분야를 동시에 육성하는 것은 사회경제적 제약이 크다고 판단되었기에, 각 대학의 특성을 살리고 연구능력을 발전시킬 수 있는 특정 기초과학

19) 강기천 (2014), 「한국과학재단의 설립과 대학의 기초연구: 1962-1989」, 서울대학교 석사논문.

20) 같은 글, 4-5쪽.

21) 김선길 (1970), 「기초과학연구센터 설립 구상」, 『과학기술』 제3권 제3·4호, 5-9쪽, 7쪽.

분야에 집중하는 기초과학연구센터를 설립해야 한다는 주장이 제기된 것이었다.[22] 그러나 이 계획은 정부의 예산 부족 및 대학의 반대로 인해 실현되지 못했다.

1970년의 과기처의 기초과학연구센터 설립구상은 9년 뒤에 문교부의 '대학 부설 기초과학연구소 사업'으로 부분적으로 실현되었다고 할 수 있다. 문교부는 1979년부터 1983년에 걸쳐 제1차 5개년 계획을 수립하고 기초과학연구소 사업을 시작했는데, 그 배경에는 서울대 자연과학대학에 공여한 500만 달러 상당의 AID 차관사업의 효과를 지속적으로 발전시켜 나가기 위한 의도가 있었다. 당시 문교부는 서울대학교만을 대상으로 한 지원을 계획했으나, 도리어 서울대 측의 건의에 따라 9개 국립대학과 3개 사립대학을 그 대상으로 하기로 했다.[23] 문교부는 이에 따라 약 6억 원의 예산을 마련하고, 학술진흥위원회 기초과학분과위원회의 자문을 받아 총 12개 국립, 사립대학에 각각 특성화 분야를 지정하고, 기초과학연구소의 운영을 지원했다.[24] 기초과학 분야에 6억 원이라는 예산을 할당한 것은 당시 문교부의 학술연구지원을 위한 가용예산이 연간 40억 원 정도였던 것을 고려하면 큰 결단이었다.[25]

문교부의 제1차 기초과학연구소사업은 무엇보다 합리적인 운영체제를 구축하는 것에 초점을 맞추었다. 이 사업의 첫 번째 목표는 대형 공동연구의 기반 구축이었다. 당시 기초과학 진흥을 위해서는 대학에서의 기초연구가 소형 과제 중심에서 "대형 중점 연구과제"로 나아가야 할 필요성이 있었기

---

22) 같은 글.

23) 한국학술진흥재단 (1989), 『2000년을 향한 국가장기발전을 위한 학술연구 보고서, 과학 기술 분야 1-2』 (서울: 한국학술진흥재단); 김현남 (1988), 「기초과학계 대학원 육성방안」, 『2000년을 향한 국가장기발전을 위한 학술연구 보고서, 과학기술분야 1』 Vol.5, 1-127쪽.

24) 한국학술진흥재단 (1989), 『2000년을 향한 국가장기발전을 위한 학술연구 보고서, 과학 기술 분야 1-2』; 김시중(1988), 「대학부설 기초과학연구소의 육성방안」, 『2000년을 향한 국가장기발전을 위한 학술연구 보고서, 과학기술분야 1』 Vol.6, 1-59쪽.

25) 김현남 (1988). 「기초과학계 대학원 육성방안」.

때문이었다. 기초과학의 특징은 본래 응용에 대한 구체적인 목적의식 없이 학문으로서 지식 탐구가 주류를 이루고 있지만, 산업상황에 따라, 학문의 조류에 따라 시급히 추진 육성되어야 할 필요가 있는 대형 중점 연구과제에 대해서는 집중 지원해야 할 필요가 있었다. 그리고 이러한 대형 중점 연구과제의 구성과 추진에는 대학 내에 부설로 설치되어 있던 기초과학연구소라는 기구가 중심적인 역할을 할 수 있으리라고 판단되었다.[26] 기초과학연구소의 두 번째 역할은 바로 고급인재의 양성 기능이었다. 교육과 연구가 함께 이루어지는 대학의 부설연구소라는 특성을 살려, 석사 및 박사과정 대학원생들을 직접 연구에 참여시키고, 이를 통해 신진 연구 인력을 키워내는 것을 대학연구소의 중요한 기능으로 인식하고 있었다. 마지막으로 대학 내 기초과학연구소사업은 연구비 지원형태에 있어서 정부가 개인 연구 사업이 아닌 연구소를 지원한다는 기본 방침을 가지고 있었다. 즉, 연구비는 연구소에서 중앙 관리되고, 각 연구소는 사전에 연구비 배당에 따라 그 범위 내에서 연구과제를 도출하여 연구를 수행하는 구조를 가지고 있었기에, 일종의 "교수 기본연구비"와 같은 성격을 가졌다.

1986년에는 예산이 9억 원으로 늘어나 기초과학연구소를 가진 대학에 특성화 과제를 지정해 총 21개 연구소에 90개의 특성화 연구 과제를 지정해 연구하게 했다. 대학 기초과학연구소에 대한 지원은 이러한 양적 성장을 이루

---

26) 김시중 (1988), 「대학부설 기초과학연구소의 육성방안」, 46쪽; 이 보고서에 따르면 대학 부설연구소가 갖는 장점은 다음과 같다. ① 대학의 연구인력 (교수와 대학원 학생)과의 협동연구를 쉽게 수행할 수 있다. ② 대학이 포용하고 있는 광범위한 여러 학문분야 사이의 학제 간 대형 공동연구를 수행할 수 있다. ③ 대학원 학생이라고 하는 "임금 없는 연구인력"을 활용할 수 있다. ④ 대학원 학생들의 활용으로 연구와 교육을 직결시킬 수가 있다. ⑤ 고가의 정밀기기를 갖추어 공동이용에 제공함으로써 기기활용의 효율화와 중복투자의 방지를 기할 수 있다. ⑥ 연구과제에 따라 연구진의 편성, 개편, 해체가 비교적 용이하게 이루어질 수 있다. ⑦ 특정 목적성 연구 과제를 국책이나 산업 상황에 따라 또는 학문의 조류에 따라 신속히 설정 추진할 수 있다. ⑧ 산학협동 연구의 매개체 역할을 할 수 있다. ⑨ 대학원 학생의 교육으로 연구의 계승성을 유지할 수 있으므로 연구과제 수행의 장기적 지속성을 기할 수 있다. ⑩ 국내외의 고급 연구 인력을 연구원으로 흡수함으로써 우수두뇌의 해외유출을 방지하고 또 국내 유치를 기할 수 있다.

었음에도 불구하고, 여전히 연구소의 운영에 대해서는 연구비 관리라는 차원을 벗어나지 못했다. 가장 먼저 세워졌던 서울대학교 자연과학종합연구소의 경우에도 연구소 자체의 인력이나 고정된 예산이 없이 문교부 기초과학연구사업, 과학재단 및 기타연구비의 중앙관리를 하는데 불과하다는 비판이 제기되기도 했다.[27]

이러한 일부 비판의 목소리에도 불구하고 문교부의 기초과학연구소 사업은 이공계 대학원을 육성할 수 있는 효과적인 방안으로 받아들여지고 있었고, 이 사업을 더욱 확대하여 연구 성과가 일정 수준 이상인 이공계 학과에 대해서는 기초과학연구소 육성사업 "제2단계 지원(학)교"로 선정하고, 이에 대해 과기처 소속인 한국과학원 수준의 각종 지원을 실시해야 한다는 방안을 제시해야 한다는 주장이 제기되기도 했다. 기초과학 분야의 육성을 위한 육성방안을 고민하는 과정에서 기존의 대학 시스템과 사회에 큰 충격을 주지 않는 선은 유지하되 대학원 중심의 한국과학원과 같은 효과적인 기초연구 기반을 마련할 수 있는 방안으로 기초과학연구소를 더욱 육성하고 확대해 나가려는 생각이 있었던 것이다.[28]

대학 부설로 운영되었던 기초과학연구소는 이공계 대학원의 육성과 대학교수들의 공동연구기반을 구축하는 데 편리한 방법이었다. 그러나 대학 부설 기초과학연구소는 여러 가지 한계를 드러내어, 정부에서는 이와 같은 대학연구소와는 별도로 기초과학연구소의 설립을 구상하게 되었다.

---

27) 김시중 (1988), 「대학부설 기초과학연구소의 육성방안」, 29쪽.

28) 김현남 (1988), 「기초과학계 대학원 육성방안」, 126쪽.

2. 정부출연 기초과학연구소 설립제안

대학 밖에 기초과학 연구소를 설립하기 위한 구상은 1986년 과학기술처가 '2000년대를 향한 과학기술 장기 발전계획'을 작성하는 과정에서 시작되었다. 당시 기초연구 계획 위원장이 주재한 기초과학관계 학회장 연석회의에서 기초과학 발전을 위하여 독립 연구소 설립에 대한 필요성이 제기된 것이다. '2000년대를 향한 과학기술 장기 발전계획'은 한국에서 처음으로 설립된 과학기술 장기 발전계획으로,[29] 1985년 5월부터 1986년 8월까지 관계부처, 산업계, 학계, 연구계 등 각계 전문가 523명이 참여하여 작성했다.[30] 이 계획은 "2000년대 선진사회의 실현"을 목표로, 총 여섯 가지의 핵심전략을 아래와 같이 두었다.[31]

- 풍부한 인적 자원과 잠재적 우수성을 최대 활용
- 한정된 가용자원으로 승산 있는 전략부분에 특화
- 중장기 목표 설정 및 집행, 투자재원 연계
- 대상 기술 분야에 따른 역할분담으로 연구개발능력 조직화
- 기술혁신의 원천 확대와 시장지향 기술개발 추구
- 조화와 균형에 입각한 총체적 접근으로 기술혁신 가속화

---

29) 민철구 외 (2007), 『과학기술 정책연구 20년』 (서울: 과학기술정책연구원).

30) 1986년 이전까지는 과학기술개발계획이 경제개발계획의 일부로 '경제개발 5개년' 또는 '경제사회발전 5개년계획'의 한 부문으로 수립되었다. 1962년에 제1차 경제개발 5개년 계획의 보완계획으로 제1차 기술진흥 5개년 계획이 작성되었으며, 1966년 제2차 경제개발 5개년 계획부터는 본 계획 부문으로 기술개발 부문이 포함되어 수립되었다. 때문에 경제개발 5개년 계획과 별도로 작성된 '2000년대를 향한 과학기술발전 장기계획'을 보통 한국 과학기술 중장기 계획의 "효시"라고 한다.

31) 송성수 (2007), 「한국의 과학기술장기종합계획에 관한 내용 분석」, 『정책자료』, 1-77쪽; 「국가기록원 - 기록정보콘텐츠 - 과학기술 - 과학기술발전 장기계획」, http://www.archives.go.kr/next/search/listSubjectDescription.do?id=000057&pageFlag=.

1980년대는 정부가 기존의 중화학 공업 중심의 경제발전계획의 한계를 인식하고 과학기술우위의 산업발전전략으로 계획을 수정하던 시기였다. 이전의 중화학 공업을 중심으로 발전한 산업이 중복 투자로 인한 비효율성 및 독과점 문제로 인하여 한계를 직면하게 되었고, 1979년 2차 석유 파동 및 선진국들의 보호무역주의 정책은 한국 경제의 큰 위기감을 조성하고 있었다. 이러한 국·내외 정세 변화로 인해 1980년에는 한국이 경제개발계획을 추진한 이래 처음으로 마이너스 성장을 기록하기도 했는데, 이러한 상황 속에 1980년 새로이 정권을 잡은 전두환 대통령은 "기술 드라이브" 정책을 전면에 내세우게 되었다.[32)]

이는 기존의 이전 정권의 "수출 드라이브" 정책과 유사성을 내세우지만 동시에 차별성을 드러내기 위함이었다. 즉, 수출 드라이브와 유사한 형태의 기술 드라이브라는 정책 기조를 내세움으로써 기존 정책의 한계를 과학기술로 극복한다는 측면을 내세우고자 했던 것이다. 기술 드라이브 정책은 1982년 1월 제1회 기술 진흥 확대회의에서 공식 정책 기조로 선포되었다.[33)] 사실 기술 드라이브 정책을 가장 잘 보여주는 것이 기술진흥확대회의의 설치 및 운영이었다. 기술진흥확대회의는 기술 드라이브 정책을 뒷받침하는 핵심적인 매개체로 1982년에 설치되었다. 이 회의는 국정의 최고 책임자가 직접 주재하고 국무회의는 물론 여야 정치인, 경제계, 학계, 연구계 등 200명 내외의 인사가 참여했으며, 법적인 근거를 가지고 있지는 않았지만 전두환 대통령의 강력한 지지가 뒷받침되었다.[34)] 총 1982년부터 1987년까지 6년 동안 12차례의 회의가 개최되었으며 그동안 기업의 기술 혁신 촉진 대책, 기술 고도

32) 민철구 외 (2007), 『과학기술 정책연구 20년』; 과학기술부 (2008), 『과학기술 40년사』 (서울: 과학기술부); 송성수 (2007), 「한국의 과학기술장기종합계획에 관한 내용 분석」.

33) 신향숙 (2015), 「제5공화국의 과학 기술 정책과 박정희 시대 유산의 변용: 기술 드라이브 정책과 기술 진흥 확대회의를 중심으로」, 『한국과학사학회지』 제37권 제3호, 519-553쪽.

34) 과학기술부 (2008), 『과학기술 40년사』.

화를 위한 국제화 전략, 기술 주도 정책 추진의 현황과 과제, 기술 집약형 신기술 기업의 태동과 육성 대책, 2000년대를 향한 과학기술 발전 장기 계획 설립 등, 총 27개의 정책 과제가 다루어졌다.

이러한 기술 드라이브의 흐름 속에 과학은 더 이상 상아탑 연구자들의 지적 유희로 남아 있어서는 안 된다는 담론이 나오기 시작했고,[35] 국가가 필요로 하는 연구를 중점 지원하는 "전략적 연구"사업이 기획되었다. 과기처는 1982년에 '특정연구개발사업'을 신설하여 이 중 10% 수준을 기초연구부문에 할애했다.[36] 이에 맞추어 한국과학재단은 '목적기초연구사업'을 신설하여 "순수한 학문적인 차원에서 대학의 기본단위 연구능력을 배양하기 위한 일반연구와는 달리 우리나라의 자주적인 기술혁신의 바탕을 마련하기 위해 특정부문의 선도적인 연구와 문제 지향적인 기초연구"를 지원하기 시작했다.[37] 최순달 과학재단 이사장은 당시 상황을 다음과 같이 묘사했다.

> 정부는 한정된 연구 개발 자원을 국가발전목표에 따라 목표 지향적으로 유도, 관리하고 정부가 민간·산업계의 협력 하에 미래 첨단기술, 핵심기술 등 전략기술을 중점적으로 개발하기 위해 1982년부터 특정연구개발사업을 추진함으로써 국가과학기술 혁신의 가속화를 꾀하고 있다 … 이에 따라 과학재단은 기초연구능력배양을 위해 시행하고 있던 일반기초연구와 병행하여 1986년부터는 과학기술 개발목표에 부응하는 특정분야의 과제를 미리 도출하고 도출된 과제에 한하여 연구비를

35) 동아일보 (1987. 6. 25), 「과학산업 중점 육성」.

36) 특정연구개발사업은 1982년 기술개발촉진법에 의거, 출범되었으며, 첫 해에는 위험부담이 높고 공익성이 큰 기술 개발을 지원하는 '국가주도 연구개발사업'과 핵심 산업기술에 대해 정부와 기업이 공동으로 자금을 부담하는 '기업주도 연구개발사업'으로 구성되어 있었다. '목적기초연구사업'은 다음해인 1983년 신설되었으며, 1984년에는 '신기술기업화사업'이 1986년에는 '국제공동연구사업'이 설치되었다. 1982년부터 1991년 총 10년 동안에는 이 사업을 통해 정부로부터 5730억 원, 민간으로부터 3912억 원이 투자되었으며, 5415건의 연구과제가 수행되었다.

37) 최순달 (1987), 『목적기초연구과제에 대한 심의 및 평가 결과 분석: '87년도 목적기초연구 과제』 (서울: 과학기술부), 53-54쪽.

지원하는 목표 지향적 연구도 추진하게 되었다.[38]

1986년부터는 과학기술처가 공식적으로 기초연구를 "순수기초연구"와 "목적기초연구"라는 용어로 구분하여 사용하기 시작했고, 순수기초연구는 "새로운 지식과 원리를 탐구하는 기초과학 분야"로 목적기초연구는 "기술혁신의 원천을 확충하는," "과학기술 발전의 근본"이 되는 분야로 정의했다.[39] 즉, 기술 드라이브 정책과 함께 1980년대에는 과학이 보다 적극적으로 국가의 경제발전에 이바지할 것을 기대 받았고, 그것은 "목적기초"라는 이름으로 구체화되기 시작했다.

정부는 과학재단의 지원을 통해 대학에서 목적기초연구가 뿌리내릴 수 있도록 유도했지만, 가시적인 성과를 빨리 보기 위해선 대학개혁의 더딘 속도를 옆에서 지켜보고만 있을 수는 없었다. 따라서 정부가 출연하는 기초과학 연구소를 구상하기 시작했다. 이를 위한 좋은 모델은 이미 국내에 있었다. 한국과학기술연구소(KIST)는 연구자들을 위한 파격적인 대우와 지원, 자율성과 독립성 보장을 해주는 것으로 잘 알려져 있었고,[40] 일반인들에게는"자랑스러운 두뇌창고," "세계적으로 주목받는 성공 모델," 작은 나라의 큰 힘이 된 "매머드 연구소"로 소개되곤 했다.[41] KIST는 1970년대와 1980년대를 거치면서 이미 여러 정부출연 연구소의 설립을 위한 모델로 사용된 바 있었다.

38) 최순달 (1987), 『목적기초연구과제에 대한 심의 및 평가 결과 분석: '87년도 목적기초연구 과제』, 1쪽.

39) 과학기술처 (1987), 『과학기술 연감 1986』 (서울: 과학기술처).

40) 이 자율성의 실현을 위해서라도 재정적 독립성은 가장 중요한 요소였다. 이 독립성은 "일괄계약연구(Package Deal Contract Research)"라는 독특한 형태의 연구소 운영 방식으로 부분 실현되었는데, 여기서 일괄계약이란 연간 다음 해에 수행할 모든 연구계획서를 한꺼번에 정부에 제출하고 이를 기반으로 연구비를 지원받는 계약 방식을 일컫는다. 현재는 일괄계약연구가 한국 과학기술계의 보편화된 계약 방식 중 하나가 되었지만 당시에는 선례가 없는 파격적인 지원 방식이었다; 문만용 (2010), 『한국의 현대적 연구체제의 형성』 참조.

41) 경향신문 (1976. 9. 16), 「해외두뇌 유치 큰 수확」; 매일경제 (1976. 2. 11), 「자랑스러운 두뇌창고」; 매일경제 (1976. 2. 9), 「설립 10周 맞은 KIST (上) 매머드연구소로 성장」; 경향신문 (1976. 9. 16), 「서울에 온 KIST 산파역 美 호니그박사 "세계적으로 주목받는 성공의 모델"」.

이에 과기처는 한국과학기술원 과학기술평가센터에 의뢰해 기초과학을 위한 독립 연구소 설립의 타당성을 조사했다.

과학기술평가센터장인 이종욱 박사가 총괄연구책임을 맡았지만, 실질적인 연구책임자로 기초과학계를 대변한 사람은 한국과학기술원 물리학과의 조병하 교수였다. 그는 부연구책임자 역을 맡은 서울대 물리학과의 권숙일 교수와 함께 총 47명, 6개 분과의 연구위원들을 이끌었다. 6개 분과는 다음과 같았다.

- 수리과학연구소 설립계획위원회
- 물리학연구소 설립계획위원회
- 기초화학연구소 설립계획위원회
- 분자생물학연구소 설립계획위원회
- 기초공학연구소 설립계획위원회
- 방사광(가속기) 설립계획위원회

이 중에서 성백능 서울대 물리학과 교수를 위원장으로 한 방사광(가속기) 설립계획위원회가 11명으로 가장 큰 분과였고, 여기에는 미국 아르곤국립연구소(The Argonne National Laboratory)의 조양래 박사뿐만 아니라 정부출연 연구소인 한국에너지연구소 박사 2명과 삼성반도체통신연구소와 금성반도체연구소 소속 박사들도 포함되어 있었다. 그리고 각 위원회마다 기초과학 분야의 학계를 대표하는 인물로 구성되어 있었다.

1988년 제출된 최종보고서인 '전국 공동이용 기초과학연구소 설립 조사연구'에 따르면 기존의 정부출연 연구소는 모두 응용연구 중심이며, 기초연구를 미션으로 두는 곳은 없었다.[42] 다시 말해, 한국 R&D 시스템에서 응용

---

42) 이종욱 외 (1988),『전국 공동이용 기초과학연구소 설립조사연구』(서울: 과학기술부).

〈그림 1-2〉 독립적인 기초연구기관의 필요성

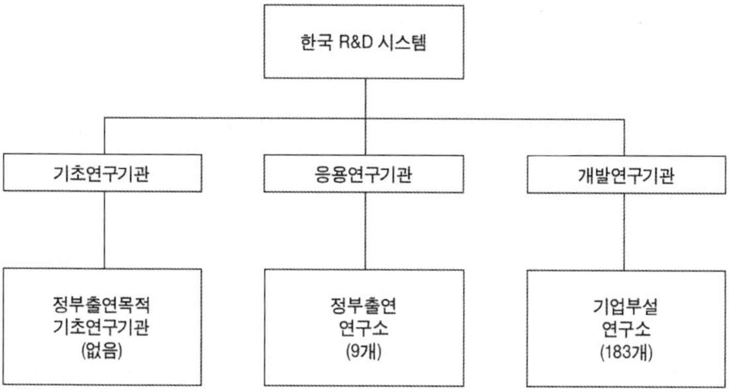

출처: 이종욱 외 (1988), 『전국 공동이용 기초과학연구소 설립조사연구』.

연구를 위한 정부출연연구소는 총 9개가 있고, 개발연구를 위한 기업부설연구소는 183개가 있지만, 기초연구를 위해서는 어떠한 기관도 존재하지 않음을 강조했다. 이 보고서는 "우리도 일본의 RIKEN이나 OKAZAKI 공동연구기구와 같은 연구 기관을 갖고 싶다"고 기초과학계의 염원을 피력했고, 이와 동시에 기초과학 분야에서도 KIST와 같은 연구소가 필요하다고 주장했다(〈그림 1-2〉).

이 보고서 작성에 참여한 기초과학계의 사람들은 모든 과학기술영역을 정부가 반드시 지원할 필요는 없지만 그것이 국가의 경제발전에 도움이 되는 분야로 인식된다면 국가의 영역으로 간주될 수 있다고 믿었다. 적어도 목적기초연구만큼은 응용연구 못지않게 국가의 경제발전에 중요한 자산으로 개념화될 수 있었고, 그렇다면 그것은 정부가 지원해야 할 영역이라 할 수 있었다. 순수기초연구를 대학에서 중점적으로 수행한다면, 여기에서는 "목적기초연구를 수행하고, 분자 원자 수준에서의 물성과 생성에 관한 신지식을 주로 탐구하되, 대학과 중복되지 않고 상호보완적인 것으로, 국가적으로 필요로 하는 특정분야를 집중 연구토록" 구상되었다. 그리고 이를 통해 한국에 기초연구, 응용연구, 개발연구를 아우르는 하나의 지식 생태계가 구성될 것임을, 그리고 그것을 국가차원에서 확보하게 될 것임을 강조했다.

> 앞으로 우리는 기업연구소에는 신제품개발 연구를 본격화해 나가고, 정부연구기관은 개발연구에서 응용연구 위주로 방향전환을 기하고, 순수기초연구는 대학을 중심으로 획기적으로 활성화시키고, 목적기초연구를 위해 새로운 정부연구기관을 설립하는 것이 바람직하다.[43)]

목적기초연구에 대한 강조는 기술 드라이브 정책 기조하에 불안정한 국가경제발전을 위하여 정부가 새로운 연구소를 설립하여 지원과 투자를 아끼지 않는 합당한 이유를 제공했으며 이 과정에서 기초연구는 다양한 모습으로 세분화되게 되었다.

이처럼 목적기초연구가 중요시 여겨진 배경에는 1970년대 두 차례에 걸친 석유파동 이후 높아진 선진국들과의 무역장벽을 들 수 있다. 미국은 통상법을 제정하고 불공정 무역관행 제재, 지적 재산권 보호 등 개도국으로부터 자국 산업을 보호하기 위하여 각종 법안을 통과시켰고, 일본과의 무역 전쟁 때문에 1984년, 1988년 통상 및 관세법, 종합 무역법 등을 개정하면서 국가 간 무역 장벽을 강화하고 있었다. 이러한 상황 속에서 국내에서는 "우리의 기술"에 대한 강조가 증가하기 시작했다. 이전까지는 해외의 기술 및 제품을 적극 수입하여 이를 역-엔지니어링하는 방식으로 제품을 개발하고 기술력을 높였다면, 이제는 "우리의 기술"에 대한 필요성 및 욕구가 증대된 것이다. 첨단 산업은 "복제"가 되지 않으며, "복사 경쟁"에만 치우쳐 "흉내 내고는 (우리) '연구 결과다' 큰 소리"치는 일을 지양하자는 것이었다.[44)] 즉, 기초과학을 진

43) 같은 글.
44) 동아일보 (1984. 9. 25), 「첨단산업 「복제」만 할 것인가」.

홍하는 것은 결국 "기술의 자립화," "기술의 국산화," "기술의 토착화" 등과 동일한 의미로 통용되었다.[45)]

'전국 공동이용 기초과학연구소 설립 조사 연구'의 연구책임자인 조병하 교수는 이러한 맥락에서 목적기초연구소 설립 정책을 대표하기에 적절한 인물이었다. 그는 1946년에 서울대 물리학과를 졸업하여 1968년에 동 대학에서 이학박사를 받고 1971년부터 과학기술원에서 교수로 활동하던 사람이었다. 1981년부터는 한국물리학회 학회장을 맡으며 서울국제물리학회 조직위장, 소립자 국제회의 자문위원 등 다양한 국제행사에도 주요요직을 맡으며 국·내외 학계, 연구계에서 주목을 받았다. 그는 "미국 박사 일색인 국내 과학계에서 토착과학과 민족과학을 40년간 외롭게 주장"한 소위 국내박사 출신이었고 이러한 면에서 유학 한 번 다녀오지 않고 큰 성공을 거둔 유명한 인물로 소개되곤 했다.[46)]

조병하 교수가 적극적으로 나서서 한국의 과학기술정책에 대해 적극적으로 나서 제기한 것은 원천기술 확보를 위한 기초연구의 필요성이었다. 이것은 단순히 다양한 응용기술 및 제품개발을 보조하는 것이 아니라 "우리의" 기술 및 제품 개발을 가능케 할 원동력이었다. 선진국의 보호무역주의가 팽배해지는 이 시점에서 이러한 담론은 큰 힘을 얻어 1989년 기초과학연구진흥법 제정의 배경이 되었다.[47)] 당시 최영환 과학기술처 차관은 법제정을 위

---

45) 경향신문 (1987. 4. 19), 「기술자립을 말한다… 22돌 과학의 날 좌담: "기초과학투자 아프리카 수준도 안 돼요"」; 동아일보 (1989. 4. 11), 「"기초과학 다져야 기술자립"」; 동아일보 (1988. 8. 15), 「핵심기술 외국의존 벗어나야」; 경향신문 (1982. 7. 22) 「과학기술 선진화의 조건」; 경향신문 (1982. 1. 30), 「모방시대서 창조시대로」; 경향신문 (1981. 10. 30), 「「科學立國(과학립국)」으로 제2도약」; 이상철 법제관, 「기초과학연구진흥원년의 선포 – 기초과학연구진흥법령」 (1990. 12. 11), KBS 제1라디오.

46) 한겨레 (1990. 4. 26), 「-타계한 조병하 물리학박사- 국내 토착·민족과학 40년간 지켜 명성, 소립자 물리학 개척자… 권위주의 배격」.

47) 기초과학연구진흥법은 1989년 11월 27일 상정되어, 12월 19일 국회 본회의에서 수정 가결되었으며, 12월 30일 법률 제4196조로 공표되었다. 1980년대 한국에서의 기초과학의 의미를 좀 더 깊이 있게 연구하기 위해서는 기초과학연구원 설립 시도와 함께 이 법안의 제정 과정 및 의미를 심도 있게 분석해야 하겠으나, 이 책의 목적이 2011년 설립된 기초과학연구원의 의미를 분석하기 위함임을 주지할

한 모두 발언에서 기초과학연구의 중요성을 다음과 같이 설파했다.

> 우리가 목적으로 하는 고도산업복지사회의 건설을 우리 스스로의 힘으로 필요한 첨단 기술을 개발할 수 있는 능력을 가진 고급연구두뇌의 양성확보와 기술혁신을 위한 새로운 지식창출의 능력확보에 달려 있습니다. 기초과학연구의 활성화야말로 이러한 국가역량 확보를 위해 절박하게 필요한 기본적인 과제라 하겠습니다.48)

독립된 기초과학연구소 설립을 위한 보고서는 1980년대 말 학계의 의견표출이자 정부정책의 방향전환을 요구했다. 연구개발은 경제성장의 한 "도구"로 볼 수 있기에 "국가나 기업이나 투자액에 상응한 연구 성과의 경제효과를 연구자나 기술자에 추구하는 것은 당연"하다고 전제한 후, "경제효과가 누적적인 것이라 하더라도 일진월보하는 첨단기술분야에서 긴 세월을 기다릴 수 없다"고 주장했다. "목적기초연구"를 수행하기 위한 기초과학연구소의 설립 구상은 바로 이런 맥락에서, 즉 당시 시대적 상황에 적극적으로 대응하여 전략적 선택을 요구하는 과정에서 나왔던 것이다.

3. 1980년대 한국의 기초과학 생태계

기초과학연구소 설립을 위한 보고서에서는 이 연구소를 대학과는 별개로 과기처 산하 정부출연 연구기관으로 설립할 것을 분명히 했다. 그 이유는 1970년대 후반에 시작된 대학 중심의 기초과학 지원체계에도 불구하고 연구

때, 우선 1980년대 시도된 독립 연구소의 설립에 대해 조금 더 초점을 두어 서술하기로 한다. 그러나 당시 기초과학에 대한 전반적인 사회의 인식 및 반응을 살피기 위해 법안 제정 과정에서 작성된 회의록, 심사보고서, 검토보고서 등을 살펴보았다.

48) 대한민국 국회 (1989), 「국회본회의 회의록 제147회(18차) (1989. 12. 19)」, 4쪽.

환경이 여전히 열악하여 집중된 지원을 통한 가시적 효과를 보기 어려웠기 때문이다. 실제로 1988년 한국과학재단과 문교부 등에서 대학에 지원한 연구비는 200억 규모로 미국 MIT 한 대학의 연간 연구비의 5%에도 미치지 못하는 것이었다. 그뿐만 아니라 이마저도 전체 대학 연구 인력의 25% 정도만 혜택을 받고 있는 것이었으며, 연구비 부족으로 인해 연구 시설 또한 미비했다. 연구에 필요한 시약 등 기본적인 실험재료를 사는 것에도 많은 어려움을 겪고 있는 정도였다.[49] 대학 내의 기초과학연구소 운영 또한 연구비 관리라는 차원을 벗어나지 못했는데, 가장 먼저 세워진 서울대 자연과학종합연구소가 연구소 자체의 인력이나 고정된 예산이 없어 문교부나 과학재단의 사업비를 행정적으로 관리하는 데 불과한 상황이었다.[50]

〈표 1-1〉은 당시 경종철 과학기술처 기초종합연구 조정관이 정리한 한국의 기초과학연구 실상이다. 여기에 기술된 바와 같이, 다른 나라와 비교했을 때 당시 한국 교수 1인당 평균 연구비는 140만 원으로 대만의 1/3, 일본의 1/8 수준에 불과했었으며, "우리나라 대부분의 대학교수들은 연구시설, 연구비, 연구정보 및 문헌 등이 부족하여 낙후된 실험연구와 추상적인 이론 위주의 연구만 수행하고 있고 강의 시간의 과중으로 왕성한 연구를 수행하기가 어려운 환경"에 놓여 있었다. 세계 주요 학술지 및 주요 문헌정보는 거의 없었으며, 실험기기 또한 국내 대학 대부분에서 보유하지 못하고 해외 수입에 의존하고 있었다.[51] 기초과학연구소 설립을 위한 보고서에서도 당시 대학 연구 환경에 대한 비판이 있었는데, 다음과 같은 일곱 가지의 문제점이 중점적으로 지적되었다. 전무한 기본연구비, 미흡한 연구비 지원, 연구시설의 미

49) 동아일보 (1989. 2. 23), 「과학정책 「뿌리」가 없다」; 매일경제 (1985. 4. 25), 「대학 기초과학연 예산·시설 크게 부족」; 경향신문 (1989. 4. 5), 「무력증 대학연구실 "투자요법" 선언」; 박희제 (2006), 「한국 대학에서의 과학연구의 성격과 변화: 1980년대 이후 연구개발비 흐름을 중심으로」.

50) 김시중 (1988), 「대학부설 기초과학연구소의 육성방안」, 29쪽.

51) 경종철 (1990), 「국가발전과 기초과학연구의 진흥」, 『기계와 재료』 제2권 제3호, 5-9쪽.

〈표 1-1〉 한국 기초과학연구의 실상

필수요건	실상	외국의 예
연구시설 기자재	• 선진국에서는 모든 대학 실험실에서 보유하고 있는 첨단 장비를 국내 대학에서는 보유하지 못한 경우가 대부분	• 중공은 개방 이후 5개 대학에 10억 달러를 투자하여 연구환경 개선
연구비	• 전체 교수의 75%가 연구비 혜택을 전혀 받지 못하고 수혜교수 연구비도 대만의 1/3, 일본의 1/8에 불과하여 실질적 연구는 못하고 있음	• 교수 1인당 평균 연구비 - 한국 140만 원(25% 수혜) - 대만 2000만 원(90% 이상 수혜) - 일본 4600만 원(상동) • 선진국 대학원생은 연구조수 등으로 참여하고 100% 장학금 수혜
문헌정보	• 세계 주요 학술지 및 주요 문헌정보가 거의 없음 • 진행 중 연구활동의 세계적 정보망인 BITNET 이용 단말기는 서울대에 1개뿐임	• 한국 140종 • 대만 3000종 • 일본 7000종 • 전 세계 2177개(대만 8개, 싱가포르 4개)
국제학술지 논문 게재 수	• (1988년)1270편(세계 38위)	• 일본 6만 9200편(세계 3위) • 이스라엘: 1만 100편(세계 16위) • 대만: 1800편(세계 33위)

출처: 경종철 (1990), 「국가발전과 기초과학연구의 진흥」.

비, 과중한 강의 부담, 규모의 연구 집단 형성 필요, 부실한 대학원 운영, 연구지원 행정부처 미비 등이 있었다.[52] 따라서 한국 기초연구 인력(박사학위 소지자만 고려)의 83%가 대학에 집중되어 있지만, 다른 중진국들과 비교했을 때 한국 대학의 연구 활성화 정도는 상당히 저조했다.

이와 더불어 당시 대학은 정치개혁과 사회참여의 목소리가 높았던 곳이었다. 1980년대 민주화 바람과 더불어 대학 곳곳에서 학생 운동이 일어났고, 기초과학을 위한 개혁은 차치하고 정상적인 교육 또는 연구 활동을 하기조차 쉽지 않은 상황이었다. 서명원 당시 문교부 장관은 "대학이 '민주화 홍역'(을) 치르고 있다"고 했으며, 당시 서울대학교 조완규 총장은 "87년도부터 초반 2년은 전반적으로 들떠 있었던 사회 분위기 때문에 학교발전을 생각하기

52) 이종욱 외 (1988), 『전국 공동이용 기초과학연구소 설립조사연구』, 13-17쪽.

엔 어려운 점이 많았(다)"라고 회고했다.[53)]

이처럼 1980년대 말 대학의 분위기와 연구역량을 감안했을 때, 대학이 국가의 경제발전을 선도하기 위해 기초과학연구를 주도적으로 할 것은 기대하기 쉽지 않았다. 그럼에도 불구하고 대학을 중심으로 기초과학을 육성해오던 지난날의 정책적 관성 때문에 대학은 상징적으로, 제도적으로 기초과학 육성의 중요한 공간으로 남아 있었다. 독립된 기초과학연구소를 만들기 위한 법안을 상정했을 때 당시 국회에서는 "상식에 의하면 기초과학이라고 하는 것은 대학에서 하는 것"이 아닌가 하는 지적과 함께, "우리의 통상관념에 의해서 대학이 이 연구(목적기초연구)에 대한 주도권을 가지는 것이 마땅하지 않느냐" 하는 주장들이 제기 되었다.[54)]

더욱이 행정적으로 기초연구를 대학을 중심으로 지원해 오던 문교부가 있었기 때문에, 자칫하면 기초연구를 둘러싸고 부처 간 업무 중복이 생길 우려가 있었다. 국회에서는 "문교부와 과학기술처 간에 상당한 업무범위의 문제점이 발생할 수 있는 가능성이 있는데 양 부처에서 충분한 협의가 되어서 (온 것인지)," 문제제기가 되기도 했다.[55)] 문교부는 실제로 행정조직체계상 과기처보다 상위의 '부'의 위치를 차지하고 있었다. 한국의 행정기관은 소수의 특별위원회를 제외하고 대부분 '부', '처', '청'으로 이루어져 있는데, '부'는 대통령 및 국무총리의 통할하에 고유의 국가행정사무를 수행하는 기관을 의미하고, '처'는 국무총리 소속으로 여러 부에 관련되는 기능을 통할하거나 조정하

53) 동아일보 (1990. 7. 15), 「서명원 전 문교장관 "대학이 「민주화 홍역」 치르고 있다"」; 경향신문 (1991. 8. 10), 「퇴임하는 조완규 서울대총장 건강한 사회가 대학 안정 요건」; 매일경제 (1987. 7. 6), 「안세희 연대총장 "민주화 밑거름되길"」; 동아일보 (1987. 8. 15), 「조완규 서울대총장 학생 교수 정당한 요구 수용」; 경향신문 (1989. 3. 15), 「"학내 분규는 민주화 길목의 산고"」; 한겨레 (1989. 1. 12), 「자기몫 찾기 목소리 커진다 (7) 개량주의 탈 벗고 민주화 일꾼으로」; 경향신문 (1989. 4. 18), 「대학은 어디로」.

54) 대한민국 국회 (1989), 「국회본회의 회의록 제147회(18차) (1989. 12. 19)」, 8쪽.

55) 같은 글.

는 역할을 수행하고, '청'은 각 행정각부 소속으로 집행적 성격의 업무를 담당했다. 1967년 과학기술 전담부처로 설치된 과학기술처는 오랜 시간 예산권과 집행권이 있는 '부'로의 행정적 승격을 바라고 있었던 상황이었다.[56] 당시 과기처 기술정책실장 최영환은, 미래 국가발전을 선도할 과학기술의 중요성에 대해 폭넓은 공감대가 형성되어 있지만, "과학기술혁신을 주관하는 과학기술처는 실질적인 권능이 부여되어 있지 않아 효율적인 정책수단을 펴지 못하고 있는 것이 현실"임을 지적했다.[57]

최영환 실장은 과학기술처를 과학기술부로 개편함과 함께 집행 기능을 부여하고 이를 뒷받침할 특별 회계를 설치할 것을 주장했다. 이와 함께 부처 행정의 전산화 및 표준화를 추진하여 관련 부문 과학기술행정과의 연계 등을 통해 전담부처의 기능과 체제를 강화해야 함을 강조했다. 사실 1980년대 들어 민간 영역에서의 과학기술 연구능력이 향상되었고 및 타 부처도 과학기술에 대한 관심을 확대하고 있었기 때문에 과기처의 존재가치를 보일 필요가 있었다. 예컨대, 1960년대 86%, 1970년대 60%의 투자를 담당하고 있던 정부공공부문이 1980년대 들어 36%대로 급격히 그 영역이 줄어들게 되었고, 반대로 민간부문의 경우 평균 25%대를 유지하던 비율이 63%까지 증가하게 되었다. 민간영역이 커짐과 함께 과학기술처 외에 다른 부처—예를 들어 국방부, 농림수산부, 상공부, 보사부 등—에서도 과학기술에 관심을 보이며 각자의

56) 동아일보 (1988. 2. 15), 「기초연구 다져야 「과학선진국」 된다」; 동아일보 (1988. 6. 16), 「과학기술행정체계」; 연합뉴스 (1990. 6. 29), 「과학기술행정체제 재검토 시급」; 동아일보 (1988. 6. 23), 「「과학기술 문맹국회」 언제까지 가나」; 한겨레 (1989. 8. 3), 「'과기처 축소안' 반대 성명 과학기술단체총연합회」; 매일경제 (1989. 4. 20), 「科學立國(과학립국) 22년··· 현주소 (상) 과학행정」; 과학기술전담부처의 행정적 지위에 관해서는 설립초기부터 논란이 많았다. 설립 당시 과학기술계 인사들은 부총리 급의 과학기술'원'을 만들고자 했고, 대통령은 과학기술'부'를 제안했으나, 정부 내의 심한 반대와 '부'로 만들 경우 종합조정권이 없어진다는 점 때문에 과학기술'처'로 신설되었다. 하지만 과학기술'처'를 과학기술'부'로 전환하는 것에 대해, 이를 행정적 지위가 승격하는 것으로 보는 사람들도 있었고, 종합조정권이 실추될 수 있기 때문에 바람직하지 않다고 보는 사람들도 있었다.

57) 매일경제 (1988. 5. 31), 「「기술혁신과 바람직한 행정체제」 심포지엄 과기처 部(부)로 개편 급선무」.

방식으로 과학기술 관련 행정지원체계를 마련하고 있었다.[58]

1980년대에는 높아져만 가는 과학기술에 대한 관심 속에 다양한 민간 및 공공 영역에서 과학기술 관련 사업을 펼치고 있었기에, 과기처는 한국의 과학기술 전담 행정부처로서 제한된 권한하에 다른 부처와 갈등을 최소화하면서 자신의 입지를 넓혀나가야 하는 과제를 안고 있었다. 기초과학을 둘러싸고 문교부와 생길 수 있는 갈등에 대해, 과기처는 분명하게 문교부 사업과의 차별성 및 과기처 내 독립 사업의 필요성을 명시했다. 아래는 민주정의당의 이진우 의원과 통일 민주당의 김광일 의원의 관련 질의에 대한 과학기술처의 답이다.

> 잘 아시는 바와 같이 문교부도 기초연구지원을 하고 있고 과학기술처도 기초과학에 대한 지원을 당연히 하게 되어 있습니다. 굳이 밝힌다면 문교부는 대학교육과 인력양성과 관계시켜서 기초과학에 대한 전반적인 풍토조성을 하는 차원의 지원이라고 한다면 과기처는 그것보다는 좀 더 연구개발이라는 측면과 결부시켜서 어떤 탁월성 기준에 의해서 선정해서 집중적으로 지원을 하는 상호보완적인 관계에 있다고 하겠습니다.[59]

이와 함께 "기초과학의 본산은 어디까지나 대학"임을 분명히 했다. 추후의 갈등을 미연에 방지하기 위해서라도, "어디까지나 집행과정에 있어서는 이 법의 중심에 따라가지고 대학을 중심으로 해서, 대학에 우선적인 지원을 한다"고 밝혔다. 하지만 현대 과학기술이 더욱더 거대화되고 복잡화되고 시스템화됨에 따라, 기초과학의 영역 자체가 넓어지고 있음을 강조했다. 이러한 기초과학의 영토 확장은 자연스레 한국의 행정 조직상 제도적인 확장으로

---

58) 동아일보 (1989. 12. 11), 「과기정책 부처 간 중복 많다」; 한겨레 (1992. 6. 6), 「대학 기초과학 분야 정부 투자확대 '말'뿐」.

59) 대한민국 국회 (1989), 「국회본회의 회의록 제147회(18차) (1989. 12. 19)」, 17쪽.

이어질 수 있었다. 이러한 상황에서 "대학이 주체가 되더라도 다른 연구기관도 당연히 참여해서 시스템화할 필요"가 있다는 것이었다.[60] 즉, "자유로운 발상에 의한 독창적 연구"는 문교부하에서 대학이 주관하며, "실용적 기술의 개발," "국민경제 산업개발에의 목적 지향" 연구, "행정 needs와의 연계 직결"은 과기처하에서 국공립 또는 출연연구소가 담당하는 역할분담론을 펼쳤던 것이다.[61]

이러한 역할분담론은 1988년 정부출연의 기초과학연구소 설립을 위한 보고서의 주요 논지 중에 하나였다. 보고서는 독립 연구소의 신설이 새로운 집중 투자 사업이기 때문에 편중 투자 사업이라고 보는 것은 적절하지 못하고, 대학 지원을 포기하는 것은 절대 아니라는 점을 강조했다. 또 이 연구소의 설립은 무엇보다 국내외 한국 신진박사들이 가장 많은 혜택을 받을 것이고 전국에 산재하고 있는 기초연구관계 교수 3400여 명(1986년 당시) 중 약 30%는 연구책임자 또는 동참자로서 혜택을 받을 것이라고 역설하며, 신생 연구소의 수혜자는 사실상 한국의 기초과학계 전체로 확산될 수 있을 것이라고 설명했다.

구체적으로 1988년 보고서는 "Research Molecule 유동 연구실"이라는 개념을 통해 대학과 신생 연구소가 서로 밀접한 연관관계를 가지며 상생할 안을 제시했다(〈그림 1-3〉). 이 개념은 "국내외에 산재하고 있는 기초연구인력을 연구 주제별로 합목적으로 규합하여 연구 몰레큘(molecule)을 형성하고 이를 바탕으로 전국 각 대학 등에 목적별로 분산 설치되어서 유동적으로 운영되는 연구실"을 의미하는 것이었다. 이는 일종의 협업적 연구실 운영제도로 "국내외 고급 연구인력을 같은 전공별로 연구비로 유도 결집시킨 뒤 주제별로 분화시켜 그 속에서 실주임을 스스로 결정토록하고, 연구비를 분담 연

60) 대한민국 국회 (1989), 「국회본회의 회의록 제147회(18차) (1989. 12. 19)」, 15-17쪽.

61) 이종욱 외 (1988), 『전국 공동이용 기초과학연구소 설립조사연구』.

〈그림 1-3〉 Research Molecule 유동 연구실 개념도

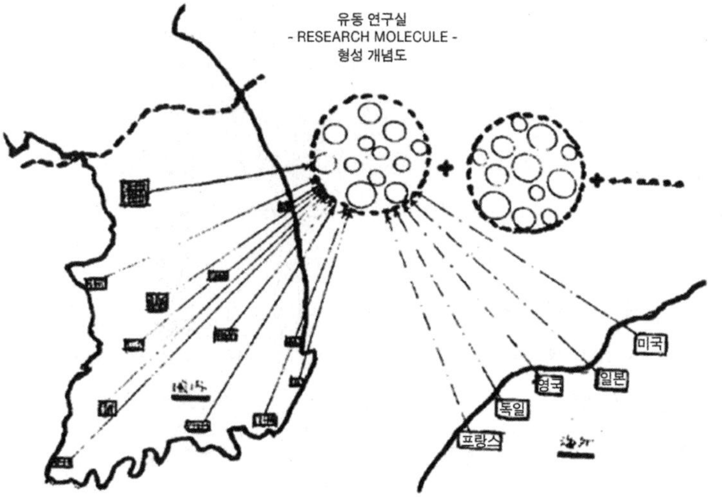

주: 그림 우측 하단에는 위에서부터 순서대로 미국, 일본, 영국, 독일, 프랑스가 표시되어 있으며, 좌측에는 한국의 주요 대학들이 표시되어 있다. 중앙 상단에는 "유동 연구실 - RESEARCH MOLECULE - 형성 개념도"라고 기재되어 있으며 이를 통해 목적별로 분산 설치되어 운영되는 연구실 개념을 보여주고 있다.
출처: 이종욱 외 (1988), 『전국 공동이용 기초과학연구소 설립조사연구』.

구별로 배분하고, 연구 장비 등도 대학의 기존 연구시설을 활용하거나 또는 보완하여 각자 현 위치에서 전국적으로 유동적으로 분업 연구를 수행할 수 있도록" 하는 장치였다.[62]

그러나 대학과는 거리를 두되 일정한 협력 관계를 유지하는 것은 쉬운 일이 아니었다. 당시만 해도 많은 다른 정부출연연구소들이 대학과의 긴밀한 협력을 통한 상생을 모색했지만 대학 측의 평가는 부정적이었다.[63] 그 이유는 출연연구소와 대학 간의 협력 관계가 수평적인 대등 협력 관계가 아닌 하청 형식의 수직협력이었기 때문이었다. 또한 더 근본적인 문제는 당시 정부

62) 같은 글, 33쪽.
63) 같은 글, 31쪽.

출연연구소들이 대부분 개발 위주의 응용 연구에 치중하고 있었기에, 연구의 성격상 협력이 잘 되기 어려웠다. 반면 새롭게 제안된 기초과학연구소는 이런 문제를 극복할 수 있을 것으로 기대되었다. 독립된 연구소는 목적기초연구를 주로 수행함으로써 순수기초를 추구하는 대학과 상호보완적 관계를 맺고 공동 협력체를 형성할 수 있을 것이라는 희망적인 전망을 했다.[64]

이러한 과기처의 제안에 대해 대학의 기초과학자들은 크게 반발했다. 독립된 연구소의 설립계획안이 발표되자 전국대학부설 기초과학연구소장연합회는 24명의 연명으로 건의문을 제출했는데, "기초과학은 대학이 맡아서 하며, 인력양성과 병행해야 하는데, 대학에 예산지원은 하지 않고, 열악한 대학의 연구여건은 방치한 채 과기처 산하에 또 하나의 연구소를 세우는 것은 적절하지 않으며, 그보다는 대학을 위한 투자가 우선되어야 한다"는 내용을 담고 있었다. 또한 서울대학교의 '대학의 기초과학연구소 육성계획안'에서도 정부 출연 형식의 독립적인 기초연구에 대해 부정적인 전망을 내놓았는데, 이러한 형태의 연구소는 대학연구소에 비해 공동연구가 어렵고 교육과 연구가 분리되어 교육의 질적 향상이나 연구원 충원 등 어려운 점이 많을 것이라 지적했다. 또한 신생 연구소의 설립이 기존의 대학과 대학부설 연구소에 대한 정책적 지원을 감소시켜 대학의 기초과학연구의욕을 저하시킬 것이라며 우려의 목소리도 높였다.[65]

대학과 문교부의 거센 반대로 인해 정부는 대학의 기초과학연구를 지원하는 기관을 과학재단 부설기관으로 설립하기로 방향전환을 했다. 이렇게 신설된 기초과학연구지원센터는 대학 또는 연구기관에서 독자적으로 확보하기 어려운 고가의 정밀기기, 특수기기 등의 공동사용을 지원하여 기초과학연구자들에게 많은 편의를 제공해주었고, 이후 한국기초과학지원연구원으

64) 같은 글.

65) 경향신문 (1987. 6. 16), 「기초과학연 설립 싸고 공방」.

로 거듭났다.[66] 하지만 이것은 과기처가 애초에 구상했던 것과는 거리가 있었고, 당분간 가속기 설치의 꿈도 접어야 했다. 기초과학 육성에 있어서는 여전히 대학중심 담론이 정부출연연구소 중심 담론보다 우세했던 것이다.

4. 노벨상 담론, 고등과학원, 이공계 위기

정부는 1989년을 '기초과학 진흥 원년의 해'로 선포하고 '기초과학연구진흥법'을 제정함으로써 상징적인 의미뿐만 아니라 실질적으로 기초연구분야 연구비를 대폭 확대했고, 과학기술처와 문교부 중심의 기초과학연구정책을 범 부처로 확대하기 시작했다. 기초과학연구가 그동안 산업기술, 응용기술 위주의 개발정책이 우선시되는 분위기 속에서 실질적인 지원이 항상 미미한 수준에 그쳤다면, 기초과학연구의 진흥에 관한 종합계획을 수립하고, 종합계획에 대한 심의기구인 '기초과학연구정책심의회'를 두는 등, 기초과학연구 지원을 위한 독립적인 제도적 체계를 마련해가기 시작한 것이다.

이에 발맞추어 1990년대 대학의 과학연구 지원은 점차 집단화, 대형화되기 시작했다. 한국과학재단은 기존의 단위과제 중심의 핵심전문연구와 특정목적기초연구 외에 집단연구 지원사업인 "우수연구센터"와 개인 연구자에게 대규모 장기지원을 위한 '창의적 연구지원 사업'을 신설하여 집단연구와 기초과학연구의 대형화를 이끌어나갔다. 이 중에서도 우수연구센터 사업은 "우수연구인력을 특정 분야별로 집중 지원하여 세계적 선도 과학자 그룹을 육

66) 학계 원로 및 관계부처 중진과의 간담회 (1988. 9. 16) 내용 요약; 한국기초과학지원연구원(2008), 『한국기초과학지원연구원 20년사: 1988-2008』(대전: 한국기초과학지원연구원), 74쪽. 각종 장비뿐만 아니라 기초과학 관련 각종 도서, 학술지, 통계자료 등 연구 참고자료도 보유하여 연구자들의 학술 정보 지원도 아끼지 않았다; 강박광 (1991), 「기초과학연구지원 센터의 대학연구지원 현황과 계획」, 『생물산업』 제4권 제2호, 2046-2049쪽 참고.

성하고, 기초연구 인프라를 구축"한다는 목표를 가지고 1990년 10월 26일에 열린 종합과학기술심의회의를 거쳐 시작된 사업이었다.[67] 우수연구센터는 "새로운 지식의 생산을 목표로 하는 과학연구센터(SRC)와 산업계의 응용을 목표로 하는 공학연구센터(ERC)"로 구분해 설치되었고, 전국 각 대학의 특성에 따라 전문분야별로 특성화하여 운영되었다.[68] 과학연구센터와 공학연구센터는 각각 일반목적기초연구와 특정목적기초연구의 연장선에 있는 사업이었으며, 기존의 연구비 지원사업과 다르게 9년 동안 장기적 지원을 통해 연구의 연속성과 안전성을 보장하고자 했다.[69]

우수연구센터 사업의 운영은 대학의 기초연구 활동을 지원하는 새로운 사업으로 주목받았지만, 실제 사업의 운영에서는 기초과학연구를 주로 하는 과학연구센터(SRC)보다 산업계의 응용을 위한 연구를 담당하는 공학연구센터(ERC)에 더 많은 자금이 투자되어,[70] 대학 내의 기초연구—특히 순수기초 분야—활동의 지원은 목적기초연구 중심의 한국과학재단 사업에 밀려 제대로 지원받지 못했다. 특히 노태우 정권에서는 "과학기술이 주축이 된 국가발전전략"을 내세우면서 "과학기술 G7 선진국에 진입"한다는 목표 아래 G7 프로젝트[71]와 같은 강력한 제조업 중심의 대형 국가연구개발사업이 진행되었다. 이러한 정책적 기조로 인해 범부처적인 '기초과학연구진흥종합계획'의 제정은 투자 우선순위에 밀려 제정에 어려움을 겪어야만 했고, 기초과학 진흥 보다는 G7 프로젝트와 같은 제품개발 중심의 대형 프로젝트가 범부처적으로 추진되면서 대학의 기초연구비는 더욱 고갈되어갔다.[72] 또한 정부의 제조업

67) 매일경제 (1989. 6. 19), 「대학별 전문연구센터 육성」.

68) 같은 글.

69) 강기천 (2014), 「한국과학재단의 설립과 대학의 기초연구: 1962-1989」, 65쪽.

70) 같은 글.

71) G7 프로젝트는 1992년 착수되어 2001년까지 3조 7000억 원을 투자해 초고집적반도체, 광대역 종합정보 통신망, 고선명 텔레비전 등 첨단 제품개발 중심의 연구개발을 목표로 하는 대형국가연구개발사업으로 추진되었다.

경쟁력 강화 방침으로 인해 1980년대 말부터 나타난 정부의 연구비 증가는 대학연구에도 외형적인 급성장을 가져왔는데, 실제로는 대학연구의 성격이 산업발전에 보다 직접적으로 도움이 되는 응용 및 개발연구로 전환되는 결과를 초래했다.[73]

원천기술 확보라는 큰 명분하에 펼쳐진 기초과학 지원정책은 1990년대에 들어 새로운 추동력을 얻게 된다. 세계화, 개방화의 흐름에 발맞추어 한국의 문화적 전통과 자긍심을 고취하는 정책이 펼쳐졌으며, 이는 1996년 선진국 대열의 상징인 OECD 가입에 정점을 찍었다. 이에 노벨상에 대한 열망도 함께 커져갔다. 노벨상은 한 국가의 과학기술 수준을 대변해줄 뿐만 아니라 국격을 나타내는 지표로 간주되었기 때문이다. 예컨대, 1990년 10월 노태우 대통령은 "최근 미국인의 노벨의학상, 경제학상 수상소식을 듣고 매우 부러웠다. … 우리의 학문, 예술수준도 세계적인 수준에 손색이 없을 정도로 높아지고 있는 만큼 우리도 노벨상을 수상하는 나라가 되도록 더욱더 노력해달라"고 언급하기도 했다.[74] 김영삼 정부도 과학기술처를 중심으로 연구개발 수준에서도 국제화, 일류화를 강조했으며, 국제경쟁력의 원천으로 과학기술의 개발을 더욱 강조했다.[75]

1996년 고등과학원(KIAS)의 설립에는 바로 노벨상 수상자를 배출하고자 하는 사회적 기대, 즉 노벨상 담론의 영향이 크게 작용했다. 그뿐만 아니라 1990년대 대형화, 집단화된 목적기초연구 중심의 한국과학재단의 지원정책에서 소외된 순수기초 분야의 연구자들의 갈증이 반영된 결과이기도 했다. 한국과학기술원 부설로 설립된 정부출연연구기관으로서 고등과학원은 우리

---

72) 한겨레 (1992. 6. 6), 「대학 기초과학 분야 정부 투자확대 '말'뿐」.

73) 박희제 (2006), 「한국 대학에서의 과학연구의 성격과 변화: 1980년대 이후 연구개발비 흐름을 중심으로」, 213-244쪽.

74) 연합뉴스 (1990. 10. 18), 「〈정가낙수〉 우리도 노벨상 수상국이 돼야」.

75) 연합뉴스 (1994. 1. 3), 「〈과기처산하 정부출연기관 신년설계〉」.

나라 최초의 순수이론기초과학 연구기관으로 기록되며, 이론기초과학 분야 연구자들이 연구에만 전념할 수 있는 최적의 연구 환경을 조성하겠다는 점을 최우선 과제로 삼았다. 1995년 6월, 고등과학원 설립추진위원회가 구성되어 본격적으로 설립이 추진되게 되었는데, 이때 고등과학원 설립의 목표는 "기초과학을 육성하고 창조적인 제3세대 고급과학기술인재를 양성하면서 국가의 전략적인 노벨상 도전으로 청소년에게 꿈과 희망을 심어주기 위해"라고 밝히고 있었다. 또한 고등과학원의 설립은 "세계화추진 과학기술전문위원회 인력양성기획반"에서 설립위원회를 운영하고 있어 세계화, 국제화의 흐름 속에서 고등과학원의 설립이 추진되었음을 알 수 있다.[76]

고등과학원의 설립을 추진해 온 한국과학기술원(KAIST) 역시 21세기에 세계 초일류 교육 연구기관으로 도약한다는 비전을 설정하고, 중장기 발전목표를 수립하고 있었다. 그 내용에는 "세계 일류 수준의 학문적 탁월성 성취"가 포함되어 있었고, 이를 위한 혁신사업으로 연구시스템을 단기연구에서 중장기 연구로 전환시키고, 2000년대 이후에는 노벨상을 받을 수 있도록 다름 아닌 기초분야의 연구기반을 강화한다는 목표를 가지고 있었다.[77] 이러한 목표 아래 KAIST 부설로 설립된 고등과학원은 기초과학연구의 성과를 극대화하기 위해 세계적 석학과 국내 연구진이 함께 연구할 수 있는 창조적인 공간으로 구상된 것이다. 고등과학원의 설립은 준비과정에서 예산상의 문제로 1996년 개원이 어려울 것으로 예상되기도 했지만, 1995년 한국과학기술회관 개관행사에서 김영삼 대통령이 "우리나라도 고등과학원을 만들어 노벨상에 도전해야 한다"라고 노벨상 담론에 다시 한 번 힘을 실어주면서 고등과학원의 설립은 재개될 수 있었다.[78]

---

76) 연합뉴스 (1995. 6. 12), 「내년 목표 '고등과학원' 설립 본격 추진」; 연합뉴스 (1995. 9. 14), 「〈초점〉 고등과학원 내년 설립전망 밝아」.

77) Kim Dong-Won and Stuart W. Leslie (1998), "Winning Markets or Winning Nobel Prizes? Kaist and the Challenges of Late Industrialization," pp.154-185.

1997년 말 고등과학원 원장으로 취임한 김정욱 박사는 고등과학원의 역할에 대해 다음과 같이 강조했고, 특히 고등과학원의 설립이 대학에서의 기초과학연구의 부실을 개선시킬 수 있을 것이라 내다보았다.

> 우리나라 기초과학 수준을 현재 22위에서 21세기 초까지 10위권으로 도약시키기 위해선 세계적 수준의 연구 분위기 조성과 기초과학연구를 수행할 수 있는 국가차원의 연구기관이 필요한데 우리 고등과학원이 이 역할을 맡게 된 것입니다… 그간 우리나라 기초과학 분야의 연구는 거의 전적으로 대학에서만 진행되어 왔다고 볼 수 있어요. 하지만 대학의 연구진들은 강의와 학생지도, 외부활동 등으로 연구투자시간이 매우 적을 수밖에 없었던 것이 현실입니다. 따라서 우리나라의 기초과학 연구는 부실할 수밖에 없었다고 봅니다. 이 같은 기초과학 연구 부실은 결국은 기초과학 교육의 부실까지 초래한다는 점에서 향후 고등과학원의 역할은 중요하다고 봅니다.[79]

고등과학원의 설립은 실제로 대학의 연구 환경에 대해 큰 반향을 일으켰다. 실제로 서울대 등 유수한 대학의 교수들이 고등과학원으로 이적하는 사례가 알려지면서 고등과학원은 이론기초과학 분야 연구자들에게 좋은 연구환경을 제공하고 있음이 반증되기도 했으며 이는 동시에 대학의 기초연구환경에 대한 묵직한 비판이며 충격을 가져온 사건이기도 했다.[80]

하지만 현실적인 어려움이 처음부터 있었다. 설립계획을 할 때에도, "국내 상당수의 대학에 막대한 기초 연구비를 투자하고 또 오랜 시간을 걸려서 수준이 올라가기를 기대하는 것보다 고등과학원을 설립 운영함으로써 외국의

---

78) 연합뉴스 (1995. 9. 14), 「김대통령 과학기술회관 개관식 참석 (종합)」.

79) 과학과 기술 (1998), 「뉴스와 인물2 – 고등과학원원장 김정욱 박사 – 세계적 석학교수주축 기초과학 집중 (3월호)」, 20-21쪽.

80) 매일경제 (1999. 9. 14), 「잡무 많아 연구할 시간 없다: 서울대 교수 2명, 이대교수 1명 대학에 사표」.

높은 수준을 단시일 내에 적은 돈으로 국내에 도입하자는 목적"이라고 선택과 집중을 강조할 수밖에 없었다. 따라서 "양보다 질," "규모는 크지 않더라도 고효율을 자랑하는 공간," "강의, 행정 업무로 벗어나 연구에만" 전념할 수 있는 환경을 특징으로 내세웠고, 설립 초기에는 수학과 물리에 집중하되 점차 화학과 생물 영역으로 확장시킬 계획을 가지고 있었다.[81] 프린스턴 대학의 고등과학원(Institute for Advanced Study)과 같이 대학 안에 있지만 독립적으로 운영하며 대학과는 차별성 있는 연구 환경을 제공하여 한국 기초과학 생태계에 활력을 불어넣자는 것이었다.

1997년 한국을 강타한 외환위기, 이른바 IMF 사태라고 불리게 된 경제위기는 갓 태어난 고등과학원뿐만 아니라 과학기술계 전반에 걸쳐 큰 영향을 미쳤다. 대학과 연구소에서 연구자들의 대량실직이 일어났고, 실험에 들어가는 경비를 감당하지 못해 "불 꺼진 실험실"이 늘어나고 있다는 우려도 나왔다.[82] 외환위기로 인한 과학기술계의 위기 담론은 2000년대 초반 "이공계 위기"로까지 이어졌다. 과학기술계에서는 이공계 기피현상에 대한 우려와 인력공급의 위기, 나아가 한국의 과학기술이 위기를 맞고 있다는 선언을 발표하고, 서명운동과 토론회를 활발하게 벌이는 등 이공계의 위기, 즉 대학 연구인력 및 연구 환경의 붕괴에 대해 목소리를 높여갔다.

2000년대 등장한 이공계 위기 담론은 급속하게 사회 전반으로 확산되어 나갔는데, 그 원인에 대한 진단은 다양했다. 당시 이 담론을 주도했던 언론과 과학기술 단체는 이공계인들에 대한 낮은 사회적 대우에 맞추어져 있었고, 따라서 그 해결책도 주로 과학기술자의 처우개선과 같은 단기적 사기 진작 방안이 많았다. 예컨대 1997년 7월 한국과학기술단체총연합회(과총) 등 6개

---

81) 한국과학기술원 (1996), 『고등과학원 설립 및 운영계획 수립을 위한 조사 연구』 (서울: 과학기술처), 24-26쪽.

82) 매일경제 (1998. 11. 30), 「고급연구인력 8000명 실직」; 동아일보 (1998. 1. 24), 「IMF 여파 불꺼진 실험실」.

과학기술단체들은 공동으로 “국가발전을 위한 과학기술인의 큰 다짐” 결의대회를 개최했다. 이 날 채택된 결의문에는 과학기술 정책부서의 강화, 과학기술인에 대한 우대조치, 창의적 인재 양성을 위한 교육환경, 정치 및 경제논리에 의한 과학기술의 희생 방지를 요구하는 내용이 담겨 있었다.[83] 그러나 사회과학자들은 보다 근본적인 문제를 포착하고 있었다. 이를테면 과학기술자에 대한 이미지 변화, 즉 탈신비화가 이공계 기피현상이 미치는 영향에 주목한 연구가 있었고,[84] 이 현상을 IMF 경제위기 이후 사회 전반에 두드러진 “고용불안정과 만성적 경기침체에 대한 두려움”이 표현되는 통로로 해석하는 사람도 있었다.[85] 또한 이공계 위기 담론을 둘러싸고 이것이 실재하는 것인지에 대해 의문을 던지는 비판적인 시각도 있었다. 한 사회학자는 이공계 위기 담론이 이공계 위기는 곧 국가적 위기라는 담론으로 논리로 발전되고 있는데, 분명 위기는 존재하지만 그 위기의 본질은 이공계 기피보다는 모든 사람들이 돈 되는 쪽으로만 달려가는 시장 숭배적 행태에 내재해 있는 것이라고 지적했다.[86]

이공계 위기에 대한 원인분석과는 별개로, 이공계 위기 담론은 과학기술자들이정부에 정책적 변화를 요구하는 데에 적극적으로 동원되었다. 2000년대로 들어서 과학기술계는 이공계 기피현상에 대한 우려와 인력공급의 위기, 나아가 한국의 과학기술이 위기를 맞고 있다는 선언을 발표하고, 과학기술인들을 결집시켜 서명운동과 토론회를 활발하게 벌이기 시작했다. 2002년 과총은 “과학기술위기선언”을 발표했고, “100만 과학기술인 인터넷 서명운동”을 통해 이공계 기피현상을 정책적·사회적으로 중요한 의제로 인식시키

---

83) 동아일보 (1997. 7. 19), 「국가발전위한 과학기술인 결의대회」.

84) 박희제 (2006), 「과학기술자에 대한 이미지와 이공계 위기론: 이공계 기피 현상에 대한 재조명」, 『2006년도 한국사회학회 전기사회학대회』, 281-283쪽.

85) 한경희 (2004), 「이공계 위기의 재해석과 엔지니어의 자기성찰」, 『한국사회학』 38(4), 73-99쪽.

86) 이영희 (2002), 「‘이공계 위기’ 담론에 대해 다시 생각한다」, 『교육비평』 8, 75-79쪽.

기 위한 노력을 기울였다. 또한 전국자연대학장협의회에서는 같은 해 이공계 두뇌유출을 우려하는 건의문을 청와대 및 관련 부처에 발송하고 이공계 유학생에 국비를 지원하는 정부의 방침이 국내 대학의 수준저하로 이어질 수 있다고 강조했다.[87] 다음은 2000년 초반 이공계 위기에 대한 과학기술계의 대표적인 활동을 모아놓은 것이다.

- 2002년 4월, 과총 "과학기술위기선언 발표," "100만 과학기술인 인터넷 서명운동"
- 2002년 9월, 전국이공계대학학장협의회, 이공계 유학생 국비지원 방침에 대해 두뇌유출 우려 건의문 전달
- 2003년 11월, 이공계 및 관련계열 대학학장협의회 "국가의 미래를 걱정하는 전국 이공계 대학장 협의회" 구성 및 비대위 구축, "대통령께 드리는 건의문" 발표
- 2004년 2월, 과총 "경제난국을 위한 과학기술인 시국선언" 선포
- 2005년 6월, 물리학회, 과총, 한림원, 자연과학 및 공과대학장협의회, "과학기술인 총궐기대회" 개최, 과학수업 축소 반대운동, "초중고 과학 교과과정 혁신을 위한 100만 명 서명운동" 실시
- 2005년 9월, 국회, "이공계 위기 극복을 위한 전국교수 대토론회" 과학기술인단체들의 각 대표들 참석
- 2005년 12월, 이공계위기대책협의회, 한국고등기술원, 이공계 위기 극복 및 청년 미취업 문제 해결 위한 전국 대학 순회 캠페인 행사실시

이공계 위기 담론은 그 원인에 대한 해석과는 별개로 주요 과학기술단체들이 이공계 위기담론의 형성과 확산에 적극적으로 참여하며 정부와 관련 부처, 그리고 대중들을 대상으로 과학기술의 중요성과 대학에서의 연구개발

---

87) 과학과 기술 (2002), 「「과총 뉴스: 제35회 과학의 날 기념식 (5월호)」; 한국일보 (2002. 9. 13). 「이공계 유학생에 국비지원 방침: 국내大 수준저하 우려」」.

활동에 대한 제도적 지원의 중요성을 앞장서서 피력하기 시작했다는 점에서 주목해야 할 점이 있다. 즉, 과학기술단체들로 대변되는 대학의 연구자들이 보다 적극적으로 대학의 교육 및 연구 환경과 수준을 개선시키기 위한 정책적·제도적 지원을 요구하고 나서는 중요한 "이해당사자"로 부상한 것이다. 이는 다음 장에서 살펴볼 "은하도시" 구상과도 밀접하게 관련되어 있었다.

제2장

과학과 정치
은하도시에서 과학벨트까지

1. 도시건설 담론의 등장

2000년대 초, 비록 이공계 위기 담론이 크게 퍼져 있었지만, 대학을 중심으로 한 한국의 기초과학 생태계는 20년 전과는 비교를 할 수 없을 정도로 커져 있었다. 전국의 많은 대학들이 우수연구센터(SRC/ERC)를 유치하기 위해 유능한 교수진 확보에 힘썼고 대학원생 및 연구원에 대한 지원도 강화되어 점차 연구대학으로 변모해갔다. 연구비 규모도 크게 달라져 있었다. 2003년의 기초연구비는 약 7000억 원으로 20년 전에 비해 15배 이상이었고, 2005년부터는 '국가과학자지원사업'을 실시하여 매년 선발된 한두 명의 스타급 과학자에게 15억 내외의 파격적인 지원을 최장 10년간 제공하기 시작했다.[1)]

---

1) 2005년에는 "최고과학자"라는 이름으로 서울대 황우석 교수가 선정되었으나 그 다음해 취소되었다. 2006년에 선정된 "국가과학자"는 KIST 신희섭 박사와 이화여대 이서구 교수였다. 한국연구재단 홈페이지 참조. 기초연구비 증가에 대해선 박희제 (2006), 「한국 대학에서의 과학연구의 성격과 변화: 1980년대 이후 연구개발비 흐름을 중심으로」, 『사회이론』 통권 제30호, 213-244쪽, 특히 234쪽 참조할 것.

연구 인력의 확대, 경쟁관계 조성, 그리고 보상체제의 확립으로 기초과학 생태계는 모양을 갖추어가고 있었다.

이러한 외형적 성장에도 불구하고 기초과학자들은 불만이 많았고, 거기엔 충분한 이유가 있었다. 대학의 총 연구비 중에서 기초연구가 차지하는 비중은 1987년 77%로 정점을 찍은 후 계속 감소해 2003년에는 36%에 불과했고, 이에 반해 응용·개발연구가 차지하는 비중은 크게 늘어났다.[2] 더욱이 기초연구지원 자체도 국가차원에서 전략적 선택을 한 "목적기초연구"를 중심으로 진행되었기 때문에 순수기초연구를 하는 과학자들은 소외감을 느낄 수밖에 없었다. 자연현상에 대한 호기심에서 출발해 새로운 사실을 발견하고 이론을 만들고 궁극적으로 사회에 도움이 되는 기술을 개발될 것을 기대하는 것이 아니라, 어떤 영역이 사회에서 필요로 하는 것인지 먼저 결정하고 이를 얻기 위해 자연세계를 들여다보는 형국이었다. 기초과학자들조차 어떤 식으로든 사회경제적 기대효과를 연구기획 단계에서부터 생각해야 했던 것이다.

과학을 산업발전을 위한 도구로 생각하고 대학의 연구 인력을 이를 위한 수단으로 인식했던 박정희 정부의 기본적인 정책기조가 80년대와 90년대를 거쳐 더욱 공고해져 소위 "국가주의적 과학관"이 내면화되어 있었다.[3] 이런 점에서 한국의 과학기술정책은 바네바 부시의 선형모델을 따랐다고 볼 수 없다. 아마도 이 모델을 따를 여유가 없었다고 하는 편이 더 정확할 것이다. 사회가 기초과학의 학문적 가치를 숭상하여 이를 지원하고 그 열매가 성숙하여 떨어질 때까지 인내심을 가지고 기다리기보다는, 기초과학의 모종은 수입하고 열심히 가꾸어 과실을 얻고 상품화하여 세계시장에 진출하려는 전

---

2) 박희제 (2006), 「한국 대학에서의 과학연구의 성격과 변화: 1980년대 이후 연구개발비 흐름을 중심으로」, 234-235쪽.

3) 김동광 (2004), 「과학기술대중화와 시민참여—전매된 과학대중화와 국가주의」, 『2004년 한국과학기술학회 전기학술대회 발표집』; 송위진 외 (2003), 『한국 과학자사회의 특성분석』 (서울: 과학기술정책연구원).

략이었다. 한국 사회는 압축적 경제발전을 이루었고, 대학은 단기간에 연구대학으로 변모했으며, 과학도 응용개발이 기초분야를 견인하는 형태로 발전했던 것이다.

이러한 상황에서 기초과학 지원확대를 위한 "원천기술 확보 담론"과 "노벨상 담론"은 서로 경쟁적이기보다는 상보적이었다. 기초과학자들이 국가에서 지속적인 지원을 받기 위해서는 첨단기술 개발을 통한 경제발전이라는 대의를 무시할 수는 없었고, 응용개발연구와의 차별성을 강조하기 위해서는 노벨상 수상을 통한 국위선양이라는 명분을 놓칠 수 없었다. 그러나 이것만으로는 부족한 영역이 있었다. 입자가속기와 같이 건물이 아니라 어느 지역에 설치되어야 하는 대형 기초연구, 즉 빅사이언스 형태의 기초연구 사업에는 또 다른 추동력이 필요했다. 정치권이 관심을 가질 지역개발, 도시개발과 같은 담론과의 연계가 이루어져야 했다.

가속기와 같은 대형연구시설과 장비 구축은 과학기술 인프라의 중요한 영역이자, 대학, 민간, 정부출연 연구소 등 여러 주체들이 공동으로 활용할 수 있는 공공재의 성격을 가지고 있다.[4] 또한 막대한 구축비용으로 인한 "형평성" 시비 논란이 일어날 수 있고, 완공된 후 회수할 없는 매몰비용이 크기 때문에 신중해야 함이 다른 나라의 사례에서도 볼 수 있다.[5] 대형연구시설을

4) 권기헌, 이홍재, 차용진, 김태영 (2006), 「과학기술 경쟁력 제고를 위한 대형연구시설 투자우선순위 분석」, 『한국정책과학학회보』 제10권 제1호, 101-123쪽, 102쪽.

5) 조현대 외 (2013), 『국가대형연구시설의 체계적 구축 및 관리효율화를 위한 실태분석 및 정책제언』 (서울: 과학기술정책연구원), 2쪽. 대형연구시설의 국가적 구축사업이 갖는 이러한 특성은 앞서 소개했던 미국의 초전도슈퍼입자가속기(SSC) 사업에서 또한 잘 드러난다. 1991년부터 건설작업에 들어간 이 사업은 1998년 완공을 목표로 총 83억 달러를 들여 텍사스주의 댈러스 외각에 86km 길이로 건설하는 계획을 세워 추진 중에 있었으나, 1993년 미국 의회는 이미 20억 달러가 지출된 건설 사업을 중단하기로 표결했다. 그 배경에는 냉전의 종식으로 인해 군사적 응용으로 이어질 수 있는 고에너지 물리학 분야에 정부가 막대한 예산을 투자하는 것이 더 이상 정당화되기 어려웠다는 정치적·경제적 맥락의 변화가 있었다; Daniel J. Kevles (1997), "Big Science and Big Politics in the United States: Reflections on the Death of the SSC and the Life of the Human Genome Project," *Historical Studies in the Physical and Biological Sciences* 27, pp.269-297; 동아사이언스 (2015. 10. 21), 「과

둘러싼 여러 가지 이슈들에도 불구하고, 기초과학 연구자들에게 이러한 시설이 갖는 의미는 지대한 것이었다. 특히 국내에 가속기를 건설하기 위한 과학기술계의 목소리는 주로 핵물리학계와 생명과학, 의료 등 관련 연구 분야 연구자들로부터 나왔다. 1990년대에 포항에 건설된 방사광가속기의 성공적인 운영을 기반으로, 다른 목적을 수행할 다른 형태의 가속기도 필요함이 주장되어왔다.[6]

또한, 1988년 기초과학연구소 설립제안서에서도 나왔듯이, 가속기의 운영과 관리를 어느 한 대학에 의존하지 않고 국가적 차원에서 수행할 수 있도록 독립적인 연구소를 설립해야 한다는 주장이 제기되었다. 서울대 물리학과의 민동필 교수는 2004년 '국가 핵 과학 연구체계 구축을 위한 연구' 보고서에서 핵 과학 관련 분야의 종합적인 연구소의 설립이 필요하다고 역설했다. 연구소 내에 구축된 가속기 시설 장비를 활용해 새로운 원소를 발굴하는 연구가 수행될 수 있으며, 핵의학, 핵화학, 핵공학, 고체물리, 재료공학의 기초 및 응용연구 분야에서도 본 연구소가 중심역할을 맡게 될 것이고, 우리나라 연구자들도 새로운 원소를 발견해 코리아니움(Koreanium)이라 명명하고 주기율표에 올릴 때가 되었다고 기대했다.[7]

민동필 교수는 가속기 건설을 포함한 국가 핵과학 연구체제 구축을 위해서 원천기술 담론과 노벨상 담론을 적극적으로 활용했고 더 나아가 도시건설 담론을 꺼냈다. 과학 중에서 기초과학, 기초과학 중에서 핵 과학을 연구하는 사람에게만 도움이 될 뿐만 아니라 과학과 문화가 만나는 전혀 새로운 모델의 도시를 한국에 건설해보자고 제안한 것이다. 민동필 교수는 파리 제11

학사 명장면] 고비용 때문에 중단된 초전도 슈퍼가속기, 거대 과학의 붕괴?」; 아시아경제 (2015. 3. 23), 「아깝더라도 버릴 것들」.

6) 포항 가속기 건설에 대해선 임경순 (2010), 「박태준과 과학기술」, 『과학기술학연구』 제10권 제2호, 37-76쪽 참조.

7) 민동필 (2004), 『국가 핵 과학 연구체제 구축에 관한 연구』 (서울: 과학기술부).

〈그림 2-1〉 민동필 (은하도시포럼 위원장)

출처: 한국경제매거진(2011. 6. 8), 「창조적 지식국가 이제부터가 시작이죠」.

대학에서 물리학 박사를 받고 1980년 서울대에 부임한 후, 한국물리학회 부회장, 학회지 편집위원장 등 학회활동을 활발히 했으며, 2005년에는 한국학술진흥재단 학술진흥본부장을 맡아 한국의 기초연구지원의 핵심적인 역할을 맡고 있었다. 한국 기초과학 생태계의 주요 이슈를 볼 수 있는 위치에 있었던 것이다. 그는 과학자, 예술가, 인문학 교수들이 정기적으로 만나 대화를 나누는 "랑콩트르(Rencontre, 만남)" 모임을 결성했고, 여기서 기존의 관념을 뛰어넘는 새로운 과학도시, 과학과 예술이 만나고 철학을 논하는 도시를 상상했다.[8] "은하도시"의 설립구상은 이렇게 해서 탄생한 것이다.

랑콩트르라는 작은 모임에서 시작된 은하도시에 대한 상상은 2006년 9월 9일 "은하도시포럼"을 창립하면서 보다 구체적인 계획으로 변모했다. 포럼에는 13명의 물리학계 사람들과 11명의 문화예술계 사람들뿐만 아니라 경제계, 공학계, 의학계 사람들을 포함 100여 명이 참여했다.[9] 이들이 상상한 은하도시의 모습은 다음과 같이 그려졌다.

---

8) 이코노미스트 (2006. 7), 「과학과 예술이 만나는 도시 건설」.

9) 중앙일보 (2006. 9. 16), 「꿈의 '과학+예술' 연구 도시 생긴다」.

과학자 3000명과 예술가 1000여 명이 함께 사는 도시. 매일 아침이면 물리학자와 화가, 공학도와 조각가가 곳곳에서 티타임을 가지며 서로의 철학을 공유하고 수시로 포럼을 여는 곳. 직경 8km의 중이온가속기가 도시를 관통하고 200개의 연구단지와 대학, 해외 연구진들이 함께 사는 도시. 이 도시 이름은 '은하도시'다.[10)]

은하도시에서 과학과 예술의 만남은 없어서는 안 될 핵심 요소였다. 예술은 과학에 문화를 심어줄 하나의 수단인 동시에 궁극적인 지향점으로 간주되었다. 즉, 예술의 창조성과 직관성은 과학에게 새로운 바람을 가져다줄 듯 보였고, 그 결과 탄생하게 될 새로운 과학은 더 이상 딱딱한 이론과 수식으로만 가득 찬 학문이 아니라 또 하나의 예술이 될 것이라 기대되었다. "과학과 예술이 만나서 충돌할 때에 새로운 형태의 예술 장르가 탄생할 것"이라고 말할 정도로 과학과 예술의 공통점인 창의성 발휘에 역점을 두었던 것이다. 지금까지 한국의 과학에는 이러한 부분이 상당히 결여된 상태로 있어, 결국 창의적 아이디어는 외국에 의존하는 일종의 지식의 식민지에서 벗어나지 못하고 있음을 지적하기도 했다. 이와 함께 은하도시포럼 관계자들은 과학과 예술의 만남을 통해 새로운 지식을 구축할 뿐만 아니라 새로운 지식인을 양성할 것을 기대했다. 즉, 한 분야에만 정통한 기존의 전문가와 달리 은하도시의 다양한 지적 교류 속에서 레오나르도 다빈치와 같이 여러 분야를 아우르며 자유롭게 사유할 수 있는 새로운 형태의 전문가가 탄생되길 바랐다. 또한 직접 연구를 수행하는 전문가들뿐만 아니라 그들을 지원하는 인력들도 단순히 연구보조 인력이 아닌 중추적인 행위자들로 바라보고 이들 모두를 새로운 지식인의 형태, "폭넓은 전문가"로 지칭했다. 이런 생각은 기존의 한국 과학기술 연구 생태계 및 문화에 대한 반성에서 나온 것으로 선진국의 지식 및 경

10) 중앙일보 (2006. 9. 16), 「꿈의 '과학+예술' 연구 도시 생긴다」; 은하도시포럼, 「과학과 예술이 만나는 은하도시포럼」, http://newton.kias.re.kr/LENS-2007-Winter/talkfiles/Milkyway_at_LENS.pdf.

험을 흡수하기에만 급급했던 기존의 패러다임에서 벗어나고자 하는 의지로 해석할 수 있다.[11]

한국예술종합학교 디자인과 박인석 교수를 필두로 한 한국예술종합학교의 교수들은 랑콩트르에서 민동필과 같은 물리학자들과 활발하고 꾸준하게 교류했고, 이후 은하도시포럼으로 발전되기까지 과학자들과의 교류 속에서 은하도시를 함께 구상한 핵심적인 인물이었다.[12] 2005년 세계 물리의 해를 맞이해 포항공대에서 열린 행사에서 박인석 교수는 "과학-예술 협력 작품 전시 및 공연"의 준비를 맡았는데, 그는 "과학과 예술은 단지 표현방식이 다를 뿐이지 인간의 사고의 폭과 깊이를 넓혀 가는 과정이라는 점에서 일맥상통하는 요소가 많다"라고 과학과 예술 사이의 접점에 대해 강조했다. 또한 "중진국까진 공학이나 디자인만으로 승부해 돈을 벌 수 있지만 선진국에선 과

〈참고 2-1〉 유럽 입자물리연구소(CERN)의 과학과 예술 연계 프로그램

유럽 입자물리연구소(CERN)의 과학과 예술 연계 프로그램

스위스 제네바에 위치한 CERN은 은하도시 구상이 국제기업도시로 구체화되는 과정에서 중요한 모델이 되었던 곳으로, 가속기를 중심으로 한 자율적이고 창의적인 기초과학 연구 환경이 주목받아왔다. CERN은 은하도시 구상에서 강조되었던 과학과 예술 간의 접점이 활발하게 모색되어 있는 곳으로 오늘날 Arts@CERN을 비롯한 다양한 예술프로그램들이 진행 중이다. 과학과 예술이 자연스럽고 창조적인 파트너로 여겨지고 있는 CERN을 통해 은하도시 구상에서 과학과 예술의 연계가 어떻게 상상되었는지 엿볼 수 있다.
CERN의 대표적인 예술 프로그램으로는 Arts@CERN을 들 수 있는데, 전속 예술가 프로그램인 COLLIDE 프로그램과 ACCELERATE 프로그램 등을 운영하고 있다. CERN은 이러한 프로그램을 통해 세계 수준의 예술가들과 과학자들이 한데 모여 자유롭게 아이디어를 교환하고, 힉스입자보다 더 찾기 힘든 요소라 할 수 있는 인간의 독창성, 창의성, 그리고 상상의 영역을 탐색하도록 하고 있다. CERN은 예술과 과학의 만남이 지식을 확장하는 특별한 방법이라는 인식을 갖고, 과학과 예술 사이의 교류를 증진시키기 위해 COLLIDE International Awards를 제정하였다. 또한 ACCELERATE 프로그램을 통해 실험실을 접해본 적이 없는 예술가들을 대상으로 1개월간 CERN을 직접 방문해 과학자들과의 교류할 수 있는 기회를 주고 있다.

---

11) 홍승우 (2007), 「국제과학비즈니스도시의 꿈」, 『국제과학비즈니스도시 심포지엄 자료집』.
12) 이코노미스트 (2006. 7), 「과학과 예술이 만나는 도시 건설」.

학과 예술의 역량에 따라 국력이 길러진다"고 설명하며 한국에서 은하도시의 필요성에 대해 역설하기도 했다.[13)]

이처럼 랑콩트르 모임에서 과학자와 예술가들이 꿈꾼 은하도시는 기존의 과학도시와 다른 것이었다. 각종 연구소나 과학기술 관련 시설물들이 단순히 집적되어 있는 기존의 과학도시와 달리, 은하도시는 새로운 문화를 창출하고 새로운 과학을 생각하게 하는 공간이었다. 기존 도시들에서는 과학과 기술의 집합을 통해 좀 더 나은 과학 이론이나 기술 제품을 만들어내는 것을 목표로 했다면, 은하도시에서는 과학과 기술의 집합 그리고 다른 전혀 이질적인 분야와의 연계를 통해 새로운 문화와 사회를 창출하고자 했다. 당시 포럼 회장 민동필 교수의 기고문은 왜 은하도시가 기존의 과학도시와 달라야 하는지를 잘 보여준다.

> 과학적 유산이나 특징 때문에 세계에서 가장 가보고 싶은 '과학도시'는 어디일까? 일반인의 호기심을 자극하고 과학문화적인 경험을 위해 갈 만한 도시는 쉽게 떠오르지 않는다… (쓰쿠바) 인근에는 세계적인 연구소들이 있으며 주위로 기업연구소가 포진(되어 있)다. 대학과 연구소에서 만드는 지식이 중소기업으로 확산되는 구조다. 그러나 이 도시를 호기심과 즐거움으로 찾는 사람은 거의 없다. 과학도시는 대개 이런 분위기다. 대학이나 연구소로 채워진 기능성 도시다. 깨끗하지만 삭막하고 주민은 똑똑하지만 도시는 무미건조하다. 왜 그래야 하나? 과학이 발전하면 획기적인 아이디어가 쏟아지고 노벨상을 타고 대박이 터질 것으로 기대하지만 좋은 아이디어가 나오는 환경이 이래도 되는가? 영화 '백 투 더 퓨처'에서 보듯이 과학자란 자기 일에만 미쳐서 헝클어진 머리에, 주위 환경은 거들떠보지 않는 부류로 취급된다. 과학자가 선호하는 곳과 일반인이 좋아하는 곳은 결코 만날 수 없는 견우직녀의 운명이란 말인가?[14)]

---

13) 중앙일보 (2006. 9. 16), 「꿈의 '과학+예술' 연구 도시 생긴다」.

이들에게 21세기 과학은 "누구에게도 멀리 있어서는 안 되는" 것이며 "매일 매일이 과학"이 될 것이기 때문이었다. 이러한 배경에서 이들은 견우와 직녀처럼 멀리 떨어져 있는 과학과 사회를 은하도시를 통해 연결하고 이를 통해 과학을 사회에, 사회를 과학에 접목시키려고 했다. 이런 면에서 은하도시는 기존의 여러 과학기술집적 도시와는 다른 것이었다. 기존에는 ① 연구개발 활동과 제조업이 서로 연계된 첨단산업 집적지(미국 실리콘밸리, 보스턴 루트128 등), ② 집중적인 과학연구를 위해 근접 도시와 거리를 두고 조성한 전통적인 과학도시 유형(일본의 쓰쿠바, 한국의 대덕단지), ③ 첨단기술 제조기업을 유치하기 위한 기술단지(대만의 신주, 프랑스의 소피아 앙티폴리스), ④ 지역발전과 산업분산화의 수단으로 건설하는 산업단지(일본의 테크노폴리스 프로그램), 등 다양한 유형의 과학기술 중심 도시가 개발되었는데, 이와의 차별성이 강조되었다. 한마디로, 은하도시는 단순히 새로운 연구 결과 또는 신제품들이 출시되는 것이 아니라 새로운 문화 또는 새로운 사회가 건설되는 공간으로 상정되었던 것이다.[15]

은하도시포럼에서 연구소 설계위원장을 맡았던 성균관대 물리학과 홍승우 교수[16]는 은하도시의 건설이 또 하나의 새로운 도시건설 계획으로 끝나면 안 되고 창조적인 문화와 새로운 사회를 만들어야 한다고 강조했다. 기존 기초과학계에서 연구 환경 개선을 위해 주로 예산 규모를 늘리는 등 양적팽창만을 요청했다면, 랑콩트르 회원들은 기존 과학기술생태계의 질적 변화를 꾀하는 완전히 새로운 실험이자 시도를 구상하고 있었던 것이다. 홍승우 교수는 아래와 같이 은하도시라는 상상이 필요한 이유에 대해 설명했다.

---

14) 동아일보 (2006. 12. 13), 「[과학세상/민동필] 미래 한국 밝힐 '은하도시'」.

15) 전승준 (2007), 「국제과학비즈니스도시의 성공조건」, 『국제과학비즈니스도시 심포지엄 자료집』.

16) 홍승우 교수는 미국 University of Texas at Austin에서 박사 학위를 마치고 성균관대 자연과학대학 물리학고 교수로 재직 중에 있으며 핵물리학을 전공했다. 홍승우 교수는 은하도시포럼의 초기 구성원 중 한 명으로 은하도시 건설에 있어서 중이온가속기의 중요성을 줄곧 역설했으며, 이후 국제과학비즈니스벨트 사업 추진 과정 및 중이온가속기 건설 사업에서 중추적 역할을 맡았다.

하나의 도시를 건설하자는 것에 그치지 말아야 한다는 것이 은하도시포럼의 생각입니다. 개발론자 방식의 발상이 우리나라의 지속적인 발전에 오히려 저해요소가 되고 있으며 우리에게 필요한 것은 상상력입니다… 우리는 도시 하나를 짓는 것에 만족하지 않습니다. 우리는 과학과 예술이 만남으로써 새로운 '창조적인 문화'와 '새로운 사회'를 만들자는 것입니다.[17]

새로운 과학, 새로운 전문가, 새로운 과학문화, 새로운 사회, 이것이 바로 은하도시포럼 창립자들이 새로운 도시의 건설과 함께 꿈꿨던 것이었다.

가속기는 과학자와 예술가의 연구 활동을 촉진시키는 실천적 매개체인 동시에 이들의 만남을 상징적으로 드러내주는 것이기도 했다. 은하 도시는 "가속기가 물질을 서로 충돌시켜 새로운 것을 만들어내듯이 과학과 예술의 결합과 충돌로 새로운 아이디어와 가치를 창출"될 것이라 기대되었다. 국내에 이미 있었던 포항공대의 방사광가속기보다 규모가 크고 종류가 다른 중이온 가속기를 구축할 뿐만 아니라 문화와의 접목을 시도하겠다는 꿈을 선포한 것이다.[18] 다시 말해 은하도시 구상에 담긴 중이온가속기는 새로운 도시의 상징적인 구조물이자 과학과 예술을 이어주는 실천적 구조물이었다. 하지만 대형 연구 인프라에 해당하는 가속기의 건설은 설치의 타당성과 예산, 규모, 입지 등 사회적 합의가 반드시 수반되어야 하는 것이었다. 대형연구시설로서 가속기가 갖는 정치성은 이후 은하도시가 정치와 만나 구체화되고, 사회와 만나 논의되는 과정에서 논쟁의 화두가 되는 운명으로 이어졌다.

---

17) 홍승우 (2007), 「국제과학비즈니스도시의 꿈」, 『국제과학비즈니스도시 심포지엄 자료집』.
18) 중앙일보 (2006. 9. 16).

2. 은하도시가 대선공약으로

마치 공상과학 속 미래도시와 같이 보이기도 했던 은하도시에 대한 과학자들의 상상은 2000년대 한국의 정치사회적 맥락 속에서 단지 상상으로만 남지 않았다. 랑콩트르 모임은 이 상상의 도시를 실현시키기 위한 방안까지 염두하고 있었던 것이었다. 이를 위해선 정치인들과의 협력이 필수적이었는데, 이러한 점을 민동필 교수는 대규모 기초과학 연구지원 정책이 번번이 실패한 과거의 경험을 통해 절실히 인지하고 있었다.[19] 민동필뿐만 아니라 랑콩트르의 다른 위원들도 은하도시 건설을 위해서는 무엇보다 정치적인 공론화가 필요하며, 전경련 등 기업 투자를 위한 노력도 필요하다는 것에 공감을 하고 있었다. 이들은 "누가 대통령 선거에 출마하더라도 과학예술도시 건설을 공약으로" 선정할 수 있도록 초기부터 의지를 가지고 다양한 정치인들과 접촉하기 시작했다. 이때 민동필이 접촉한 정치인으로는 당시 대선후보로 거론되던 이명박, 손학규, 박근혜 등이 포함되어 있었다.[20]

여러 정치인 중 "은하도시 건설"이라는 과학계의 꿈에 가장 큰 관심을 보인 정치인은 당시 서울 시장이었던 이명박이었다. 이명박은 전 현대건설 CEO 출신 정치인으로 제17대 대통령 선거에 나올 채비를 하고 있었다. 서울시장 시절 은하도시 건설 아이디어에 대해 처음 보고받은 바 있었던 이명박은 그로부터 2-3년이 지난 후인 대권출마를 목전에 두고 자신의 대표 공약으로 은하도시 건설을 내세우게 된 것이다.[21] 그가 은하도시 구상에 관심을 가지게

---

19) 이에 대해 2006년 9월 16일 중앙일보에 실린 「꿈의 '과학+예술' 연구도시 생긴다」에서는 다음과 같이 언급을 하고 있다. "신과학도시 건설은 예전부터 거론되었다. 과학자들이 삼삼오오 청와대에 의견을 올렸지만 번번이 실패하자 이번에 아예 단체로 조직을 만들어 강력하게 추진하기 위해 은하포럼을 구상했다는 말도 나온다… 은하도시포럼 회원들은 프로젝트의 현실화를 위해 대선공약 압박을 할 계획도 갖고 있다. 대선공약 압박은 과학예술 도시를 주제로 한 여러 토론회 등을 통해 여론을 조성하는 방식으로 접근할 계획이란다. 누가 대통령 후보로 나오더라도 과학예술도시 건설을 공약으로 하지 않으면 안 되도록 여건을 조성해 나가겠다는 것이다."

20) 한국경제매거진 (2011. 6. 8).

된 계기에는 참여정부의 중요한 정책 사업 중 하나로 진행되고 있었던 "행정중심복합도시" 개발방향과 갚은 관련이 있었다. 이명박은 서울시장으로 재임하고 있었던 시절부터 세종시의 개발 방향에 대해 회의적인 시각을 가지고 있었다. 이명박은 세종시로의 수도이전은 물론이고 수도 분할의 경우에도 궁극적으로 막대한 규모의 경제적·사회적 손실을 가져올 것이라는 게 그의 의견이었다.

> 수도 분할은 수도 이전보다 훨씬 더 큰 부작용이 예상되었다. 대통령과 일부 장관들은 서울에 있고 국무총리를 비롯한 장관 대부분이 충청권에서 근무하면, 국무회의, 장·차관회의, 실·국장회의 등에 따르는 막대한 비효율이 불 보듯 뻔했다… (나는) 지방 발전을 위해서는 수도 분할보다 지방 분권을 강화해야 한다고 했다. 또한 수도 이전과 수도 분할에 정략적으로 담합한 정치권은 역사의 책임을 면치 못할 것이라는 경고도 담았다. 그리고 그 글을 통해 노 대통령에게 이야기했다.[22]

2007년 유력한 대선후보로 떠오르고 있던 이명박 시장에게 민동필 교수가 제안한 "은하도시" 건설은 이명박에게 세종시에 대한 새로운 아이디어를 가져다주었다. 이미 세종시에 확보한 2200만 평의 부지는 다른 부지와 달리 부지매입비에 대한 고민 없이도 새로운 도시를 건설할 수 있었고, 이는 은하도시 아이디어의 실현은 물론 행정중심복합도시건설을 대체할 수 있는 정책이었기 때문이다. 그러나 기존의 세종시 계획을 과학비즈니스벨트 사업으로 대체하겠다는 생각은 충청권뿐만 아니라 전국적으로 큰 정치적 파장을 가져올 수 있는 아이디어였기에, 이명박은 이를 기저에 감춘 채 은하도시 건설을 대선공약으로 구체화하기 시작했다.[23]

---

21) 이명박 (2015), 『대통령의 시간 2008-2013』 (서울: 알에이치코리아), 748쪽.

22) 이명박 (2015), 『대통령의 시간 2008-2013』, 620쪽; 이명박 (2005), 「행정수도에 관해 저 이명박이 말씀 드립니다 (2005. 3. 24)」, 서울시 홈페이지 게시글.

특히 같은 정당의 박근혜 후보가 행정중심복합도시건설을 지지하고 있는 입장이었기 때문에 당내 경선에서 승리한 후에는 정당의 지지를 받기 위하여 더욱이나 자신의 의견을 숨길 수밖에 없었다. 은하도시는 정치적 목적하에 재발견되었지만, 정치적 상황 때문에 그 모습을 완전히 드러낼 수는 없었다. 추후 이는 은하도시가 많은 변화의 과정을 거치는 단초가 되었다. 하지만 이는 단순히 과학의 정치화 또는 정치의 과학화 과정으로 설명될 수는 없었다.[24] 이 경우 과학이나 과학자가 단순히 정치의 대상이 된 것이 아니라, 한국의 기초 과학자들은 정치적 조우를 통해서만 대형화된 기초과학을 실현할 수 있을 것이라고 생각했고 이를 위해 백방으로 노력을 했기 때문이다. 이 시기에 이해관계가 맞아떨어진 정치인이 이명박이었다. 따라서 단순히 과학과 정치의 만남을 주목할 것이 아니라 그 만남의 형태가 어떠한지 그 과정과 결과가 무엇인지 면밀히 살펴보는 것이 중요하다.

3. 도시에서 벨트로

기업인 출신 정치가인 이명박 서울시장에게 기초과학은 과학자와 예술가의 상상처럼 새로운 문화 또는 예술이기보다는 사업화가 가능한 무궁무진한 잠재력을 가진 일종의 자원이었다. 따라서 과학자와 예술가로 구성된 랑콩트르에서 발전된 "은하도시" 아이디어에 이명박은 기초과학의 사업성을 추

23) 전승준 인터뷰 (2015. 9. 14); 한나라당 일류국가비전위원회 과학기술분과위원회 (2007), 「〈대표공약〉 국제과학기업도시 건설 방안」; 은하도시포럼 (2007), 『행복한 과학 (과학 기술 푸른 혁명)』 (서울: 중앙북스); 제17대 대통령직인수위원회 (2008), 「대통령직인수위원회 백서. 제17대, 성공 그리고 나눔」; 프레시안 (2009. 11. 16), 「MB '세종시 원안추진' 약속 없었다고?」.

24) 기존에 이를 과학의 정치화라고 기술한 기사를 살펴보면 예를 들어 오철우 기자가 2011년 2월 9일 사이언스온에 기고한 글을 들 수 있다. 이 글에서는 이 과정을 "정치는 어떻게 과학을 이용했나, 과학은 어떻게 정치를 이용했나?"라는 질문과 함께 그리고 있다.

가하여 "과학기업도시"라는 새로운 아이디어를 제안했다. 이때 "과학기업도시"는 기초과학연구를 수행하는 공간을 거점지구로 두고 교육 및 산업 기능을 담당하는 두 기능지구를 동시에 두어 이들의 상호작용을 꾀하는 네트워크형 도시였다.[25]

2006년 10월 23일, 스위스 제네바의 유럽 입자물리연구소(CERN)를 방문한 이명박 시장은 이 날 "4만 달러 시대를 여는 신성장 동력을 확보하기 위해서는 국내에 '과학비즈니스도시(과학도시)"를 건설, 대한민국을 일류 과학국가로 만들어야 한다"고 말하며, 핵심 대선공약 중 하나로 준비 중인 과학도시 건설계획의 윤곽을 공개했다. 이명박은 한국은 이제 "성장의 동력을 기초과학 분야로까지 확대"해야 한다고 강조하면서 기초과학 연구단지와 그 주변에 관련 비즈니스가 어우러진 새로운 개념의 미래도시의 건설이 절실하다고 밝혔다. 이명박은 또 다른 대선공약이었던 "한반도 대운하" 구상과 함께 "과학비즈니스도시"의 건설을 "한국의 미래 성장을 주도할 쌍둥이 프로젝트가 될 것"이라고 강조했다.[26]

〈그림 2-2〉 아시아 기초과학연구소 조직도

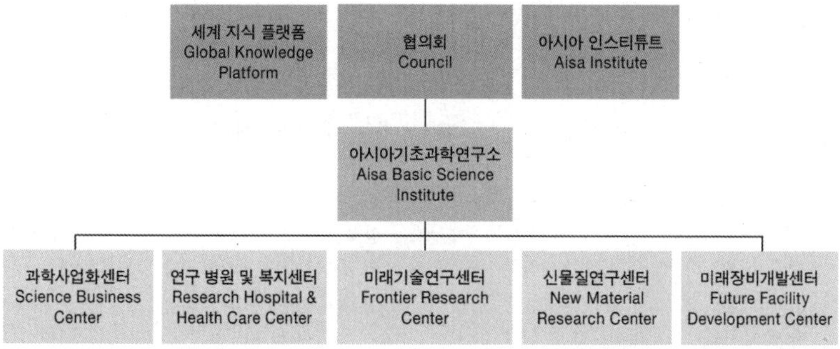

출처: 은하도시포럼 (2007), 『행복한 과학 (과학 기술 푸른 혁명)』.

---

25) 테크노베이션파트너스 (2009), 『국제과학비즈니스벨트 기획연구』 (서울: 교육과학기술부).

26) 연합뉴스 (2006. 10. 23), 「이명박 "'과학도시' 건설 추진"」.

이명박이 제안한 국제과학기업도시는 기초과학 거대 복합시설(가속기, 연구병원)을 기반으로 문화, 예술, 비즈니스, 교육 기능이 결합된 새로운 도시였고, 국내외 기초 연구소 및 인재 유치로 동북아 허브 기능과 인재양성 효과가 있을 것이라 기대되었다. 국제과학기업도시에는 은하도시 상상에서와 마찬가지로 "아시아 기초과학연구소"라는 기초과학연구소가 설립될 계획이었고, 이 연구소에는 〈그림 2-2〉에서 보이는 것과 같이 과학사업화센터, 미래기술연구센터, 미래장비개발센터, 연구병원 및 복지센터, 신물질연구센터를 두는 것으로 구상되었다.[27]

이러한 국제과학기업도시의 입지는 "대덕, 오송, 오창을 중심으로 과학 기술 인프라를 갖춘 충청권이 적격이라는 원칙"을 내세우고 있었고, 도시의 규모, 즉 사업의 기간과 예산을 고려한 도시의 성격과 기능에 대해서는 총 세 가지의 안을 가지고 있었다.[28] 1안은 30년에 걸친 장기 프로젝트로 약 611만 6000m^2 규모의 단독도시로 하되 단계적으로 발전시키는 안으로, 완전히 새로운 도시의 건설을 꿈꾼 은하도시 구상과 가장 가까운 안이었다. 이와 함께 제시된 2안은 1652만 9000m^2 규모로 새로운 도시가 아닌 기존 도시의 인프라를 공유하고, 중이온가속기가 중심이 되는 기초과학 연구타운을 건설하는 안이었다. 마지막으로 3안은 은하도시 아이디어에서 축소된 형태로 기존 도시를 국제과학기업도시로 재창조한다는 내용이었다.[29]

2007년 8월 이명박이 한나라당 공식 대선 후보로 확정되면서 국제과학기

27) "국제"과학기업도시에서 "아시아"기초과학연구소가 상상된 데에는 급부상하고 있는 중국 과학기술력에 대한 고려가 있었다고 할 수 있다. 포럼측은 "과학계에서 이미 기반을 잡은 일본과 나날이 급부상하고 있는 중국으로 인해 지식의 중심이 서양에서 동양으로 이전"하고 있으며, 자칫 한국은 "일본과 중국 사이에서 샌드위치가 될 수 있는 사항이지만" 이를 기회로 살려 아시아 거점 기초과학연구소를 만든다면 아시아 과학기술계를 리드할 수 있으리라 생각했다. 하지만 이러한 고려는 굳이 "아시아"를 넣어 새로운 기초과학연구소에 지리적 제한을 둘 필요는 없다는 판단하에 정식 명칭에서는 제외하기로 결정했다; 은하도시포럼 (2007), 『행복한 과학 (과학 기술 푸른 혁명)』.

28) 한나라당 일류국가비전위원회 과학기술분과위원회 (2007), 「〈대표공약〉 국제과학기업도시 건설 방안」.

29) 은하도시포럼 (2007), 『행복한 과학 (과학 기술 푸른 혁명)』, 172쪽.

업도시의 건설은 한나라당 일류국가비전위원회 과학기술분과위원회에서 과학기술분야 대표 공약으로 다뤄지면서 보다 구체적으로 구상되기 시작했다.[30] 과학기술분과위원회 내에서는 국제과학기업도시의 건설을 두고 그 성격과 규모, 위치에 대해 여러 가지 방안들을 놓고 논의했는데, 이 과정에서 은하도시에 담겼던 초기 아이디어들은 "대선공약"으로 정책화되는 과정에서 중요한 변동을 맞이하게 되었다. 특히 기초과학과 비즈니스의 관계, 즉 국제과학비즈니스도시에 "비즈니스"기능을 얼마나 담을 것인가의 문제, 그리고 은하도시에서는 핵심 상징물과 같았던 가속기의 건설은 "검토" 대상으로 논의되었다.[31]

이러한 논의 과정을 거쳐 이명박이 처음 대선공약 중 하나로 제안했던 "국제과학비즈니스도시"는 2007년 12월 "국제과학비즈니스벨트"로 한나라당 공약집에 공식적으로 소개되었다. 공약집을 통해 조성 계획을 살펴보면, 그 배경을 다음과 같이 소개하고 있다.

> 우리나라가 초일류 과학기술강국으로 발전하기 위해서는 장기적으로 거대복합 연구 시설과 인프라를 기반으로 기초과학, 문화예술, 비즈니스가 결합된 국제과학비즈니스벨트가 형성되어야 합니다.[32]

즉, "국제과학비즈니스벨트" 계획에는 은하도시에서 과학자와 예술가들이 꿈꿨던 은하도시 아이디어는 기초과학과 문화예술이 공존하는 공간에 대한 상상과, 이명박 대선후보가 강조했던 비즈니스의 기능이 함께 들어가 있었다. 이와 더불어 "벨트"라는 개념은 대선공약화 하는 과정에서 새롭게 도입된 것으로, 행복도시, 대덕연구단지, 오송, 오창에 있는 BT·IT 산업단지를 하

30) 연합뉴스 (2011. 4. 6),「국제과학비즈니스벨트 추진일지」.
31) 한나라당 일류국가비전위원회 과학기술분과위원회 (2007),「〈대표공약〉 국제과학기업도시 건설 방안」.
32) 한나라당 (2007),『일류국가·희망공동체 대한민국(한나라당 대선공약집)』(서울: 북마크).

나의 광역경제권으로 발전시킨다는 의미를 담고 있었다.

은하도시로 출발했던 과학자들의 꿈은 이명박에게 제안되면서 "비즈니스"와 결합된 과학기업도시의 구상으로, 그리고 대선공약으로 다듬어지면서 "벨트"라는 새로운 개념으로 변모했다. 즉, 과학이 비즈니스를 만나고, 도시가 벨트로 그 개념이 확장되는 기저에는 단순히 아이디어의 정책화 과정에서 나타날 수 있는 구체화 수준을 넘어선 복잡한 정치적 이해관계가 개입된 결과였다. 먼저, 과학기업"도시"가 국제과학비즈니스"벨트"로 변모한 것에는 개념적으로도 큰 변동이었다. 도시는 개념적으로 특정 공간에 굉장히 높은 집적도로 많은 시설 및 구조물들을 집중 배치하는 것을 의미한다. 하지만 이는 곧 정치적으로 특정 지역에 혜택을 주는 것으로 이해될 가능성이 높았다. 따라서 정치적 안정성을 높이기 위해서는 집적도가 높은 도시의 개념보다는 분산형 네트워크를 지향하는 벨트라는 개념을 활용하여 도시라는 개념이 불러올 수 있는 논란을 잠재울 필요가 있었다. 따라서 입지를 구체화할 수 있는 도시라는 개념이 특정 지역을 대상으로 정치적 효과를 기대하기에는 보다 안정적인 개념이었을지 모르나, 보다 거시적인 수준에서 정치적·사회적 안정성은 벨트의 개념이 높았던 것이었다. 이러한 배경에서 은하도시는 도시와 벨트라는 두 이질적인 개념을 동시에 포함하고 있는 "국제과학비즈니스벨트"라는 모호한 명칭을 가지고 대선공약으로 공식 발표되게 된 것이었고, 두 개념 사이의 균형을 찾아야 하는 과제는 중요한 과제로 남게 된 것이었다.[33]

사실 한국에서 "벨트"라는 개념이 사용된 것은 이번이 처음은 아니었다. "벨트"라는 개념은 1970년대 제3차 경제개발계획과 제1차 국토건설종합계획에 따른 중화학 산업단지개발 정책에서 처음 사용되었다. 1973년 중화학 공

33) 실제로 국제과학비즈니스벨트 추진지원단장 편경범은 "도시" 개념과 "벨트" 개념이 서로 상충하면서 이를 구현하기 위해 많은 논의가 필요했다고 회고했다; 편경범 인터뷰 (2015. 10. 27).

〈그림 2-3〉 기술지대망 구상도(안)

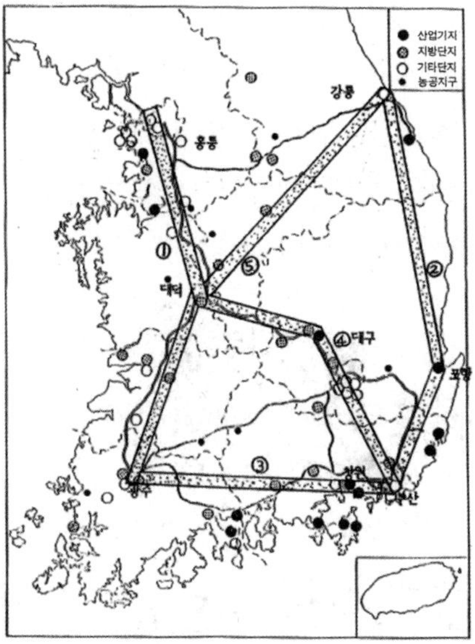

주: 그림 속의 번호는 다음과 같다. ① 서해안 기술지대, ② 동해안 기술지대, ③ 남해안 기술지대, ④ 남북 간 기술지대, ⑤ 동서 간 기술지대.
출처: 과학기술부 (1989), 「21세기를 지향한 전 국토의 기술지대망(Techno-belt)화 추진을 위한 종합구상(안)」.

업 입국선언을 계기로 우리나라는 중화학 공업을 중점적으로 육성하고, 산업입지와 인구, 산업을 전국에 균형적으로 배치하기 위한 '산업기지개발촉진법'을 새롭게 제정했다.[34] 이러한 맥락에서 조성된 "동남해안 중화학 공업벨트"는 울산, 온산, 여천, 구미, 거제 등 대규모 산업단지를 잇는 벨트로 조성되었던 것이다.

1970년대 산업입지정책에서 사용된 "벨트"라는 개념은 "중점 육성"과 "균형 배치"라는 두 가지 가치를 모두 담을 수 있었다. 또한 1990년대에는 산업

34) 「국가기록원 기록정보콘텐츠–국토및지역개발-산업단지조성–공업용지조성사업」, http://www.archives.go.kr/next/search/listSubjectDescription.do?id=001351.

구조를 고도화하고, 첨단산업단지를 개발하기 위한 필요성이 제기되었던 시기였는데, 1989년 과학기술부가 발표한 '전 국토의 기술지대망(Techno-belt) 구상'에는 "기술지대망"이라는 개념으로 기존의 벨트 개념이 보다 과학기술과 결부되어 첨단산업단지의 개발을 위한 정책적 개념으로 소개되었다(〈그림 2-3〉).[35] 1989년 발표된 '21세기를 지향한 전 국토의 기술지대망화 추진을 위한 종합구상(안)'에서는 "기술지대망", 즉 테크노벨트를 다음과 같이 정의하고 있었다.

> 기술지대망(테크노벨트)이란? 국토의 지역적인 특성을 최대한 활용하면서, 기술, 두뇌, 산업, 교육, 문화 등이 집적된 여러개의 유사한 기술도시(테크노폴리스)를 정보, 통신, 교통, 유틸리티망 등으로 상호연결하고, 재래 기술과 첨단기술을 기존 공단과 산업도시 등 지역의 잠재력과 특성을 반영하여 접목시킴으로써, 전 국토를 하나의 거대 기술단지화 하는 것이다.[36]

이러한 역사적 맥락에서 "벨트" 개념은 2008년 이명박 정부가 들어서면서 다시 한 번 중요한 정책적 개념으로 사용되기 시작했다. 과학비즈니스벨트뿐만 아니라 이명박 정부는 한반도 선벨트(Sun-belt)를 공약으로 내세우고, 주요 국가시책사업으로 추진했다. 이 사업은 자연, 산업 등 각 해안권별로 가지고 있는 고유한 특성을 고려하여, 해안권을 초광역적인 국토의 신성장축으로 육성한다는 것을 목표로 남해안은 "새로운 경제, 물류, 휴양 허브"로, 동해안은 "녹색성장을 선도하는 에너지, 관광의 블루 파워 벨트"로, 서해안은 "환황해 경제권을 주도하는 지식, 첨단산업의 융복합벨트"로 개발한다는 내용을 담고 있었다.[37] 이 사업은 각 해안권에 이미 집적되어 있었던 기간사업

---

35) 정수진 (2010), 「기록의 발견 : 대한민국 경제성장의 원동력 산업단지 개발」, 『기록인(IN)』 제10호, 104-109쪽.

36) 과학기술부 (1989), 「21세기를 지향한 전 국토의 기술지대망(Techno-belt)화 추진을 위한 종합구상(안)」.

37) 국토해양부 외 (2009), 「동, 서, 남 해안권 초광역개발 기본구상 (2009. 12. 2)」.

을 기반으로 특성화된 "벨트"를 조성하겠다는 의도로, 벨트라는 개념에는 "국토균형발전"이라는 정책 목표가 담겨 있는 것이었다.

이명박 정부에서 "벨트"라는 개념을 핵심 정책개념으로 받아들인 배경에는 "벨트"라는 개념이 정치적으로도 유용했기 때문이다. 전 정권인 노무현 대통령의 참여정부에서는 국가균형발전이라는 비슷한 정책 목표 아래 "특성 있는 지역발전, 국가 균형발전"을 위한 "혁신도시" 정책을 대대적으로 추진해왔다.[38] 다시 말해, 참여정부에서는 국가균형발전을 위해 "도시"를 건설했다면, 이명박 정부는 도시가 아닌 "벨트"로 연결된 계획을 내놓았던 것이다.[39]

흥미롭게도 혁신도시 계획은 과학벨트사업에서 무엇보다 논란이 되었던 행정중심복합도시(세종시) 개발사업과 그 시기와 맥을 함께 하는 것이었다. 세종시가 신행정수도, 그리고 이후 행정중심복합도시로 계획되었다면, 혁신도시는 국가의 공공기관들을 지방으로 이전한다는 계획을 담고 있었던 것이다. 혁신도시에 대한 이러한 구상은 2003년 말, 여당이 소수인 여건 속에서 '국가균형발전특별법'이 국회 본회의를 통과하면서 무리 없이 진행되는 듯했고, 특히 2004년 봄 노무현 대통령 탄핵 소추 시기에도 공공기관 지방이전 정책은 일관되게 추진되고 있었다. 그러나 2004년 10월 21일, 다름 아닌 세종시 개발계획이었던 '신행정수도의 건설을 위한 특별조치법'이 위헌결정이 내려지면서, 공공기관 지방이전에 대한 회의론이 확산되는 위기를 겪기도 했다. 신행정수도로 세종시 개발계획을 세우고 있었던 노무현 정부는 신행정수도 후속대책을 마련함과 동시에 공공기관 지방이전 추진 의지를 계속

---

38) 국가균형위원회 (2008), 『[참여정부 정책보고서 2-05] 공공기관 지방이전 및 혁신도시 건설』 (대통령자문 정책기획위원회), 18-21쪽.

39) 같은 글, 23쪽. 참여정부의 국가균형발전전략은 3분 정책으로 불리는 "지방분권, 지방분산, 지방분업"이 그 핵심이었고, 수도권과 비수도권이 함께 번영할 수 있는 "상생전략"을 추구했다. 즉, 내생적 발전전략을 통해 지방이 스스로의 힘으로 일어설 수 있는 "자립적 지방화"를 실현하고자 추진되었다. 이러한 전략은 참여정부에 따르면 그동안의 수도권 집중억제를 중심으로 추진되어온 지역정책과는 차별성을 갖는 것이었고, 그간의 지역발전시책은 SOC 등 물적 인프라 확충에 중점을 둔 중앙부처의 개별사업 위주로 추진되어왔다.

〈그림 2-4〉 (좌) 노무현 정부의 혁신도시 발전 방안,
(우) 이명박 정부의 동/서/남 해안권 초광역 개발

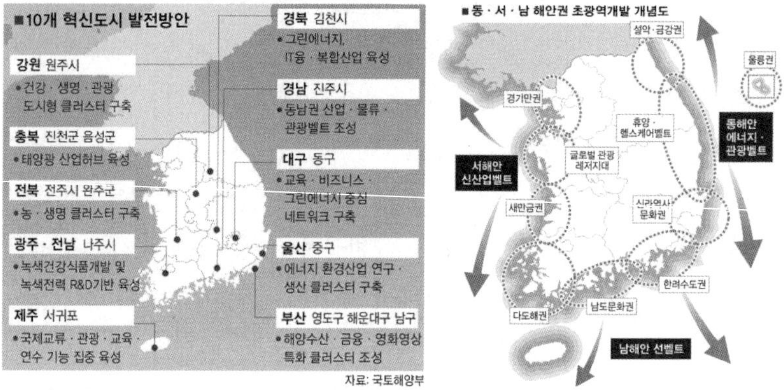

출처: (좌) 세계일보 (2009. 9. 6), 「10개 혁신도시 '저탄소 녹색도시'로」; (우) 세계일보 (2009. 12. 2), 「[초광역 4대 벨트 개발 구상] 동, 서, 남 해안권 개발 어떻게」.

표명했고, 2005년 3월 2일, '신행정수도 후속대책을 위한 연기, 공주지역 행정중심복합도시건설을 위한 특별법'이 국회 본회의를 통과하게 되면서, 비로소 공공기관 지방이전도 범부처적인 협력체계를 구축하고 본격적인 절차를 진행할 수 있었다.

이러한 정치적·정책적 맥락에서 살펴볼 때, "벨트"라는 개념은 지난 정권의 혁신도시 정책들과도 차별화를 두어 새로운 정권의 상징적인 정책으로 내세울 수 있었을 뿐만 아니라 혁신도시를 둘러싸고 전개되었던 다양한 갈등들—가령 새로운 도시의 입지 문제—을 정치적으로 피할 수 있었던 것이다(〈그림 2-4〉). 또한 과학기업도시가 국제과학비즈니스벨트 계획으로 "벨트화"되면서 이명박은 충청권을 위한공약으로 내세우면서도 구체적인 입지에 대한 언급은 최대한 아꼈다. 이명박 정부는 "벨트"라는 이름하에 해석의 여지는 남겨둔 채 세종시를 강력한 입지 후보로 고려하면서 국제과학비즈니스벨트 사업을 추진하고 있었던 것은 공공연한 사실이었다. 충청권에서는 과학벨트와 행정중심복합도시 건설이 각각 충청지역에 유치되는 것으로 인식하

고 있었기에, 인수위 시기부터 과학벨트 사업은 특정한 한 지역이 수혜대상이 되는 "도시" 개념보다는 광역화되고 기능적인 "벨트" 개념으로 의도적으로 홍보되었다.[40]

2007년 이명박이 제17대 대통령으로 당선되면서 국제과학비즈니스벨트 계획은 보다 현실에 가까운 상상이 되었다. 2007년 12월 인수위 내에 국제과학비즈니스벨트 TF팀이 만들어졌고, 2008년 '국제과학비즈니스벨트 조성방안'(이하 인수위 보고서)이라는 보고서의 형태로 그 구체적인 윤곽이 드러나기 시작했다.[41] 인수위 보고서에는 과학연구 환경의 일류화, 과학성과의 사업화, 과학연구의 글로벌화, 과학거점의 벨트화, 창조적 연구 환경 조성이라는 핵심 전략들이 담겨 있었다. 그중에서 과학연구 환경의 일류화 방안으로 현재 기초과학연구원에 대한 구상인 "아시아 기초과학연구원"의 설립과 운영 계획이 포함되어 있었다. 아시아 기초과학원에는 세계 5대 중이온가속기와 3.5세대 방사광가속기가 설치될 계획이었고, 신물질 연구, 기초연구, 연구병원 등을 설치하여 연구 활동을 지원한다고 구상되었다. 또한 우수 인력들을 유치하고 기존 출연연과 연구개발협력을 증대할 것이라 기대되었다.[42]

4. 벨트로 과학과 비즈니스 연계?

2008년 10월 출범한 국제과학비즈니스벨트 추진지원단은 종합계획 작성

---

40) 제17대 대통령직인수위원회 (2008), 「대통령직인수위원회 백서. 제17대, 성공 그리고 나눔」.

41) 이명박 정부가 출범하면서 2008년 2월 29일 교육인적자원부와 과학기술부가 통합되어 교육과학기술부가 설립되었으며, 국제과학비즈니스벨트 사업은 교육과학기술부의 주관하에 추진되었다. 이 책 제1장에서 1980년대 기초과학연구원 설립을 둘러싸고 문교부와 과기처의 갈등이 있었다는 점에 미루어 볼 때, 교육과학기술부의 출범은 앞으로의 국제과학비즈니스벨트 사업과 기초과학연구원의 설립에 중요한 행정적 맥락으로 작용할 수밖에 없었다.

42) 같은 글, 14쪽.

을 위한 준비를 시작했는데, 종합계획 수립 과정에서 개최된 공청회 자리에서는 국제과학비즈니스벨트의 핵심 개념을 둘러싸고 논의가 이루어졌다. 인수위 보고서는 짧은 기간 동안의 계획으로 도출된 것이었기에 국제과학비즈니스벨트 계획은 충분한 논의와 타당성 검증이 부재하다는 비판을 피하기 어려웠다. 종합계획 수립과정에서는 국제과학비즈니스벨트 개념에 대한 논의, 국가프로젝트로서의 비전과 폭넓은 공감대를 형성, 아시아 기초과학원과 가속기시설 투자에 대한 타당성 검토 등이 이루어져야 했다.[43]

이 과정에서 가장 중요하게 검토되어야 했던 것은 바로 "과학비즈니스"라는 개념 자체에 대한 것이었다. 〈그림 2-5〉에서 보여주듯이, 종합계획 작성과정에서 구상된 국제과학비즈니스벨트는 거점지구(도시)에서 개발된 기초

〈그림 2-5〉 과학기업도시

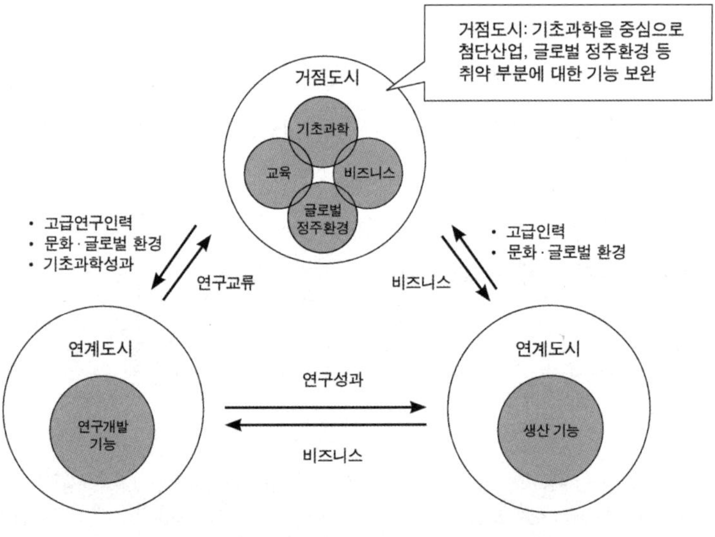

출처: 한국과학기술단체총연합회 (2008), 「국제과학비즈니스벨트 기획연구: 제2차 공청회 (2008. 12. 22)」.

---

43) 국제과학비즈니스벨트 기획연구단 (2008), 「국제과학비즈니스벨트 기획연구: 제1차 공청회 (2008. 11. 18)」, 발표자료.

과학 지식은 기능지구(또는 연계도시)의 산업화 기능과 연계되어 기초-응용-사업화로 연결되는 순환되는 구조 안에 있었다.[44] 즉, 거점도시와 연계도시를 기능적으로 연계함으로써 기존의 개별적 연구단지와 산업단지의 한계를 극복하고 통합적인 시너지 효과를 기대했던 것이다. 이러한 여러 지역의 기능적 연계에는 과학과 비즈니스가 양립할 수 있다는 믿음이 기저에 깔려 있었다.

사실 과학과 비즈니스라는 개념이 서로 충돌한다는 점은 종합계획을 작성하는 과정에서부터 논의되어온 것이었다. 일각에서는 비즈니스를 추구하면 장기적인 안목에서 투자해야 하는 과학이 바로 서지 못한다거나, 과학비즈니스라면 계측기기, 시험분석서비스, 컨벤션산업 등이 연상되는 의견 등이 제기되었으나, 과학이 없는 곳에 지식기반산업을 기대할 수는 없고, 과거에는 공원도시(Garden City) 개념으로 주로 상상되던 과학도시가 이제는 도시 속의 과학으로 재창조되고 있다는 점을 들어 과학과 비즈니스라는 개념이 양립가능하다는 의견이 힘을 얻게 되었다.[45] 이런 논의는 2차 공청회에서도 계속되었는데, 과학비즈니스라는 개념이 서로 모순되고, 과학적 성과를 기대하기 어렵다는 문제제기에 대해, 과학비즈니스벨트의 거점도시는 과학도시이지만, 일본 쓰쿠바처럼 과학기능만으로 독립적으로 존재하는 도시는 아니라고 개념을 보다 구체적으로 설명했다. 즉, 과학도시의 자족기능과 지속성을 위해 비즈니스 기능이 공존하는 개념으로 이해해야 한다는 것이었다.[46]

은하도시 아이디어가 국제과학비즈니스벨트로 변모하면서 기초과학의 모습은 더 이상 예술과 과학의 만남 속에서 창출되는 것이 아니었다. 은하도시

---

44) 한국과학기술단체총연합회 (2008), 「국제과학비즈니스벨트 기획연구: 제2차 공청회 (2008. 12. 22)」, 발표자료, 19쪽.

45) 국제과학비즈니스벨트 기획연구단 (2008), 「국제과학비즈니스벨트 기획연구: 제1차 공청회 (2008. 11. 18)」.

46) 한국과학기술단체총연합회 (2008), 「국제과학비즈니스벨트 기획연구: 제2차 공청회 (2008. 12. 22)」.

에서 과학자들과 예술가들이 은하도시의 핵심으로 예술을 꼽았던 것을 상기해볼 때, 은하도시가 국제과학비즈니스벨트로 구체화되면서 예술과의 교류는 상당 부분 빠지게 되었고, 사업의 추진과정에서도 예술계의 목소리는 거의 반영되지 않았다. 국제과학비즈니스벨트에서 기초과학은 예술과 과학의 접점에서 탄생하는 것이라기보다는 신산업의 원천으로 이해되고 있었다. 다시 말해 원천기술 담론이 벨트사업의 주동력원이었던 것이다.

종합계획을 수립하기 위한 논의 과정에서 아시아 기초과학연구원의 설립에 대한 검토도 이루어졌다. 새로운 기관으로서 독립된 기초과학연구원의 설립을 둘러싸고, 신규 기관의 설립보다는 창의적인 개인기초 연구에 재원을 투입해야 한다는 의견과, 기초연구의 중심으로 여겨져 오던 대학을 이용한 기초연구가 필요하다는 주장이 제기되었다. 그럼에도 불구하고 아시아 기초과학연구원이라는 신규 기초과학연구원의 설립을 통해 대학이 수행하기 어려운 대형 기초연구를 수행할 수 있는 시스템을 마련하고, 우수한 과학자들의 유출(Brain Drain)을 해결할 수 있을 것이라는 전망도 제기되었다.[47] 당시의 구상에 따르면 신규로 설립되는 아시아 기초과학연구원에는 총 50개의 연구팀(본원과 외부기관에 50 : 50), 총 3000명의 연구인력(연구원 2500명)이 상주하는 공간으로 연구팀당 연간 100억 원 규모의 연구비를 Lump-Sum 지원한다는 내용으로 계획되었다. 또한 가속기라는 대형과학연구시설의 설치에 대해서도 다양한 의견들이 제기되었는데, 대학, 출연연구소와 차별적 위상 확보, 해외우수연구자 유치, 차별화된 연구 환경 구축을 위해서 그 필요성이 제기되었다. 그러나 이에 대해 "거대과학연구시설을 갖추고 있다고 유명"해지는 것은 아니며 "거대과학이 아니더라도 할 수 있는 기초과학 분야가 많이 있다"는 의견 등의 반대 의견도 만만치 않았다.[48] 결과적으로 전문위원회의

47) 국제과학비즈니스벨트 기획연구단 (2008), 「국제과학비즈니스벨트 기획연구: 제1차 공청회 (2008. 11. 18)」.

48) 같은 글.

〈그림 2-6〉 기초과학연구원 조직도(안)

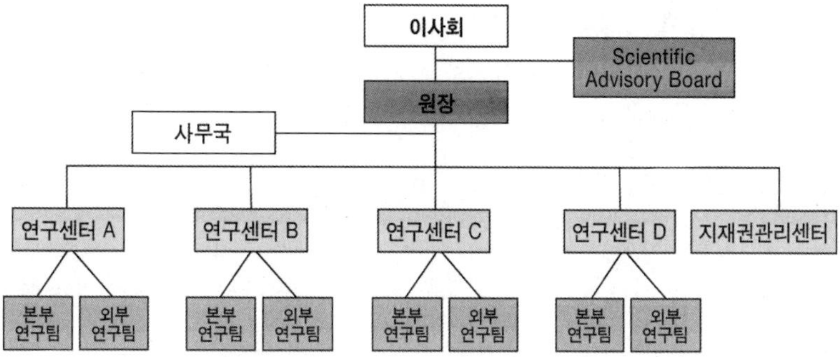

출처: 교육과학기술부 외 (2009), 「국제과학비즈니스벨트 종합계획 (2009. 1)」.

권고에 따라 세계 최첨단 연구 환경 조성이라는 과학벨트의 취지에 맞게 중이온가속기를 우선 설치하고, 추후 방사광가속기를 설치하는 것으로 결론을 내렸다.

수차례의 토론회와 세미나, 공청회를 거쳐 마련된 국제과학비즈니스벨트 종합계획은 2009년 1월 최종심의, 확정되었다. 종합계획에 담긴 국제과학비즈니스벨트와 아시아 기초과학연구원은 운영 면에서 두 가지 기본 원칙—개방적 연구체계구축과 자율형 및 일몰형(Sun-set) 연구조직—에 따라 운영되며, 중점 연구 분야, 설립형태 및 지원체제, 그리고 조직 및 연구비의 규모 등을 중심으로 그 윤곽이 그려졌다(〈그림 2-6〉).[49]

먼저, 세계적 수준의 개방적 연구체제를 위해 국내외 석학급의 연구자를 유치하고, 국제 자문위원회를 통해 연구 분야 및 연구단장을 선정하고자 했다. 또한 연구실이나 센터 등 다양한 형태의 해외 우수 연구단을 유치하고, 기존 연구시설 및 인프라를 최대한 활용하기 위해 국내외 대학과 연구기관에 네트워크형으로 연구팀(Site-lab)을 설치하는 계획을 세웠다. 또한 기초과

49) 교육과학기술부 외 (2009), 「국제과학비즈니스벨트 종합계획 (2009. 1)」, 8쪽.

학연구원은 연구단장에게 연구와 관련된 전권을 부여하는 자율적인 조직을 지향하고, 연구테마 종료 후에는 연구조직을 폐쇄하는 일몰형 연구조직을 운영하는 것으로 구상했다. 이러한 자율성, 일몰형 연구조직은 출연연과 대학과는 상당히 차별화된 것이었는데, 이는 기존의 인력 유동성 문제를 해결하기 위함이었다고 할 수 있다. 출연연의 경우는 대학으로의 일방적인 인력흐름이 나타나고 있었고, 대학의 경우에는 "국내 이공계 박사학위자의 블랙홀"로 대학에서 타 기관으로의 인력교류가 거의 일어나지 않는다는 문제점을 안고 있었다. 이에 기초과학연구원은 일몰형 연구조직의 운영을 통해 연구인력의 유동성을 극대화하고자 했던 것이다.[50)]

또한 기초과학연구원의 연구 영역은 대학 연구실 및 정부출연 연구소가 수행하기 어려운 기초과학 분야로 설정되었는데, 보다 구체적으로는 ① 글로벌 관점에서 새로운 발견이 기대되고 필요한 분야, ② 미래 경제, 사회, 문화에 파급효과를 줄 수 있는 지향점이 분명한 기초, 원천분야, ③ 다학제 간,

〈그림 2-7〉 거점지구와 기능지구를 통한 기초과학 거점 조성

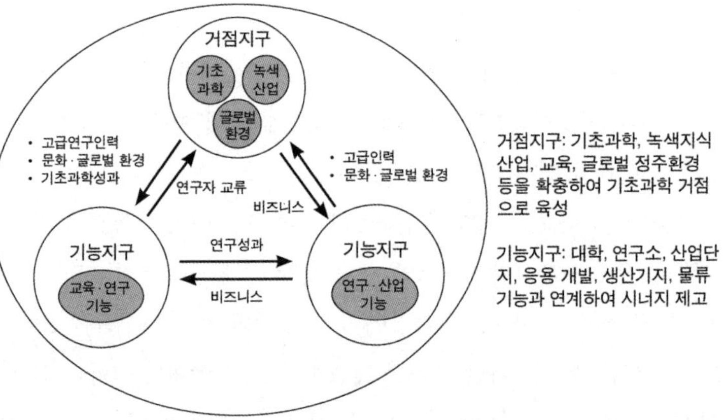

출처: 교육과학기술부 외 (2009), 「국제과학비즈니스벨트 종합계획 (2009. 1)」.

50) 테크노베이션파트너스 (2009), 『국제과학비즈니스벨트 기획연구』.

융합적인 연구접근이 필요한 분야, ④ 집중적인 투자로 세계 Top5 달성이 가능한 분야, ⑤ 녹색기술 기초분야 중점지원이었다. 종합계획에 담긴 기초과학연구원에 대한 구상은 국제과학비즈니스벨트 사업의 핵심 요소라고 할 수 있는 과학기술 연구 성과를 사업화하기 위한 기반 구축의 내용도 담고 있었다. 즉, 전략센터를 만들어 기초과학연구원의 연구 성과를 관리하고 이전하여 지식재산화 하는 계획을 수립하고 있었다.[51]

과학벨트의 공간구성은 기초과학연구원과 거대첨단연구시설 등을 입지시켜 기초과학 연구 환경을 조성한 곳을 거점으로 하고, 이를 인근 지역의 교육, 연구, 산업단지와 연계시킴으로써 통합적 시너지 효과를 일으키고자 했다. 거점지구와 인근 기능지구 간의 연결은 ① 공동연구나 사업화 아이디어를 교류하는 형태, ② 교육 프로그램과 인력을 교류하는 형태, 그리고 ③ 기초과학연구원의 Site-lab을 통한 연계 등이 가능할 것이라고 내다보았다. 종합계획 구상 단계에서 거점도시, 연계도시로 제안되었던 네트워크형 구조는 종합계획에서 최종적으로 거점지구, 기능지구라는 개념으로 확정 지어졌다(〈그림 2-7〉).[52]

5. 세종시 수정안과 세종국제과학원 구상

종합계획이 확정되고, 국제과학비즈니스추진지원단은 '국제과학비즈니스벨트의 조성 및 지원에 대한 특별법'의 제정을 준비하는 작업에 착수했다. 2009년 2월 임시국회에서 법안을 통과시키기 위해 한 달 만에 법안을 마련해 제출했지만, 당시 국회에서는 여야가 다양한 이슈들을 두고 첨예하게 대립

---

51) 교육과학기술부 외 (2009), 「국제과학비즈니스벨트 종합계획 (2009. 1)」, 13쪽.

52) 같은 글, 17쪽.

하고 있어 진전이 어려운 상황이었다.[53]

그중 가장 이슈가 된 사항은 과학벨트 거점지구의 입지 문제였다. 앞서 기술한 바와 같이 이명박 정부는 인수위 시기부터 과학벨트와 세종시를 연계하여 추진하려는 움직임을 보였는데, 이를 구체적으로 언급하지는 않았다.[54] 이에 각 지역구 의원들은 국회에서 과학벨트의 입지를 명시하지 않아 충청권 이외의 지역에도 다 가능성이 있는 것처럼 기대를 주고, 지역 간 갈등이

〈그림 2-8〉 국제과학비즈니스벨트 공간구조: 토지이용

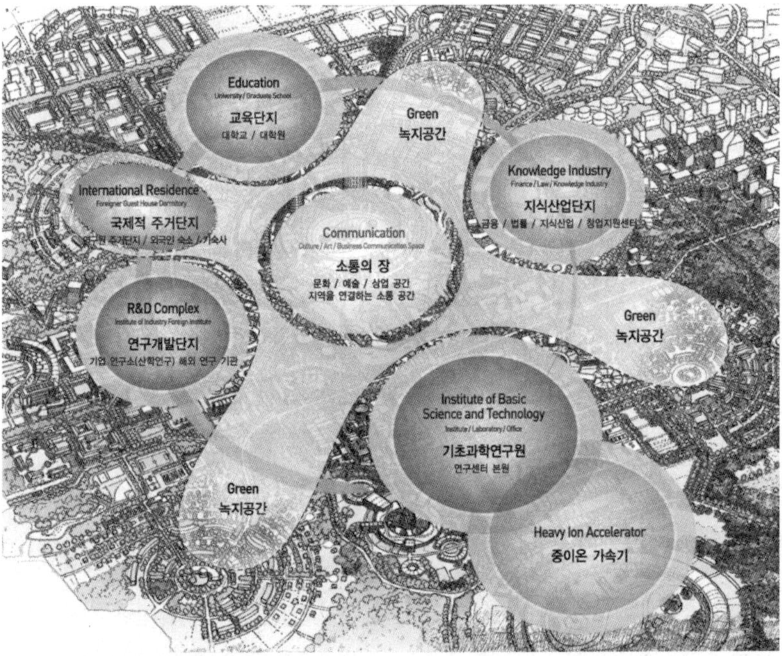

출처: 한국과학기술기획평가원 (2009), 『기초과학연구원 건축 개념 및 방향설정』.

53) 교육과학기술부 국제과학비즈니스벨트기획단 (2012), 『미래 기초과학 강국을 위한 새로운 도전: 국제과학비즈니스벨트 2000일의 기록』 (서울: 교육과학기술부).

54) 부분적으로는 이러한 이유 때문에 국제과학비즈니스벨트의 입지선정은 공모 방식이 아닌 지정 방식으로 추진하는 것으로 되어 있었다.

일어난다고 지적했다.[55] 비록 과학벨트와 세종시 사이의 연계는 정치권 내에서 공공연한 추측이었지만, 2009년 8월 한국과학기술기획평가원의 연구과제의 결과로 그려진 과학벨트의 토지이용 계획 구상도를 보면(〈그림 2-8〉) 과학과 문화예술이 융합되고, 교육단지, 지식산업단지, 연구개발 단지를 갖춘 새로운 도시환경의 조성을 목표로 하고 있었음을 알 수 있다.[56] 즉, 과학벨트의 거점지구는 이름에는 "지구"라는 명칭을 달고 있었지만, 세종시와 같은 새로운 "도시"에 가까운 것이었다. 때문에 과학벨트 거점지구의 입지를 둘러싸고 세종시와 연계해 세종시 원안을 수정하려는 것 아니냐는 세간의 추측은 과학벨트에 대한 당시의 "도시" 개념의 구상을 놓고 볼 때 어느 정도 납득되는 것으로 보인다.

정치권에게 입지는 중요한 문제였다. 은하도시 건설 사업이 애초에 시작된 기저에도 입지의 문제가 존재했고, 이것을 진행함에 있어서도 입지의 문제를 풀지 않고서는 힘든 상황이었다. 은하도시라는 거대과학의 구상이 지역개발이라는 거대정치를 만나 문제가 점점 더 복잡해질수록, 애초에 새로운 문화를 담는 새로운 도시를 건설하자는 취지는 사라졌고, 과학자들이 관여할 수 있는 영역 밖의 일처럼 여겨졌다. 그리하여 은하도시를 구상했던 과학자들은 입지선정보다는 이 문제 때문에 과학벨트 사업이 지지부진해지는 상황을 더욱 걱정했다.[57]

---

55) 국회사무처 (2009), 「제283회 교육과학기술위원회회의록 제2호」, 12-13쪽.

56) 한국과학기술기획평가원 (2009), 『기초과학연구원 건축 개념 및 방향설정』 (서울: 한국과학기술기획평가원), 89쪽. 이 구상도는 국제과학비즈니스벨트 추진지원단에 의해 '국제과학비즈니스벨트 마스터플랜'으로 언론에 소개되었다.

57) 은하도시포럼의 홍승우 교수는 이와 관련하여 국회에서 이와 같이 주장했다. "이 사업은 많은 과학계, 지난 2008년 동안 과학계 의견수렴만 했습니다. 현 정권 1년 내내 사업은 추진 못하고 의견수렴만 해서 이제 의견이 다져졌다고 생각되어서 정부가 이제 추진하려고 하는데요. 그런데 또 지역 가지고 논의하다 보면, 그것도 1년 지나고 그 다음에 땅 수용하고 이러다 보면 현 정권 끝날 때까지 아무것도 안 됩니다. 그게 제일 제가 걱정하는 점입니다. 그래서 지역과 관련된 논의가 그런 면에서 좀 현실성을 생각하셔서 가장 빨리 될 수 있는 곳, 이미 땅이 다 되어 있다든지…"; 국회사무처 (2009), 「제282회 교육과학기술위원회회의록 제3호」.

세종시 원안에 대해 반대의사를 공공연히 밝혀 왔던 이명박 대통령은 2009년 9월 정운찬 국무총리를 새롭게 내정하고, 그를 내세워 세종시특별법 수정에 본격적으로 나섰다. 국무총리로 지명된 정운찬은 프린스턴 대학에서 경제학 박사를 받고, 서울대 경제학과 교수로 재직해왔으며, 서울대 총장으로 대학행정의 경험이 있던 인물이었다. 비정치적 경제전문가의 이미지가 강했던 정운찬은 합리적인 중도실용 정책을 펴고 경제 살리기에 큰 역할을 할 것으로 기대를 받았고, 특히 충남 공주 출신으로 세종시 문제에 물꼬를 틀 적절한 인물로 조명 받았다.[58] 그러나 정운찬 국무총리는 국무총리로 지명되자마자 "행정복합도시는 비효율적인 계획"이라고 언급하며, 야당이었던 민주당은 물론 충청지역 여당의원들의 거센 반발을 야기했다.[59] 연이은 국회 인사청문회에서도 세종시 건설문제는 최대 쟁점이 되었는데, 정운찬은 세종시 건설에 대해 "과학연구기관도 들어갈 수 있고, 비즈니스, 대학도 들어갈 수 있다. 필요하다면 세종시를 좀 더 자족적으로 만들기 위해 현재 예산 22조 5000억 원에서 그 이상도 쓰도록 최선을 다하겠다"라고 세종시 원안의 "수정"을 염두에 둔 발언을 서슴지 않았다.[60] 당시 박근혜 한나라당 전 대표는 "(세종시 원안의) 수정이 필요하다면 원안에다 플러스 알파가 되어야 한다"고 말하며 원안을 고수하는 입장을 분명히 밝히고 있었고, 한나라당 내의 친이-친박계 간 갈등은 더욱 첨예해져 가고 있었다.[61]

2009년 11월 4일, 정운찬 국무총리는 기자회견을 갖고 "세종시 로드맵"을 제시했는데, 그 내용은 민관합동협의회를 가동하고, 여론 수렴 등 공론화 절차를 거쳐 최종적인 정부안을 제시하겠다는 것이었다. 정운찬 총리는 현재

---

58) 디트뉴스24 (2009. 9. 3), 「"충청총리" 계보 이은 정운찬, 관건은 '세종시'」; 신동아 (2009. 10), 「'화제 집중 총리후보' 정운찬의 비밀 스토리」.

59) 동아일보 (2009. 9. 4), 「정운찬, '세종시 원안 수정해 추진해야'」.

60) 경향신문 (2009. 9. 21), 「정운찬, 세종시 논전 '행정적 비효율'」.

61) 대전일보 (2009. 10. 23), 「박근혜 "세종시 원안 +α 돼야"」.

〈그림 2-9〉 벨트 조성의 기본 방향

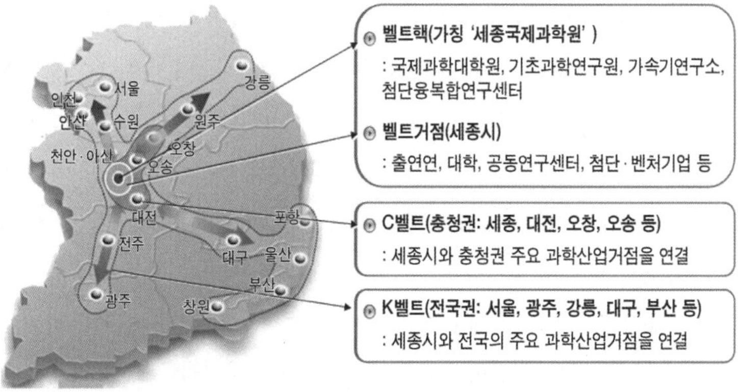

출처: 교육과학기술부 (2010), 「국제과학비즈니스벨트 종합계획(안) (2010. 1. 11)」.

계획으로는 세종시가 자족기능이 부족할 것이라는 문제점을 강조했고, 세종시를 자족이 가능한 첨단복합도시, 즉 기업도시로 만들되, 행정도시로서의 기능은 축소한다는 의지를 밝혔다.[62] 이에 세종시 대안 심의기구로 민관합동위원회가 발족되었고, 약 두 달간의 준비 끝에 세종시에 행정부처를 이전하는 대신 국제과학비즈니스벨트를 연계시킨다는 내용을 담은 '세종시 수정안'을 2010년 1월 11일 발표했다. 즉, 세종시의 성격은 "행정중심복합도시"에서 과학벨트를 연계해 "교육과학중심경제도시"로 바뀌게 된 것이다.

세종시 수정안의 발표와 함께 국제과학비즈니스 종합계획도 새로운 안으로 다시 작성되었다. 여기에는 국제과학비즈니스벨트와 기초과학연구원에 대한 새로운 구상이 담겨 있었다. 먼저 "벨트"의 개념은 더욱더 적극적으로 차용되고 활용되었다. 종합계획에서 구상되었던 거점지구-기능지구를 잇는 벨트 개념은 세종시라는 구체적인 입지를 반영하여 대덕-오송-오창으로 이어지는 C-Belt(C, Center)로 구체화되었다. 그리고 새로운 과학벨트가 국가

62) 연합뉴스 (2009. 11. 4), 「'세종시 로드맵'…박근혜 충청 민심 설득 관건」.

전반으로 파급효과가 확산될 수 있다는 상징적인 의미로 전국의 과학산업 거점을 연결시키는 K-Belt(K, Korea) 개념이 제시되었다. 즉, 과학, 교육, 산업계, 및 지역의 요구를 반영하여 과학벨트의 기능을 다양화하고 전국적으로 확장시킨다는 계획을 담고 있었던 것이다.[63](〈그림 2-9〉).

새롭게 작성된 국제과학비즈니스 종합계획(안)에서 C벨트뿐만 아니라 K벨트라는 개념이 도입된 데에는 세종시 수정안이 가져올 사회적·정치적 충격을 완화하기 위한 의도가 있었다. 즉, 과학벨트 사업을 세종시에 유치시킴으로써 충청권 및 다른 지역에서 있을 반발을 줄이고, 기존의 5+2 광역경제권별 선도 산업, 시도별 전략산업 등과 연계하여 지역별 특화발전을 유도하는데 기여할 것이라는 것이 정부의 설명이었다.[64]

특히, K-Belt를 통해 대구, 부산지역으로 경제적 파급력을 확산시키겠다는 계획은 다분히 정치적인 것이었는데, 세종시 수정안에 따라 가장 직접적인 타격을 받는 지역 중 하나로 꼽힌 곳이 대구, 경북 지역이었기 때문이다. 교육과학기술부 국제과학비즈니스벨트 추진지원단은 세종시 수정안이 나오기 전 '전국 18개 시도를 선별해 실시한 과학비즈니스벨트 거점도시 적합도 1차 계량평가 보고서'를 작성한 바 있는데, 그 결과 1위는 아산 천안, 2위는 대전 대덕, 3위는 대구, 4위는 울산, 5위는 부산이었고 세종시는 6위권이었다고 한다. 즉, 대구, 부산 지역에서는 세종시가 원안대로 추진될 경우 충청권에 정부 부처가 대거 옮겨 가는 만큼 과학비즈니스벨트는 시도안배 차원에서 비충청권 중 가장 적합도가 높은 대구에 돌아갈 수 있을 것이라고 기대했던 것이다.[65]

이 과정에서 기초과학연구원은 또 한 번 큰 변화를 맞이하게 되었다. 교육과학중심경제도시로 개발될 세종시에는 새로운 과학벨트 종합계획에 따라

---

63) 교육과학기술부 (2010), 「국제과학비즈니스벨트 종합계획(안) (2010. 1. 11)」, 1쪽.

64) 같은 글, 2쪽.

65) 신동아 (2010. 1. 29), 「문건에 나타난 'MB 세종시'의 불편한 진실」, 3쪽.

〈그림 2-10〉 (가칭) 세종국제과학원의 조직도

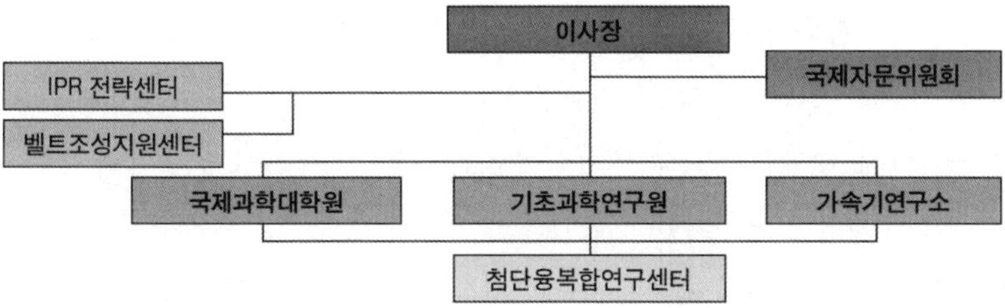

출처: 교육과학기술부 (2010), 「국제과학비즈니스벨트 종합계획(안) (2010. 1. 11)」.

핵심 사업으로 "세종국제과학원"이 설립되고, 세종국제과학원의 소속 기관으로는 기초과학연구원, 중이온가속기, 국제과학대학원, 첨단융복합연구센터를 구축하겠다는 계획이 구상된 것이다.[66] 국제과학비즈니스벨트의 핵심 요소였던 기초과학연구원은 국제과학대학원이라는 연구중심 대학원과 연계되어 인력 양성을 지원하는 기관으로, 중이온가속기는 별도의 가속기 연구소로 구상되었고, 새롭게 추가된 첨단융복합연구센터는 원자력, 우주, 핵융합과 같은 국가주도 R&D 및 거대과학 연구를 담당하는 기능을 수행하는 기관으로 구상되었다(〈그림 2-10〉).[67]

국제과학비즈니스벨트 사업은 정치적 합의가 이루어지지 않은 세종시 수정안에 포함되게 되면서 과학벨트사업이 정부의 계획대로 추진될 수 있을지는 더욱 불투명해지게 되었다. 특히 '국제과학비즈니스벨트 특별법'이 1년 가까이 계류 중에 있었고, 법안의 부재로 예산도 배정받지 못해 과학비즈니스벨트 사업을 전반적으로 추진하는 데 필요한 기획연구비조차 없는 상황이었다.[68] 세종시 수정안과 연계되면서 과학비즈니스벨트 계획이 수정된 것에

66) 교육과학기술부 (2010), 「국제과학비즈니스벨트 종합계획(안) (2010. 1. 11)」, 2쪽.

67) 같은 글, 3쪽.

68) 동아사이언스 (2010. 1. 12), 「과학비즈니스벨트 후폭풍은?」; 편경범 국제과학비즈니스벨트 추진지원단장은 이 기사의 인터뷰에서 "중이온가속기와 기초과학연구원 개념설계비 50억 원이 현재로선

대해 과학기술계에서는 원래 계획안에는 없던 첨단융복합센터와 국제과학대학원이 포함되어, 결과적으로 기초과학 지원규모가 줄었다고 비판하기도 했다. 실제로 첨단융복합연구센터가 신설되면서 기초과학연구원의 연구단은 50개에서 30개로 줄었고, 첨단융복합연구센터에서 20개 연구단을 운영하는 것으로 계획이 변경되었으며, 대학원 과정을 운영하는 국제과학대학원의 설립에 약 2400억 원의 예산이 들어가게 되면서 한 개 연구단이 받는 지원 규모도 연간 100억 원에서 약 78억 원으로 조정되었다.[69]

6. 세종시 수정안 부결 후

2010년 6월 29일 세종시 수정안이 국회에서 결국 부결되면서, 정운찬 국무총리를 중심으로 이명박 정부가 추진했던 세종시 건설 수정계획은 약 10개월 동안의 논란을 마무리 지었다. 세종시 수정안이 폐기되면서 세종시는 원안대로 9부2처2청의 행정기관을 이전해 "행정중심복합도시"로 건설되게 되었다. 세종시 수정안을 선봉에서 이끌었던 정운찬 국무총리는 세종시 수정안 부결이라는 결과에 대한 책임을 지고 7월 29일 공식 사퇴를 발표했다.[70] 8월 세종시로 이전할 '중앙행정기관 등 이전계획 변경 안'이 확정, 고시되면서 세종시 논란은 비로소 마무리되었다.

세종시 수정안의 부결로 인해 세종국제과학원의 설립 안 역시 역사 속으

올해 예산의 전부"라면서 "도시 개념을 잡고 기업을 유치하는 등 과학비즈니스벨트 사업을 전반적으로 추진하는 데 필요한 기획연구비는 없다"고 말했다.

69) 같은 글.

70) 디지털타임스 (2010. 12. 31), 「[DT선정 국내10대뉴스] 세종시 수정안 부결, 정운찬 총리 불명예 퇴진」. 이명박은 자신의 회고록에서 세종시 수정안에 대해 여권 일각에서의 반대는 결정적으로 정운찬 총리가 2012년 여당의 대선후보로 나설 수 있다는 우려 때문이었다고 주장하기도 했다; 중도일보 (2016. 1. 16), 「정운찬과 세종시 수정안, 그리고 MB의 회고」.

〈그림 2-11〉 홍승우 성균관대 교수 2010년 10월 27일 국회의사당 앞 1인 시위 현장

출처: 주간조선 (2010. 11. 22) 제2132호,「핵물리학자가 국회 앞에서 왜 1인 시위를 벌였나?」.

로 사라지게 되었고, 벨트 개념은 C-Belt, K-Belt로 확장된 상태로, 거점 및 기능지구의 입지문제는 다시 정치적 혼란 속에 미정인 채로 남겨졌다. 이런 상황 속에 은하도시 건설 아이디어가 전면 백지화될 것을 우려한 많은 과학자가 성명서를 제출하고 서명운동을 하는 등 의견을 정치계에 전달했다.[71] 특히 은하도시 아이디어에서부터 국제과학비즈니스벨트 계획의 태동을 함께 했던 민동필 교수와 홍승우 교수는 입지는 수단일 뿐 과학과 국가의 발전이라는 사업의 본래 목적으로 돌아가야 한다고 주장하며, 과학자들의 목소리에 귀를 기울여서 정치적 나눠주기가 아닌 객관적 방향으로 만들어져야 한다고 강조했다.[72]

과학비즈니스벨트 사업은 입지 문제로 반년 가까이 표류하던 끝에 2010월

---

71) 주간조선 (2010. 11. 22) 제2132호,「핵물리학자가 국회 앞에서 왜 1인 시위를 벌였나?」.

72) 동아일보 (2011. 2. 7),「[뜨거운 감자' 과학벨트] 과학벨트 산파역들 '정치권 다툼에 누더기 우려' 개탄"」. 이명박 대통령은 과학벨트 충청권 유치에 대해 공약집에 있었던 것도 아니라며 사실상 입지 관련 원점 검토를 시사했고, 과학벨트는 과학적 문제라고 강조함에 따라 충청권의 반발은 커지고 지역간 경쟁구도는 더욱 치열해졌다; 연합뉴스 (2011. 5. 16),「'은하도시'에서 '과학벨트'까지」.

12월 8일 국회의장 직권상정으로 특별법의 형태로 국회를 통과하게 되었다. 그러나 특별법에도 입지 문제는 언급되지 않아 여전히 입지선정이 해결되지 않은 채 남겨졌고, 세종시 수정안에 있었던 세종국제과학원 대신 기존 계획에 있던 기초과학연구원의 설립을 구상해야 하는 부분도 차후의 일로 남겨졌다. 이보다 더 중요한 문제는 일을 추진하기 위한 원동력을 되살리는 것이었다. 대통령의 대선공약으로 시작해 대규모 국책사업으로 진행되어오던 과학벨트 사업은 세종시 수정안의 부결된 후, 그 정치적 위상이 크게 달라졌기 때문이다.[73] 특별법 통과된 후 입지 문제를 포함한 기본계획의 수립 업무는 교과부가 맡게 되었는데, 이로서 과학벨트사업이 더 이상 범부처의 협력에 따른 대형 국책사업이 아닌 교과부 단일부처만의 사업으로 비춰지기 시작했던 것이다.[74] 또한 특별법에 의거해 기존의 국제과학비즈니스벨트 추진기획단을 해체하고, 국제과학비즈니스벨트기획단을 출범시키는 과정에서 인력 구성에도 큰 변화가 있었다. 특히 은하도시에서부터 출발한 과학비즈니스 "도시" 개념을 고민하고 구상해오던 편경범 단장을 비롯한 관료들이 모두 바뀌게 되었다.[75]

입지 선정과 관련하여 과학벨트기획단은 지역 간 과열된 경쟁으로 조심스

73) 실제로 국제과학비즈니스벨트 사업이 세종시 수정안 등과 연관하여 정치적 논란이 되었음에도 불구하고 진행될 수 있었던 데에는 이명박 대통령의 대선공약이었다는 것이 중요한 요소로 작용한 것으로 보인다. 당시 국제과학비즈니스벨트 추진기획단장 편경범은 만약 이 사업이 대선공약이 아니었다면 부처 간 이해충돌로 진행되기 어려웠을 것이라 회고했다; 편경범 인터뷰 (2015. 10. 27).

74) 참고로 종합계획은 교육과학기술부, 지식경제부, 국토해양부 공동으로 제출되었지만, 기본계획부터는 교육과학기술부 단독으로 제출된 것을 알 수 있다.

75) 은하도시 아이디어가 국제과학비즈니스벨트 사업으로 구체화되어오는 동안 각 단계별로 주도적으로 이끌어온 주체 역시 바뀌었다. 초기에는 과학자들의 이상으로 시작해 대선공약화 되는 과정에서 민동필 교수와 여러 공무원들의 지원으로 아이디어가 구체화되었다. 이후 인수위를 거쳐 특별법이 통과되기까지의 추진지원단 시기에 이르러서는 과학자들은 대부분 사라지고, 공무원, 즉 행정가들만 남게 되었다. 또한 추진지원단의 인력이 여러 번 바뀌면서 초기의 철학을 계승하기보다는 사업을 실현시켜야 한다는 목표가 더욱 강하게 작용했다고 한 관계자는 회고하기도 했다; 양성광 인터뷰 (2015. 10. 23).

〈표 2-1〉 입지평가위원회 명단

성명	직책 및 약력	출신지역	전문분야	비고
김상주	대한민국 학술원 회장	강원	금속	위원장
이준승	KISTEP 원장	경북	생명	
강태진	한국공과대학장협의회 회장	충남	재료	
이승종	서울대 부총장	전남	화학	
한문희	충남대 녹색에너지기술전문대학원장	광주	재료	
이병택	전남대 교수, (前) 국과위 위원	전남	재료	
나경환	한국생산기술연구원장	충북	산업기술	
박양호	국토연구원 원장	대구	도시개발	
김창경	교육과학기술부 제2차관	서울		당연직
오대현	과학비즈니스벨트기획단 기획조정과장			간사

출처: 교육과학기술부 국제과학비즈니스벨트 기획단 (2012), 『미래 기초과학 강국을 위한 새로운 도전: 국제과학 비즈니스벨트 2000일의 기록』.

러운 상황이었지만, 선정방식을 공모가 아닌 지정방식으로, 선정대상은 비수도권 지역으로 한다는 기본 원칙을 고수했다. 특별법 시행으로 조직된 국제과학비즈니스벨트위원회와 분과위원회인 입지평가위원회에서는 특별법 상의 입지요건을 구체화하고 지자체 부지조사, 두 차례의 평가, 그리고 정성평가를 거쳐 최종적으로 2011년 5월 16일 개최된 제3차 과학벨트위원회에서 입지선정 결과를 발표했다. 선정 과정은 과학기술, 산업기술, 도시계획 분야의 10명 정도 되는 입지평가위원회에서 검토하고, 과학벨트위원회에 상정하여 최종 결정하는 절차로 진행되었다. 입지평가위원회는 과학벨트위원회의 부위원장인 김상주 위원이 위원장을 맡았고, 김창경 교육과학기술부 제2차관이 당연직 위원으로 참석했으며, 과학벨트위원회 위촉위원 6명과 한문희 충남대 녹색에너지기술전문대학원장을 위원으로 위촉하여 총 10명으로 구성되었다(〈표 2-1〉).

과학벨트의 입지선정은 전국적으로 이목이 집중된 사안인 만큼 입지평가위원회는 객관적이고 공정한 지표들을 활용하여 후보 지역들을 검토하기 시작했다. 하지만 객관적이고 공정한 지표들이라 함은 다시 말하여 이미 사회적으로 정당성이 확보되어 있는 기존의 지표들을 일컬었다. 새로운 지표는

〈그림 2-12〉 국제과학비즈니스벨트 거점지구 확정 발표

주: (좌측부터) 김상주 대한민국 학술원 회장,
이주호 교육과학기술부 장관, 정경택 국제과학비즈니스벨트기획단 단장.
출처: 기초과학연구원.

정치적으로 이해될 가능성을 남길 수밖에 없었고, 입지선정을 두고 전국 지자체들의 관심이 집중되어 있었던 상황에서 새로운 실험을 강행하는 것은 큰 위험을 가져올 수 있었다. 따라서 "연구원 1인당 연구비 규모," "연구원 수," "연구 시설, 장비 수," "연구원 1인당 SCI 논문 수," "최근 5년간 SCI 논문 평균 피인용 횟수" 등 주로 현재의 과학기술정책 패러다임하에서 통용되는 지표를 활용했다.

"객관성"을 인정받는 통용되는 지표를 활용하는 것은 곧 기존의 과학기술 연구 및 과학기술정책 패러다임하에서 우수하다고 평가받는 도시들이 다시 부각될 수밖에 없는 상황을 예견했다. 최종적으로 거점지구 후보지로 ① 신동, 둔곡지구(대전), ② 테크노폴리스지구(대구), ③ 첨단 3지구(광주), ④ 융합기술지구(포항), ⑤ 동남아 원자력 산단지구, 장안택지지구(부산)이 고려되었다. 2차 평가 결과 대전의 신동, 둔곡지구가 거점지구로 결정되었고, 기능지구로는 천안시, 청원군, 연기군(세종시)가 선정되었다.[76] 이로써 기존의 과학도

시와 전혀 다른 새로운 은하도시를 건설하겠다는 초기의 꿈은 기존의 과학도시에 재편입됨으로써 새로운 길을 모색해야 하는 상황을 맞이하게 되었다.

76) 과학벨트 입지선정 과정의 자세한 절차에 대해서는 교육과학기술부 국제과학비즈니스벨트기획단(2012), 『미래 기초과학 강국을 위한 새로운 도전: 국제과학비즈니스벨트 2000일의 기록』, 62-76쪽을 참고하라.

제3장

정체성과 정당성

연구자 중심 운영철학

1. 기초과학연구원 설립준비

과학비즈니스벨트의 입지선정이 정치적으로 민감한 문제였다면, 벨트 안에 기초과학연구원을 어떻게 위치하고 운영할 것인가는 기초과학 생태계에 중요한 문제였다. 게다가 과학과 예술의 접목이라는 은하도시의 초기구상이 빛을 잃은 가운데, 과학과 비즈니스의 연계라는 과학비즈니스벨트의 목표가 기초과학연구원에 어떤 영향을 줄지도 관건이었다. 기초과학연구원의 운영원칙을 정하고 실행하는 것은 기관의 정체성 확립과 관련된 일이었다.

2011년 4월 5일, 특별법 시행령이 발표되면서 국제과학비즈니스벨트위원회(이하 과학벨트위원회), 분과위원회, 국제과학비즈니스벨트기획단(이하 과학벨트기획단), 국제과학비즈니스벨트협의회(이하 과학벨트협의회) 등 주요사항을 결정할 수 있는 의사결정체계가 구성되었고, 이와 함께 입지 선정 및 기초과학연구원의 골격에 대한 논의가 본격적으로 재개되었다.[1)]

---

1) 특별법은 2010년 12월 8일 국회통과를 통과했고, 2011년 1월 4일 공포되었다. 시행령은 특별법 공포

먼저 과학벨트위원회는 최고 의사결정기구로, 이주호 교육과학기술부 장관을 위원장으로, 교육과학기술부, 기획재정부, 행정안전부, 지식경제부, 보건복지부, 국토해양부 등 6개 관계부처 차관으로 구성된 당연직 위원들과, 과학기술계를 대표하는 총 13명을 위촉위원으로 하여 총 20명으로 구성되어 있었다. 위촉위원에는 김상주 대한민국학술원 회장, 박상대 한국과학기술단체총연합회 회장, 민동필 기초기술연구회 이사장, 이준승 KISTEP 원장, 문길주 KIST 원장, 오세정 한국연구재단 이사장, 김명환 전국자연과학대학장협의회 회장 등이 포함되어 있었고, 간사는 교육과학기술부의 정경택 국제과학비즈니스벨트기획 단장이 맡았다.[2)]

과학벨트위원회는 주요 안건을 보다 심도 있게 논의하기 위해 산하에 입지평가위원회와 기초과학연구원위원회(이하 기초과학(연)위원회)라는 2개의 분과위원회를 두고 있었는데, 과학벨트위원회와 분과위원회 간의 연계를 위해 김창경 교육과학기술부 제2차관이 두 분과위원회에 당연직 위원으로 참여했고, 과학벨트위원회 위촉위원들을 중심으로 각 분과위원회를 구성했다. 특히 기초과학(연)위원회 위원 중 문길주, 서판길, 오세정과 이경수 국가핵융합연구소장, 김수봉 국가교육과학기술자문위원은 기초과학연구원 설립위원을 겸임하면서 과학벨트위원회를 중심으로 논의된 내용들이 기초과학연구원 설립과정에 잘 투영될 수 있도록 하는 역할을 담당했다.[3)]

이 중 기초과학(연)위원회는 2011년 4월 13일 첫 회의를 시작으로 기초과학연구원의 설립, 운영을 위한 세부계획의 마련에 들어갔다. 2011년 6월 기초과학연구원 설립을 위한 설립사무국이 구성되기 전까지 이 위원회는 기초

후 3개월이 경과한 2011년 4월 5일에 제정되어 특별법과 함께 시행되었다. 과학벨트기획단은 특별법이 통과되고 시행까지 약 4개월의 시간 동안 과학벨트기획단이 운영되었다.

2) 교육과학기술부 국제과학비즈니스벨트기획단 (2012), 『미래 기초과학 강국을 위한 새로운 도전: 국제과학비즈니스벨트 2000일의 기록』, 34쪽.

3) 같은 글.

〈표 3-1〉 국제과학비즈니스벨트위원회 명단

성명	직책 및 약력	출신지역	전문분야	비고
이주호	교육과학기술부 장관		위원장	
김상주	대한민국 학술원 회장	강원	과학기술(금속)	부위원장
박상대	한국과학기술단체총연합회 회장	경남	과학기술(생명)	위촉위원
민동필	기초기술연구회 이사장	서울	과학기술(물리)	
이준승	KISTEP 원장	경북	과학기술(생명)	
문길주	KIST 원장	서울	과학기술(환경)	
박양호	국토연구원 원장	대구	도시개발	
강태진	한국공과대학장협의회 회장	충남	과학기술(재료)	
이승종	서울대 부총장	전남	과학기술(화학)	
오세정	한국연구재단 이사장	서울	과학기술(물리)	
김명환	전국자연과학대학장협의회 회장	부산	과학기술(수학)	
나경환	한국생산기술연구원장	충북	산업기술(기계)	
노정혜	서울대 교수, 국가과학기술위원회위원	서울	과학기술(생명)	
이병택	전남대학교 교수, (前) 국과위 위원	전남	과학기술(재료)	
김창경	교육과학기술부 제2차관	서울		당연직 위원
류성걸	기획재정부 제2차관	경북		
안양호	행정안전부 제2차관	경북		
안현호	지식경제부 제1차관	서울		
최원영	보건복지부 차관	경남		
정창수	국토해양부 제1차관	강원		
정경택	국제과학비즈니스벨트기획단장			간사

출처: 교육과학기술부 국제과학비즈니스벨트기획단 (2012), 『미래 기초과학 강국을 위한 새로운 도전: 국제과학비즈니스벨트 2000일의 기록』.

〈표 3-2〉 기초과학연구원 위원회 명단

성명	직책 및 약력	출신지역	전문분야	비고
박상대	한국과학기술단체총연합회 회장	경남	생명	위원장
민동필	기초기술연구회 이사장	서울	물리	
문길주	KIST 원장	서울	환경	
서판길	국과위 기초과학진흥협의회 회장	경북	생명	
오세정	한국연구재단 이사장	서울	물리	
김명환	전국자연과학대학장협의회 회장	부산	수학	
이경수	국가핵융합연구소장	대구	핵공학	
노정혜	서울대 교수, 국가과학기술위원회위원	서울	생명	
김수봉	국가교육과학기술자문회의 위원	부산	물리	
김창경	교육과학기술부 제2차관	서울		당연직
오대현	과학비즈니스벨트기획단 기획조정과장			간사

출처: 교육과학기술부 국제과학비즈니스벨트기획단 (2012), 『미래 기초과학 강국을 위한 새로운 도전: 국제과학비즈니스벨트 2000일의 기록』.

〈그림 3-1〉 기초과학연구원 설립사무국 조직

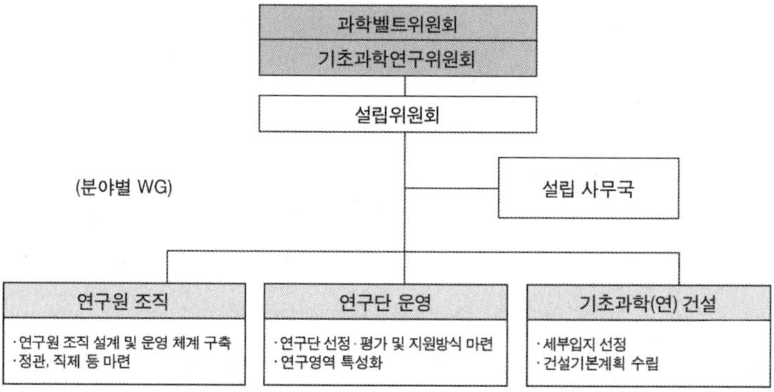

출처: 교육과학기술부 국제과학비즈니스벨트기획단 (2012), 『미래 기초과학 강국을 위한 새로운 도전: 국제과학비즈니스벨트 2000일의 기록』.

과학연구원 설립 및 운영의 기본 방향을 설정하는 중요한 논의가 이루어진 공간이었다.[4)]

과학벨트기획단은 연구원 설립에 필요한 절차와 필요한 조직, 인력을 점검하고, 설립위원회의 활동을 뒷받침할 체계를 갖추기 위한 방안을 모색했다. 설립위원회는 특별법에 명시된 연구원 설립을 위한 법정 실무기구였지만, 기관의 설립과 운영에 대한 다양한 대안들을 검토하기에는 5명의 설립위원들 외에 실무를 보조할 워킹그룹(WG: working group)을 운영할 필요성이 있었다. WG은 〈그림 3-1〉에서 볼 수 있듯이 조직, 운영, 건설과 같이 연구원 설립의 핵심 부문별로 설립위원(1-2명), 교과부, 기초과학연구원 설립과 관련한 기획연구를 추진해온 KISTEP 관계자 및 관련 전문가들이 참여하는 형태로 조직되었다. 또한 연구원 설립 전까지 연구원의 설립과 운영을 전담할 구심점이 필요하다는 의견에 따라 WG 외에도 설립사무국을 설치하게 되었다.

4) 설립사무국 설치 전에는 한국과학기술평가원 기획연구를 포함 각종 사전 연구 결과를 가지고 논의를 진행했다.

〈표 3-3〉 설립위원회 위원 명단

성명	직책 및 약력	전문분야	비고
오세정	한국연구재단 이사장	과학기술(물리)	위원장
문길주	KIST 원장	과학기술(환경)	
서판길	국과위 기초과학진흥협의회 회장	과학기술(생명)	
이경수	국가핵융합연구소장	과학기술(핵공학)	
김수봉	국가교육과학기술자문회의 위원	과학기술(물리)	

출처: 교육과학기술부 국제과학비즈니스벨트기획단 (2012), 『미래 기초과학 강국을 위한 새로운 도전: 국제과학비즈니스벨트 2000일의 기록』.

〈표 3-4〉 분야별 Working Group 구성원

구분	총괄 (설립위원회)	연구원 조직		연구단 운영	연구원 건설
		정관, 조직 (캠퍼스 운영)	인사(관련 내부 운영 규정)		
설립 위원	오세정(위원장) 문길주 이경수 서판길 김수봉	문길주 김수봉		이경수 서판길	이경수 문길주
외부 전문가		최석준(시립대) 김승환(포스텍) 서덕록(KIST) 노도영(GIST)	박갑동(UST) 이동명(건국대) 김병태(대경연) 이상대(연구재단)	박배호(건국대) 유경만(KBSI) 김현태(연구재단) 이용길(직능원)	원종현(조달청) 박종광(도시학회) 강호제(국토연) 김정남(KIST)
교과부	정경택(기획단장) 오대현(기획조정과장)	장인숙 정순주	장인숙 전은별	강성헌 윤진수	이정수 전석남 길용범
사무국	이정기(교과부 사무국장)	허대녕(KISTEP) 황덕규(KISTEP) 김경섭(기초연구회) 이삼화(GIST)	구본철(KISTEP) 류하늬(KISTEP) 박선홍(기초연구회) 안준기(포스텍)	박수동(KISTEP) 김기명(KISTEP) 김태현(KAIST) 강태우(DGIST)	박수동(KISTEP) 김기명(KISTEP) 최영도(UNIST)

출처: 교육과학기술부 국제과학비즈니스벨트기획단 (2012), 『미래 기초과학 강국을 위한 새로운 도전: 국제과학비즈니스벨트 2000일의 기록』.

설립사무국에는 KISTEP 실무 연구자들이 포함되었고, 이 외에도 조직, 인사 등에 업무 경험이 있는 대학, 출연연구소 소속의 전문가, 5개 과학기술특화대학의 관계자 등이 참여했다.[5] 설립사무국은 교과부에서 파견한 이정기 사

5) 교육과학기술부 국제과학비즈니스벨트기획단 (2012), 『미래 기초과학 강국을 위한 새로운 도전: 국

무국장[6]을 필두로 당시 기초과학연구원의 설립 관련 기획연구를 담당하고 있었던 구본철, 박수동, 허대녕 등 KISTEP 연구진 6명을 초기 구성원으로 2011년 6월 10일 공식 발족되었고, 서울시 정부중앙청사 인근 광화문에 설립사무국을 설치하고 설립위원회를 보좌하는 실무 업무를 본격적으로 시작하게 되었다.[7]

설립사무국과 WG은 기초과학연구원의 설립 준비를 위해 조직, 연구단, 건설 부문의 다양한 안건들에 대한 방안을 마련하고, 조사 및 검토 작업을 수행했다. 약 5개월의 짧은 활동기간이었지만 설립사무국과 조직, 연구단, 건설 WG에서 다루어야 하는 내용은 상당히 방대한 것이었다. 각 WG은 다음과 같은 추진 목표를 가지고 운영되었다. 먼저, 조직 WG은 조직 및 거버넌스와 관련된 이슈들, 즉 직군, 직급, 임금체계, 인력교류 및 협력방안, 승진, 평가, 임용, 복지, 캠퍼스 설립 및 운영 등 다양한 안건들에 대해 기초조사 및 검토 작업을 담당했다. 조직 WG의 활동은 최종적으로 정관 초안을 작성하고, 세부 운영 규정을 작성하는 것으로 수렴되는 것이었다. 또한 운영 WG의 경우는 연구단 선정운영과 방안, 연구단 차별화 방안, 연구비 편성방안, 연구사업 관리규정 및 목차를 검토하는 작업을 중심으로 운영되었다. 이를 바탕으로 조직 WG은 연구단장 선정평가 추진계획(안)과 연구사업관리규정(안)을 작성하는 것을 목표로 했다. 마지막으로 건설 WG은 본원 건설과 관련하여 소요면적 및 총 사업비 도출, 입지선정 전문가단 구성 및 현장 답사를 진

제과학비즈니스벨트 2000일의 기록』, 93-94쪽.

6) 이정기 사무국장은 과학기술부에 근무하면서 본인이 참여했던 대덕연구단지와 과천과학관이 크게 성장하는 모습을 보고, 기초과학연구원의 설립과정에도 참여하고자 설립사무국장에 자원했다고 회고했다; 이정기 인터뷰 (2015. 8. 5).

7) 기초과학연구원의 영문 표기는 2011년 5월 16일 추진계획 발표 이전까지 Basic Science Institute (BSI)였으나 최종 기관명은 현재와 같이 Institute for Basic Science(IBS)로 변경되었다. 그 배경에는 웃지 못할 해프닝이 있었는데, 추진계획 발표 이후 BSI(bsi.or.kr 또는 bsi.re.kr)로 도메인을 구매하려고 했으나 이는 이미 등록된 도메인으로 약 100만 원의 비용의 들여 구매해야 하는 상황이었기 때문에, IBS로 기관명을 변경할 수밖에 없었다고 한다; 허대녕 인터뷰 (2016. 4. 21).

행하고, 건축기본계획을 작성하기 위해 조달청에 용역을 의뢰하기도 했다. 건설 WG은 최종적으로 건설입지(안)을 마련하고, 건축기본계획 용역기관 선정을 완료하고 협약을 체결하는 것을 목표로 했다.

설립위원회와 사무국은 수월성, 자율성, 개방성, 창의성이라는 기초과학연구원의 중심 철학을 구체화했고, 사무국은 이후 본원의 사무처로 전환되었다는 점에서 설립준비와 운영의 연계를 담당했던 조직이었다.[8] 사실 설립위원회와 사무국이 조직되기 이전에 기초과학연구원의 큰 윤곽은 그려져 있었다. 예를 들어, 기초과학연구원에 세 가지 형태의 연구단, 즉, 본원, 외부, 캠퍼스 연구단의 설치는 이미 결정된 사항이었다. 하지만 서로 다른 형태의 연구단을 하나로 묶어 동일한 기관의 정체성을 부여하며 운영할 것인지는 설립위원회와 사무국의 몫이었다. 이것은 단순히 종이 위에 조직표를 그리는 문제가 아니라, 대학, 출연연, 정부, 기초과학자 등 여러 이해당사자의 의견을 종합하고 조율하는 일이었다. 즉, 기초과학 생태계에서 새로운 연구기관이 어떤 기능을 할 수 있을지 가늠하는 업무를 담당했던 것이다.

2. 개방적 거버넌스의 실험

제2장에서 살펴보았듯이, 2009년 1월에 발표된 '국제과학비즈니스벨트 종합계획(안)'에는 연구프로젝트를 중심으로 본원의 연구단과 외부의 연구팀(Site-lab)을 연결하는 구도를 상정했었다. 이 단계에서는 단지 기초과학연구원을 개방적으로, 외부의 대학 연구자들과 연결된 형태로 운영한다는 계획을 표명한 것이지 구체적으로 외부 연구단을 어떤 규모로 구성하며 어떤 연

8) 기초과학연구원 설립사무국 (2011), 「기초과학연구원 설립 WG별 추진과제 및 향후 일정 (2011. 6. 22)」, 2쪽.

계를 형성할 것인가에 대한 고민은 없었다. 이에 대한 논의는 과학비즈니스벨트 특별법이 통과한 2010년 12월 이후에야 시작되었다. 외부 연구팀은 연구단형, 공동연구형, 분산형 등 세 가지 유형으로 검토되었다. 연구단형은 본원 연구단과 동일한 규모의 외부 연구단으로서, 독립된 연구 단장의 총괄 하에 연구기능을 수행하는 조직이었고, 두 번째 공동연구형의 경우는 본원 연구단의 세부 연구내용 중 일부를 위탁받아 수행하는 형태로, 본원 연구단장의 감독을 받는 조직으로 구상되었다. 마지막으로 분원형의 외부 연구단은 연구단 규모가 커지거나 2개 이상의 연구테마를 수행할 필요가 있을 경우에 분원 형태로 설치한다는 내용이었다.[9)]

기초과학연구원에 설치되는 연구단 중 절반을 차지하는 외부 연구팀의 유형을 어떻게 설정할 것인가의 문제는 연구단 개수, 연구단 운영 형태, 연구단 소속 문제, 인력구성, 연구원 신분, 연구단장의 권한 등 여러 가지 이슈들이 얽혀 있는 것이었기 때문에 심도 있게 검토되어야 했다. 또한 외부 연구팀 유치에 대한 지자체의 유치경쟁이 과열될 가능성이 있고, 기초과학연구원이라는 새로운 기관의 정체성을 세우고 다른 사업과의 차별성을 마련해야 한다는 점에서 외부 연구단 유형에 대한 결정은 중요했었다.

최종적으로 외부 연구팀의 형태는 "연구단"형으로 결정되었지만, 기초과학(연)위원회에서는 연구단의 형태와 운영방식에 대한 논의를 계속 이어나갔다. 여기서 연구단 운영과 관련해 주목할 만한 변화는 연구단을 10년 주기 "일몰형"으로 한다는 내용을 삭제하고 안정적 연구조직으로 구성한다는 내용이었다. 기초과학(연)위원회 위원들은 우수한 연구 인력의 유치를 위해서는 테뉴어 제도를 도입하는 것이 필요한데, 이는 일몰형 운영이라는 운영방식과 양립 가능성이 낮다는 문제점이 제기되었기 때문이다.[10)] "사람 중심" 운영이라는

9) 기초과학연구원 설립사무국 (2011), 「기초과학연구원의 Site-lab 개념과 고려사항 (2011. 2. 11)」.
10) 국제과학비즈니스벨트기획단 (2011), 「기초과학연구원위원회 워크숍 속기록 (2011. 5. 4)」.

기초과학연구원의 기본 원칙에 근거해 위원들은 연구단을 해체하는 것보다는 "구조조정"이라는 개념을 도입하는 것이 필요할 것이라고 보았다. 이러한 의견들이 힘을 얻게 되면서 "일몰형"이라는 개념은 기초과학연구원의 연구단 운영 개념에서 완전히 사라지게 되었다.[11]

이와 함께 논의과정에서 가장 크게 변화된 부분은 "캠퍼스 연구단" 개념의 도입이었다. 한국과학기술원(KAIST), 광주과학기술원(GIST), 대구과학기술원(DGIST), 울산과학기술원(UNIST) 등 각 과학기술특성화대학의 강점을 살려, 큰 연구주제로 연구단들의 클러스터를 만드는 구상이었다. 캠퍼스 연구단은 기존의 대학 또는 출연연에 설치되는 외부 연구단과는 다른 형태로 이전에는 고려되지 않았던 새로운 형태의 연구단이었다. 이 개념을 제안한 실무진의 준비문서에 따르면, "캠퍼스는 우수 연구자 유치를 위한 교수직 부여의 유연성이 크고 신진 연구 인력의 지속적 공급이 가능한 과학기술 특화대학(KAIST, GIST, DGIST 등)과 연계하여 운영함으로써 기존에 구축된 연구 인프라를 활용하고 상호경쟁을 통한 효율성 제고를 도모"할 수 있는 점이 장점으로 내세워졌다.[12]

캠퍼스 연구단 설립안을 검토한 기초과학(연)위원회에서는 이 연구단의 목적을 명확히 해야 한다는 지적이 나오기 시작했다. 클러스터는 대형장비의 공동사용과 정주환경 조성의 편리성으로 인해 추진하는 것이었는데, 연구단 입장에서 클러스터 내 다른 연구단과 단순한 기능적 협조는 무의미하고, 유사테마가 모일 경우에만 연계가 가능할 것이라 보았으며, 대형장비 공동사용 역시 연구 분야의 유사성이 있는 경우에만 가능한 것이라고 보았다.[13] 캠퍼스 연구단 개념은 과학기술계 전문가들을 중심으로 한 기획 과정에서 도출된 개념이 아니라 특별법 통과 이후 실무안 기획 단계에서 갑자기 등장

---

11) 기초과학연구원 설립사무국 (2011), 「제2차 기초과학연구원위원회 회의록 (2011. 5. 12)」.
12) 국제과학비즈니스벨트기획단 (2011), 「기초과학연구원위원회 워크숍 결과 보고 (2011. 5. 4)」.
13) 같은 글.

〈참고 3-1〉 기초과학연구원 Site-lab에 대한 검토

Site-lab의 개념이 도입된 데에는 연구원 설립 직후에 본원 건물이 없는 상황에서 연구 기능을 수행해야 되는 상황을 고려하고, 기존 대학과 출연(연)의 인력 및 시설 인프라를 적극 활용하기 위한 의도에서였다. 또한 Site-lab을 통해 국내외 대학과 출연(연)의 우수 연구 집단과 네트워크를 구축하고, 기초과학 연구 성과를 전국적으로 확산하고 개방형 혁신을 유도한다는 기대도 담겨 있었다.

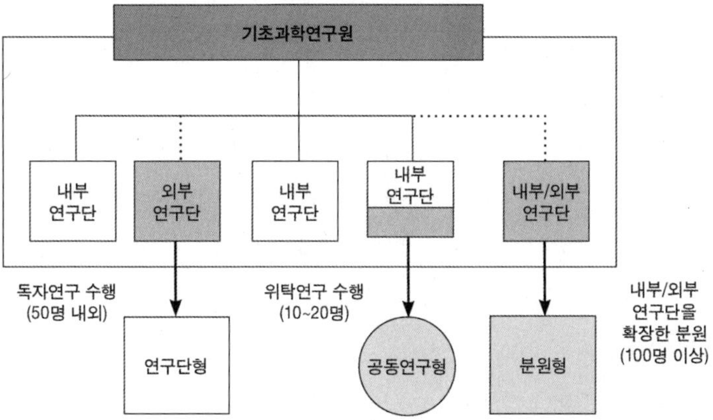

유형	장점	단점
연구단형	• 과학벨트 종합계획에서 제시한 Site-lab 개념에 부합 • 본원과 동일한 규모 연구단을 외부에 설치하여 기초과학 투자의 특정지역 집중 방지 • 연구원 설립초기 본원이 Set-up 되기 전 설치 용이	• 기존의 기초연구분야 대형 국가연구개발사업과 중복 논란 • 이중소속제가 불가하므로 연구성과 귀속·활용, 연구자 소속문제 발생소지 • 기초과학(연) 연구단으로서의 정체성 상실 우려
공동 연구형	• 이중소속제가 불가한 상황에서 연구성과 귀속, 연구자 소속 등 문제 해결 • 대학 및 출연(연)과 연계하여 활발한 공동 연구 수행 가능	• 연구원 설립 초기 본원 연구단 부재로 활용 곤란 • Site-lab의 당초 취지와 달라 과학계의 반발 가능성 존재
분원형	• 선진국 연구기관*의 Site-lab 개념에 부합 (* RIKEN, CNRS, MPG 등) • 지역의 기초과학 연구거점 역할 수행 가능 • 과학기술특성화대학 등과 실효성 있는 연계 가능 • 연구성과 귀속·활용, 연구자 소속문제 해결 용이	• 연구원 설립 초기에는 부지와 건물 확보가 용이하지 않음 • 입지와 연계하여 지자체의 과도한 유치 경쟁 유발

출처: 한국과학기술기획평가원 (2011), 「기초과학연구원 Site-lab 설치, 운영 방안(안)」.

한 것이었기에 일부 위원들은 부정적인 시각을 보이기도 했다.[14] 또한 캠퍼스의 수는 어떻게 할 것인지, 사립대학인 포항공대(POSTECH)는 대상에서 배제할 것인지, 연합 캠퍼스를 둘 것인지, 각 특성화대학에 몇 개의 연구단을 둘 것인지 등 수많은 부수적인 쟁점들이 뒤따랐다. 따라서 2011년 5월 16일 발표한 추진계획에는 과학기술특성화대학과 연구개발 특구에 기초과학(연)연구단을 집적한 3개의 캠퍼스를 설치하겠다는 것만을 명시하고, 세부적인 구상은 설립위원회와 사무국의 과제로 남겨두었다.

이처럼 2011년 6월 설립위원회와 사무국이 본격적으로 활동을 시작할 시점에 세 종류의 연구단—본원, 캠퍼스, 외부 연구단— 설립은 이미 결정된 사항이었지만 이들을 어떻게 연결시키고 관리할 것인지, 즉 어떤 형태의 거버넌스 조직을 구성할 것인지에 대한 문제는 미지수로 남아 있었다.[15] 이에 설립 사무국은 "본원과 유치대학, 캠퍼스 간의 역할 분담," "본원 및 캠퍼스 간의 특성화 방안," "캠퍼스 연구단 선정과 지원 방안," "캠퍼스 인력 및 조직구성 방안," "캠퍼스별 연구분야 및 운영방식 특성화 방안" 등으로 안건을 세분화하여 제시된 여러 방안의 장단점을 분석했다.[16]

이렇게 대학의 연구실과 독립된 연구소를 연계한 거버넌스 구조는 국내에서 생소한 것이었다. 더욱이 외부 연구단을 묶어 독자적인 연구클러스터를 만들겠다는 아이디어도 새로운 것이었다. 따라서 관련 기관 및 이해당사자들의 의견 수렴에 많은 어려움이 따랐고, 국가마다 법률 및 제도가 상이하여 선진 연구기관들의 시스템을 벤치마킹하여 도입하는 데에도 국내의 상황과 맞지 않아 많은 어려움이 따랐다.[17]

---

14) 국제과학비즈니스벨트기획단 (2011), 「기초과학연구원위원회 워크숍 속기록 (2011. 5. 4)」.

15) 교육과학기술부 (2011), 「국제과학비즈니스벨트 조성사업 추진계획(안) (2011. 5. 16)」, 9쪽.

16) 한국과학기술기획평가원 (2011), 「기초과학연구원 설립 실행계획(안) (2011. 5. 30)」, 17쪽.

17) 교육과학기술부 국제과학비즈니스벨트기획단 (2012), 『미래 기초과학 강국을 위한 새로운 도전: 국제과학비즈니스벨트 2000일의 기록』, 105쪽.

〈그림 3-2〉 기초과학연구원 조직도 구상 (2011년 5월 16일)

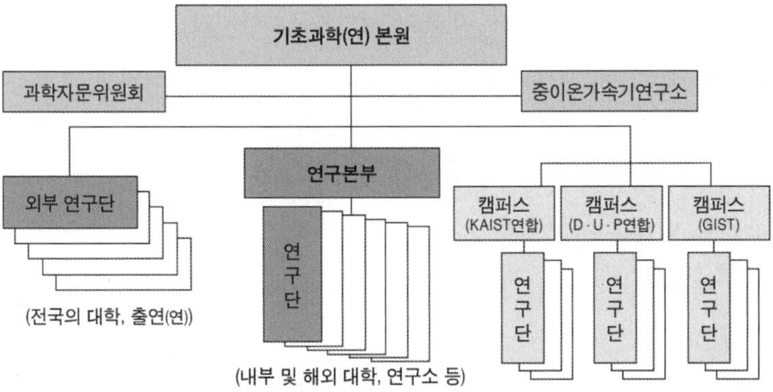

출처: 교육과학기술부 (2011), 「국제과학비즈니스벨트 조성사업 추진계획(안) (2011. 5. 16)」.

캠퍼스 연구단과 본원 연구단 사이에는 총 세 가지 유형의 거버넌스가 고려되었다. 첫 번째 안은 "기초과학연구원 소속형"으로 각 캠퍼스가 기초과학(연) 소속으로 연계 대학 내 또는 인근에 위치하는 형태였다. 이러한 거버넌스에는 구체적으로 두 가지 유형이 가능했는데, 한 가지는 막스플랑크 연구소처럼, 기초과학연구원이 소유하고 운영하는 "GOGO(Government-Owned, Government-Operated)" 방법이고, 다른 유형은 미국 로렌스버클리국립연구소처럼 기초과학연구원이 소유하되 운영은 위탁받은 대학이 하는 "GOCO(Government-Owned, Contractor-Operated)" 형태였다. "GOGO"형을 따르면 연구인력은 기초과학연구원 소속이지만 타 기관에 파견된 형태를 취하기에 많은 경우 소속을 바꿔야 하는 문제가 있고, "GOCO"형을 따르면 위탁을 받은 대학이나 연구소가 독립적인 운영체계 확립을 세울 수 있다는 장점이 있지만 기초과학연구원의 소속감은 떨어지는 단점이 있었다.[18]

18) 캠퍼스 연구단의 거버넌스 형태로는 GOCO(Government-Owned, Contractor-Operated)가 위탁기관에 운영의 자율성을 보장해줄 수 있다는 측면에서 가장 이상적인 형태로 고려되었다. 그러나 국내에 GOCO의 사례가 없어 운영에 많은 어려움이 예상되었고, GOCO의 경우 기초과학연구원의 역할이

두 번째 유형의 거버넌스 안은 "대학 부설기관형"으로, 각 대학의 부설기관으로 설치하는 안이었는데, 대표적으로 한국과학기술원에 있는 고등과학원이나 대학부설 영재학교와 같은 형태였다. 대학 부설기관형의 경우 부설기관으로서 독립된 인사, 예산권을 가지게 되지만, 대학의 간접적 운영 관할을 배제할 수 없다는 단점이 예상되었다. 또한 특화대학 교원 중 참여인력에게 교원의 직함을 부여하는 것은 가능할 것이나, 사학연금과 같은 실질적인 혜택을 부여하는 것은 불가능한 구조이며, 학과와의 협의가 별개로 진행되어야 할 것이라는 어려움도 있었다.

마지막 안은 "대학 내부조직형"으로 각 대학의 내부조직으로 포함시키는 형태였다. 예를 들면 광주과학기술원 내의 고등광기술연구소나 한국과학기술원의 KI연구소 등을 들 수 있었다. 이 경우 특화대학 내 조직으로, 인력도 특화대학 소속으로 관리되며, 대학의 적극적인 지원이 가능할 뿐만 아니라 특화대학 교원 직위를 부여하는 것도 가능한 형태의 거버넌스였다. 그러나 이 경우 가장 우려되었던 점은 바로 기초과학연구원 고유의 운영체계 확립이 어렵고, 연구단이 대학이 유치한 하나의 대형사업 중 하나로 인식될 가능성이 높다는 점이었다.[19]

세 가지 거버넌스 형태 중에서 기초과학연구원의 정체성과 독립성, 그리고 차별성을 가장 잘 유지하기 위해선 캠퍼스 연구단이 기초과학연구원 소속되는 형태가 가장 바람직할 것으로 판단되었다.[20] 이 점에서 캠퍼스 연구단과 본원 연구단의 차이는 없었다. 다만 캠퍼스 연구단은 외부의 대학이나

Funding Agency로 제한될 수 있을 것이라는 우려도 제기되어 선택되기 어려웠다고 한다. 이는 기초과학연구원이 단순히 Funding Agency로 남기보다 독자적인 연구를 수행하는 연구기관이 되고자 했던 의지가 반영된 것으로 보인다; 허대녕 인터뷰 (2016. 4. 21).

19) 기초과학연구원 설립사무국 (2011), 「기초과학연구원 설립 WG 연구단 운영 분과 3차 회의 워크숍 (2011. 7. 14)」.

20) 기초과학연구원 설립사무국 (2011), 「기초과학(연) 설립 연구단 운영 WG 2차 회의록 (2011. 7. 7)」, 13쪽.

연구소에 위치한다는 점이 달랐다. 협약에 따라 캠퍼스 유치기관은 연구단 운영에 필요한 인력, 시설·장비, 행정지원 등을 제공할 의무를 갖고, 기초과학연구원은 이 의무를 수행하기 위한 일정 비용을 지불하는 방식이었다.21) 이는 대학 캠퍼스에 위치하지만 정부가 소유하고 운영하는 막스플랑크 연구소 모델과 가장 유사했다.

캠퍼스 연구단과 본원 간의 거버넌스 문제뿐만 아니라 캠퍼스 연구단 사이의 관계설정도 커다란 이슈였다. 연구단을 유치한 과학기술특화대학(기관)들이 어떤 방식으로 연합하여 연구단 사이의 시너지를 이룰 것인지에 대해 많은 논의가 있었다. 캠퍼스 연구단들을 모두 모아 하나의 조직으로 운영하는 방법, 즉 마치 기초과학연구원의 분원처럼 운영하는 방법이 제안되었고, 캠퍼스 연구단의 일부는 모아 "Main Campus"라는 이름하에 분원처럼 운영하고 나머지는 유치 기관에서 운영하는 방식도 나왔다. 이 제안들은 모두 분원 형태의 캠퍼스를 어디에 두며 부지매입비와 같은 비용을 어떻게 감당할 것인가의 문제를 내포하고 있었다. 따라서 세 개의 소규모 캠퍼스를 과학기술특화대학을 중심으로 각각 구축하고, 각 대학의 특성화 분야를 집중 육성한다는 계획이 가장 합리적인 대안으로 떠올랐다. 이 안은 연구단을 유치한 대학 및 연구소의 연구 역량을 극대화할 수 있고, 연구 분야별로 각 소속 캠퍼스를 특화시키는 것이 가능하다는 장점이 있다고 검토되었다. 물론 소규모 캠퍼스의 연계로 각 캠퍼스가 독립적인 연구소로 위상을 갖추기 어렵고, 독자적인 운영이 어려울 것이라는 우려와 함께 연합캠퍼스가 아니고 세 개의 캠퍼스를 따로따로 운영함으로서 연합캠퍼스 정책에 어긋난다는 지적도 있었다. 또한 연합캠퍼스 본부의 위치에 따른 갈등 요소도 배제할 수 없는 검토사항이었다.22)

---

21) 기초과학연구원 (2012), 『기초과학연구원 연구단 선정계획 및 운영방안 설명회』 (대전: 기초과학연구원).

22) 기초과학연구원 설립사무국 (2011), 「기초과학연구원 설립 WG 연구단 운영 분과 3차 회의 워크숍

설립사무국 조직 분과 논의를 거쳐 설립위원회에서는 최종적으로 3안인 세 개의 특화캠퍼스를 구축한다는 계획을 확정하고, 한국과학기술원(KAIST) 연합캠퍼스, 광주과학기술원(GIST) 캠퍼스, 대구과학기술원-울산과학기술원-포항공대(D-U-P) 연합캠퍼스의 내부 거버넌스 논의에 착수했다. KAIST 연합캠퍼스의 경우는 대덕에 위치해 있는 출연연구소와의 효과적인 연계 운영을 위한 거버넌스를 정립하는 것이 우선과제로 떠올랐고, D-U-P 연합캠퍼스의 경우는 캠퍼스의 총괄 주체를 누구로 할 것인지와 참여기관을 효과적으로 구성하고 운영하기 위한 마련이 필요한 상황이었다. 그러나 물리적으로 2시간 정도 떨어진 3개의 대학을 연계하여 운영하는 것이 현실적으로 어려운 점이 있고, 본부를 그중 한곳에 둘 경우 세 대학 간의 주도권 다툼으로 번질 우려가 있어 인위적인 연계 운영은 의무화하지 않기로 했다. KAIST 연합캠퍼스의 경우 추후 대덕단지의 출연연과 연합을 하게 될 가능성이 있어 더욱 복잡한 형국이었는데, 여러 가지 아이디어를 두고 논의한 결과 출연연의 연구자가 연구단장으로 선정되면 기존 소속기관에 연구단을 설치하여 운영할 수 있도록 지원하기로 했다.[23]

마지막 쟁점사항으로, 최종 안이 확정되기까지 기초과학(연)위원회 위원 간 계속된 논쟁이 있었던 것은 외부 연구단의 운영방식이었다. 외부 연구단의 운영방식에도 두 가지 안이 경합했는데, ① 기존 대학, 연구기관 소속의 우수한 연구 집단을 기초과학연구원 연구단으로 지정하고, 연구비를 지원하는 방식과, ② 외부 연구단 조직의 소속을 기초과학연구원으로 변경하고 외부에 있더라도 본원에서 운영하는 방식이 있었다.[24] 첫 번째 안은 미국 국립보건원(National Institutes of Health)과 같이 내부프로그램(intramural program)

(2011. 7. 14)」, 33-38쪽.

23) 교육과학기술부 국제과학비즈니스벨트기획단 (2012), 『미래 기초과학 강국을 위한 새로운 도전: 국제과학비즈니스벨트 2000일의 기록』.

24) 기초과학연구원 설립사무국 (2011), 「기초과학연구원 설립·운영방안 (2011. 7. 22)」, 15쪽.

을 가지고 있지만 더 큰 규모의 외부프로그램(extramural program)을 운영하는 것과 같은 방식이며, 두 번째의 경우, 막스플랑크 연구소와 일본의 리켄처럼 외부에 있더라도 본원에서 운영하는 방식이었다.[25] 오세정 위원은 리켄이나 막스플랑크 연구소의 경우 새로운 연구단을 만들고 난 후 대학에 연계를 하는 상황이지만, 기초과학연구원의 외부 연구단 경우 이미 운영되고 있는 연구팀을 흡수하자는 목적이므로 차이가 있고 "기초연의 (개방성, 자율성) 철학의 문제와 같이하는 사안"이라고 강조했다. 반면, 민동필 위원은 첫 번째 안을 따를 경우 기초과학연구원이 외부 연구단의 운영을 컨트롤할 수 있을지 우려를 표명했고, 문길주 위원은 1안이 현실적으로 적합한 것처럼 보이나 기존의 프론티어 사업과 차별성이 없다는 점을 지적하기도 했다. 정경택 기획단장도 기존의 프론티어 사업과의 차별성이 없다면 다른 사업과의 중복지원 논란으로 피해를 볼 연구단이 나올 수 있음을 걱정했다. 그리고 1안의 경우에는 유치기관의 간섭과 기존 타 조직과의 형평성 문제로 기초과학연구원의 고유 철학과 운영방식을 적용하는 데 어려움이 있을 것이라는 전망도 있었다. 그럼에도 불구하고 별도의 파견조치 등이 불필요하여 인력의 우수성을 담보할 수 있는 확률이 상대적으로 높고, 연구단 지원에 대한 유치기관의 의지가 상대적으로 높을 것이라는 장점도 논의되었다.[26]

2안에 대해서도 여러 논의가 있었다. 위원들은 2안이 기초과학연구원의 기본원칙에 더욱 부합하고 명확한 정체성이 보장된다는 장점이 있다고 인식하면서도 여러 가지 문제점이 있다고 지적했다. 민동필 위원은 대학이 타 법인 소속인 기초과학연구원으로 연구인력을 장기 파견할 가능성은 낮을 것이라는 점을 지적했고, 전국자연대학장협의회 회장을 맡고 있었던 김명환 위원은 2안은 기존의 대학에 구축된 연구 인프라를 위협하는 제안이라고 주장

25) 기초과학연구원 설립사무국 (2011), 「제4차 기초과학(연) 설립 위원회 회의록 (2011. 9. 16)」, 4쪽.
26) 교육과학기술부 국제과학비즈니스벨트기획단 (2012), 『미래 기초과학 강국을 위한 새로운 도전: 국제과학비즈니스벨트 2000일의 기록』.

〈그림 3-3〉 연구단별 연구단 인력 소속

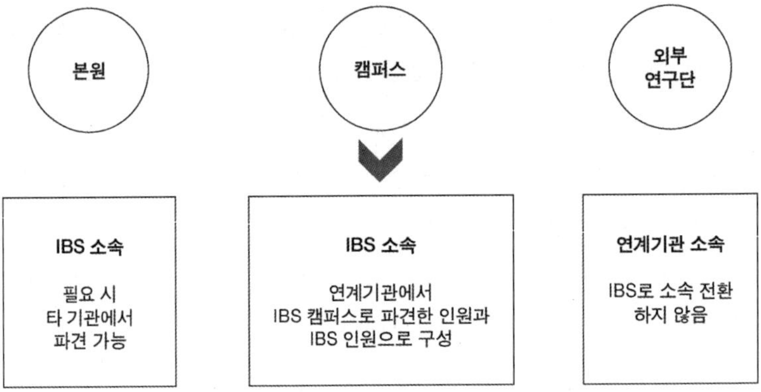

출처: 기초과학연구원 (2012). 『기초과학연구원 연구단 선정계획 및 운영방안 설명회』.

했다. 그뿐만 아니라, 이 방식을 따르면 실질적으로 유치기관의 각종 연구 인프라와 편의시설 등을 활용하는 데 어려움이 클 것으로 예상되었고 더불어 유치기관별로 상이한 상황을 일일이 본원의 행정부서에서 지원하는 것이 가능하지 않을 것이라는 현실적 우려도 제기되었다(〈그림 3-3〉).[27]

기초과학연구원위원회는 외부 연구단도 캠퍼스 연구단과 마찬가지로 기관 소속형으로 하는 것이 바람직하다고 보았고, 대학과 출연연구소에 지원하는 방식은 기존의 사업들과 차별성이 없다고 지적했다.[28] 그러나 당초 과학벨트 사업의 취지대로 국내외의 모든 연구자원을 최대한 활용할 수 있는 다양한 방안을 모색한다는 입장에서, 본원 및 캠퍼스와 또 다른 형태의 연구단 운영방식을 시도할 필요가 있다는 점이 최종 결정에 큰 영향을 주었고, 결국은 캠퍼스 연구단과는 달리 외부 연구단은 연구인력의 소속변경 없이 기초과학연구원에서 협약을 통해 연구비를 투자하는 방식으로 지원하기로 했다.[29]

---

27) 같은 글.

28) 기초과학연구원 설립사무국 (2011), 「기초과학연구원 설립 WG 연구단 운영 분과 3차 회의 워크숍 (2011. 7. 14)」, 2쪽.

〈참고 3-2〉 캠퍼스-외부-본원 연구단의 거버넌스 설정

■ 연구비 관리
○ (배정) 3년 단위 연구계획에 따라 연구단별 연구비를 배정
- 캠퍼스 연구단의 경우 캠퍼스 연계대학과 협약을 체결하고 인력 파견, 인프라 제공 등에 따른 비용을 지급
- 외부 연구단은 유치기관의 연구 관리 조직을 통해 연구비를 일괄 지급

■ 연구시설 및 장비 관리
○ 연구단별 시설, 장비 구입의 자율성을 보장하되, 공동활용 및 투자효율성 제고 차원에서 본원에서 총괄 관리
- 장비 종류, 사양은 연구단에서 결정하고, 구매에 관한 총괄관리는 본원이 수행
○ 연구단의 연구장비는 기초과학(연) 소유로 하되, 외부 연구단의 경우 연구 종료 발생 시 심의를 통해 연계기관에 소유권 이관

■ 연구성과 소유 및 관리
○ 연구단의 연구성과는 본원에서 총괄 관리
- 연구사업관리시스템을 활용한 논문 성과관리, 특허 발굴·출원, 기술 이전 등
○ 연구성과의 소유권은 기초과학(연)과 연계기관간 공동소유를 원칙으로 하되, 소유 비율에 대해서는 기관간 협의에 의해 결정
(논문) 저자 원소속기관과 기초과학(연) 복수 표기
(특허) 기초과학(연)과 발명자 원소속기관간 공동소유하되, 소유권 비율은 별도 협의
(기술료) 기술료 수입 발생시 기초과학(연)과 원소속기관에서 각각 내규에 따라 발명자에게 성과보상금 지급

출처: 기초과학연구원 (2012), 『기초과학연구원 설립, 운영 기본계획 및 주요 규정』 (대전: 기초과학연구원).

이러한 거버넌스 구조하에 연구단 인력 운영 및 연구비 관리, 연구시설·장비 관리, 연구 성과 소유 등 다양한 제반 사항들이 결정되었다. 거버넌스에 대한 지난한 고민 과정들은 어떻게 하면 주어진 본원 및 캠퍼스, 외부 연구단의 구성하에 기초과학연구원의 철학 및 실험들을 담을 것인지 또는 담지 않을 것인지 결정하는 과정이라고 할 수 있다. 때문에 이 과정들을 간략하게나마 있는 그대로 서술하는 것은 그 자체로 의미 있는 일이라고 할 수 있다. 기

29) 교육과학기술부 국제과학비즈니스벨트기획단 (2012), 『미래 기초과학 강국을 위한 새로운 도전: 국제과학비즈니스벨트 2000일의 기록』.

초과학연구원의 설립은 그 과정에서 기존의 기초과학 생태계에 대한 성찰을 기반으로 반향을 일으키며 진화해 나아갔다는 점에서 그 결과보다는 과정 자체에 큰 의의가 있기 때문이다.

3. 연구의 차별성

거버넌스 형태뿐만 아니라 연구프로그램의 내용 면에서도 본원, 외부, 캠퍼스 연구단 사이의 역할분담을 어떻게 나눌 것인지 논의되었다. 이는 기초과학연구원이 기존의 기초과학 생태계에 어떤 영향을 줄 것인지와 연결되어 있는 문제였다. 본원 연구단은 순수 기초과학연구와 중이온가속기 관련 연구를 중심으로 새로운 영역을 탐구하는 "디스커버리형(순수기초)연구"를 담당하기로 했고,[30] 캠퍼스 연구단과 외부 연구단은 이와는 조금 다르게 각각 과학기술 특화대학 및 전국 대학, 출연연에 설치되어 미래사회 파급이 큰 "챌린지형(목적기초)"을 담당하기로 했다. 기초과학연구 정의의 세분화를 통하여 서로 다른 연구단들의 차별화 및 연계 방안을 모색한 것이다. 여기서 "디스커버리형 연구"란 "자연 현상 및 원리를 규명하거나 새로운 연구영역을 개척할 수 있는 연구"로 정의되었으며 물리, 화학, 생물학, 지구과학 등 자연과학 전 분야를 일컬었다. "챌린지형 연구"는 "국가 차원의 전략적 육성이 필요한 분야의 기초연구"로 "새로운 과학적 발견의 획기적인 응용가능성을 제기하거나 기존 과학기술의 한계를 돌파할 수 있는 연구"를 지칭했으며 자연과학 및 이를 기반으로 타 학문과 연계한 융합 분야들을 포함하고 있었다(〈표 3-5〉).[31]

---

30) 교육과학기술부 (2011), 「국제과학비즈니스벨트 조성사업 추진계획(안) (2011. 5. 16)」.
31) 교육과학기술부 (2011), 「2012년도 기초과학연구원 연구사업 신규 연구단 선정계획(안) (2011. 8)」.

〈표 3-5〉 연구단별 지원분야

구분	디스커버리형 연구	챌린지형 연구
연구분야	순수 기초과학 분야	국가 차원의 전략적 육성이 필요한 분야의 기초연구
연구내용	자연 현상 및 원리를 규명하거나 새로운 연구영역을 개척할 수 있는 연구	새로운 과학적 발견의 획기적인 응용가능성을 제기하거나 기존 과학기술의 한계를 돌파할 수 있는 연구
지원분야	자연과학 전 분야 (물리, 화학, 생물학, 지구과학)	자연과학 및 이를 기반으로 공학, 인문학, 사회학 등 타 학문과 학제 간 융합 분야

출처: 교육과학기술부 (2011), 「2012년도 기초과학연구원 연구사업 신규 연구단 선정계획(안) (2011. 8)」.

이는 기초과학의 개념을 인위적으로 구분함으로써 기초과학연구원 내 다양한 기초과학 수행 행위자들을 구분, 연계하려는 노력이라고 이해할 수 있다. 기초과학연구원 내에서 수행되는 "기초과학"은 이들을 구성하는 조직 형태에 의해 재조정되고 재정의되었다. 그러나 "순수 기초과학 연구"를 수행하는 명목하에 설립된 기초과학연구원에서 기초과학의 영역 확장은 쉽지 않았다. 특히 챌린지형 연구는 기초과학연구원의 철학에 맞지 않다는 의견이 많이 제기되었다. 결론적으로 연구 영역 대신 연구 분야로 서로 다른 연구단을 차별화하여 추진하기로 했다. 본원은 "본원 강점분야를 선정하여 장기적 순수 기초과학 연구"를 수행하고, 캠퍼스 연구단은 "대학과 연계된 캠퍼스별 특성화분야의 중기적 순수 기초과학 연구"를 수행하며, 외부 연구단의 경우 "본원에서 수행하기 어려운 분야의 단기적 순수 기초과학 연구"를 수행하기로 했다.[32]

이러한 생태계가 기존의 여타 사업들과 어떻게 "차별화"될 것인가? 설립사무국에서는 기존의 비슷한 사업들의 전수조사를 통하여 이러한 개념적 근거를 토대로 기존의 사업들과 어떻게 "차별화"할 것인지 모색했다. 이에 대한 대답은 기초과학연구원의 설립 근거이자 정체성 확보의 문제였다.

---

32) 기초과학연구원 설립사무국 (2011), 「기초과학(연) 설립 연구단 운영 WG 2차 회의록 (2011. 7. 7)」.

설립 위원회와 사무국은 기존의 교과부에서 수행하고 있던 집단 연구사업들과의 차별화 방안에 대해 집중적으로 검토했다. WCI(World Class Institute) 사업과 WCU(World Class University) 사업은 교과부가 세계적 수준의 연구집단 육성을 목표로 고안한 것이었다. WCI 사업은 2009년에 출범하여 "기초과학, 원천기술, 녹색기술, 고수익-고위험 연구 등 출연연이 현 사업구조에서 쉽게 접근할 수 없는 분야"를 지원하며 이를 통해 공동연구를 촉진시킴으로써 출연연구소의 개방성을 확대해 나가고자 한 사업이었다. 연구 분야는 WCI를 설치하는 출연연구소의 고유업무 범위 내에서 센터장이 결정하는 것으로 했으며, 연구자의 약 50%는 해외 인력을 두기로 했고, 2009년 122억이 투자된 이래 2014년까지 총 약 652억이 지원된 바 있다.[33] WCU 사업은 2008년 6월에 시작된 사업으로 연구 역량이 높은 해외학자들을 확보하여 대학교육, 연구풍토를 혁신하고 세계적인 연구중심대학을 육성하기 위하여 출범했다. 연간 1650억이 투자된 이 사업은 총 세 가지 유형—전공, 학과 개설지원과제, 개별학자 초빙과제, 세계적 석학 초빙지원과제— 등을 통하여 인건비와 직접비 등을 지원했다.[34] 이 사업은 2014년 1월 종료되었다. 설립사무국은 WCI, WCU 사업 중 연구 성격 등이 부합된다면 기초과학연구원의 외부 연구단으로 포함시키는 방안 검토가 필요하다고 밝혔다. 또한 기존의 출연연이나 기초연구사업과의 차별화 및 연계에 대해서는 연구단 선정계획을 구축해나가는 과정에서 기존 사업들과의 유사성과 차이점을 인지하고 그 속에서 차별성을 찾으려는 노력을 계획해갔다.

비슷한 맥락에서 "기존의 순수기초과학 중심의 연구를 수행해왔던 수리

33) 전자신문 (2014. 11. 20), 「후속 관리 안 되는 정권형 연구사업… WCI 사업 외국인 떠나고, 예산 축소되고」.

34) ① 전공, 학과 개설지원과제: 해외학자와 국내참여 교수간의 공동연구를 수행하고, 신성장 동력을 창출할 수 있는 새로운 전공 또는 학과 운영, ② 개별학자 초빙과제: 해외학자를 전일제교수로 기존학과에 유치, 채용하여 수업 및 국내교수와 공동연구 수행, ③ 세계적 석학 초빙지원과제: 세계최고 수준의 석학을 비전일제 교수로 초빙, 활용 지원.

〈표 3-6〉 기초과학(연) 연구사업의 차별성

구분	기초과학(연)	기초연구사업	출연(연) 일반사업
시행주체(관리기관)	기초과학(연)	교과부(연구재단)	출연(연)
수행주체	기초과학(연) 대학, 출연(연)	대학, 출연(연)	출연(연)
연구영역	기초(과학)연구	기초연구	기초·응용연구
연구조직	집단연구	개인연구 집단연구	집단연구
인력구성	본원+외부	본원	본원
세부연구그룹	3-5개	단일그룹 복수그룹	복수그룹
지원규모(연)	100억	0.5-20억	-
지원기간	10년(+)	3-9년	계속
운영	연구단장 중심	연구책임자 중심	연구부서 중심 운영 부서장 역할 미미

출처: 기초과학연구원 설립사무국 (2011), 「기초과학(연)의 연구사업과 기초연구사업 및 출연(연) 일반사업과의 차별성」.

(연), 핵융합(연)과의 차별성을 어떻게 할 것인가?"에 대한 질문도 이어졌다. 이에 대해서는 명백한 순수기초과학 성격의 기존 출연연구소를 정비하여 기초과학연구소에 포함시키는 방안도 검토할 필요가 있다고 설명했다. 그 외 기존 출연연구소는 국가적 현안을 해결하는 임무수행형 연구소로 그 성격과 임무를 재정립하고, 전략적 연구, 즉 국가사회의 문제해결형 연구, 순수기초과학연구 결과를 적용하는 연구 등을 수행하는 쪽으로 차별화할 필요가 있다고 보았다.[35] 그리고 기초과학연구원의 연구 사업의 운영방식은 오히려 리더연구자지원사업 및 선도연구센터와 유사하고 연구단장 역시 기존의 창의연구단장과 국가과학자 급에 해당되나, 연구단 규모는 다르다고 인식했다(〈표 3-6〉).[36] 또한 연구단 형태 역시 연구재단의 우수연구센터 육성사업인

35) 기초과학연구원 설립사무국 (2011), 「기초과학(연) 설립 연구단 운영 WG 2차 회의록 (2011. 7. 7)」, 33쪽.

36) 기초과학연구원 설립사무국 (2011), 「기초과학(연)의 연구사업과 기초연구사업 및 출연(연) 일반사업과의 차별성」.

과학연구센터(SRC), 공학연구센터(ERC) 사업과 형태가 유사하나 연구단 구성과 운영방식 면에서는 차별성을 갖는다는 것을 보이기 위해 노력했다. 이러한 개념적 구분과 실천적 구분을 통해 기초과학연구원은 기존의 기초연구 생태계 속에 자신의 정체성을 구체화하기 시작했다.[37)]

4. 수월성과 창의성의 판단

기초과학연구원의 정체성은 새로운 거버넌스의 실험과 기존 연구프로그램과의 차별성에서 찾아볼 수 있지만, 그 무엇보다도 중요한 것은 연구단 선정이었다. 이를 위해 어떤 기준으로 연구단장을 선발할 것인지, 기존의 기계적 정량평가와는 다른 방법을 어떻게 도입할 수 있을지의 문제가 큰 고심거리였다. 자리가 사람을 만드는 것이 아니라 사람이 자리를 만들며 궁극적으로 전체적인 지적 환경까지 바꿀 수 있다는 신념이 없으면 새로운 시도를 하기 어려운 영역이 인재발굴 작업이었다.

설립 위원회는 몇 가지 새로운 실험을 했다. 기존에는 필요한 연구 분야를 미리 설정하고 이에 가장 적합한 인물을 찾는 방식으로 인재를 채용했다면, 기초과학연구원은 탁월한 과학자를 연구단장으로 선정하여 철저히 그 사람을 중심으로 연구단을 구성하는, "사람 중심" 지원체계를 확립해야 한다는 원칙을 세우고 있었던 것이다.[38)] 이러한 수월성 중심의 선정방식을 두고 "위인설관(爲人設官)"의 개념을 도입한 것이라고 설명하기도 했다.[39)] 그리고 평가방식과 평가위원회 구성에 있어 획기적인 방안을 도입하기로 했다. 기존

---

37) 기초과학연구원 설립사무국 (2011), 「설립사무국 운영 WG 주요 업무별 1차 검토 결과 (2011. 7. 7)」, 5쪽.

38) 교육과학기술부 (2011), 「국제과학비즈니스벨트 조성사업 추진계획(안) (2011. 5. 16)」.

39) 한국과학기술기획평가원 (2011), 「기초과학연구원 설립 실행계획(안) (2011. 5. 30)」.

에 국내에서 실시되던 연구사업의 평가는 다양한 전공자들로 구성된 위원회가 다양한 사업을 평가해오던 방식이었는데, 기초과학연구원은 연구단장 한 명을 평가하기 위해 해당 연구 분야의 국내외 세계적인 석학을 포함해 총 8명 내외로 후보자별 평가위원회(리뷰 패널, Review Panel)을 구성하여 평가하는 방식을 도입했다.

채용은 크게 공모형식과 발굴형식 두 가지 방식을 고안해냈다. 공모는 기초과학연구원 및 과학벨트 홈페이지, 국내 주요 일간지, 해외 과학 저널 등에 연구 단장 선정 공고문을 게재하여 공개 모집을 하는 형태로 구성했으며 발굴은 과학자문위원회의 연구단장 후보자 추천으로 이루어지도록 했다. 과학자문위원회는 과학벨트특별법 제19조에 의거하여 원장에게 연구원 운영 전반에 관한 자문을 담당할 기구로 설치된 조직이었다. 연구원장은 과학자문위원회 위원으로 국내외 석학 25명을 초빙했다.[40] 또한 선정평가위원회를 두어 국내외 기초과학 분야의 전문가들이 연구계획의 우수성을 평가하도록 했다.

발굴을 병행한 이유는 첫째로는 좋은 인재가 신생 기관에 기꺼이 공모를 통해 지원할 리 만무했거니와 둘째로는 사회적으로 명망 있는 교수가 직접 공모를 통해 지원하기를 꺼렸기 때문이다. 하지만 그보다도 중요한 이유는 기초과학연구원이 연구 분야에 상관없이 우수한 연구자면 누구든 채용한다는 철학을 가지고 있었지만 그렇게 되었을 경우 의도치 않게 한 분야에만 연구단이 편중될 가능성이 있었기 때문이었다. “사람 중심”의 지원체계를 확립한다는 원칙은 이상적으로 들리지만 사실 언제까지나 분야보다는 “사람 중심”으로 연구단장을 선정할 수는 없는 노릇이었다. 사무국은 이에 Bottom-up 방식의 위촉제를 먼저 시행하고, 이를 통해 선정된 연구 분야를 고려하여 기

40) 교육과학기술부 국제과학비즈니스벨트기획단 (2012), 『미래 기초과학 강국을 위한 새로운 도전: 국제과학비즈니스벨트 2000일의 기록』.

관에서 분야를 지정하고 연구자가 연구방법 및 내용을 제안하는 “Middle-up-down” 방식의 공모제를 개발하여 연구 분야 간 균형적 발전을 도모했다.41) “Middle-up-down”이라는 약간은 모순적인 표현은 수월성과 다양성 사이에서 고민하던 사무국의 흔적을 보여준다. Top-down 방식은 지양했는데 과제 기획을 통해 추진되던 기존의 공모 방식(Request for Proposals)은 “연구의 독창성과 창의성을 저해시킬 우려가 있기 때문에 기초과학 특성상 적합하지 않다”고 판단했기 때문이다.42)

Middle-up-down이라는 표현은 이후 모호하여 잘 사용되지는 않았지만 이와 관련된 고민은 단계별로 적당한 포트폴리오를 작성하여 인재를 채용하는 것으로 결정함으로써 일단락되었다. 2017년까지 50개의 연구단을 선정할 것을 목표로 연구원의 발전기를 3단계—설립초기 단계, 성장 단계, 정상 운영 단계—로 나누었다. 그중 설립 초기에는 구체적인 연구 테마, 세부 분야를 정하지 않고 기초과학연구원의 목표—기초과학 및 기초과학 기반 순수 기초연구—에 부합하는 선에서 우수한 연구단장을 선정하는 것으로 했고, 이후 성장 단계에 이르면 기존의 운영 중인 연구단의 연구 분야와 기초연구 동향 등을 고려하여 연구 테마를 포함한 연구단 선정계획을 수립하는 것으로 결정했다. 50개의 연구단을 구성한 이후 정상 운영 단계에서는 성과 평가에 따라 연구 주제를 변경하거나 폐쇄하는 것으로 하여 “세계 최고의 수월성을 보유한 동시에 국가 수요를 반영한 연구 분야”를 적절히 구성해나가는 것으로 했다.43)

이런 인재 발굴 및 유치는 전적으로 연구원장의 자문위원단인 과학자문위원회와 원장의 임무이자 권한으로 했는데 이것 역시 철저히 “사람”을 중심으

41) 기초과학연구원 설립사무국 (2011), 「설립사무국 운영 WG 주요 업무별 1차 검토 결과 (2011. 7. 7)」, 5쪽.

42) 같은 글.

43) 기초과학연구원 설립사무국 (2011), 「우수 연구자 pool 구축을 위한 기술 분야별 국가과학자 인터뷰 (2011. 6. 28)」.

로 운영되는 기관의 철학을 반영한 절차였다. 기계적으로 일정 조건을 만족하는 사람을 채용하는 것이 아니라, 기초과학연구원의 철학을 공유하고 연구 및 발전 가능성이 충분한 사람을 사람이 직접 평가하여 채용하는 방식을 택한 것이다. 이런 이유 때문에 원래 사무국의 워킹그룹은 사실 4개의 조직으로—운영 WG, 조직 WG, 건설 WG, 우수 연구자 발굴 및 지원 WG— 구성되었는데, 우수 연구자 발굴 및 지원 영역은 "원장의 권한"이라는 이유로 개별적으로 사무국에서 원장에게 직접 자문을 하기로 하고,[44] 연구단운영 WG, 연구원조직 WG, 연구원건설 WG 3개의 워킹그룹만 운영하게 된 것이다.[45]

연구단장의 "수월성"을 평가하기 위해 다섯 가지의 사항이 고려되었다.[46] ① 연구단장 후보자의 연구 역량은 탁월한가, ② 해당 연구 분야에서 국내외 영향력 및 인지도는 높은가, ③ 해당 연구 분야의 연구 성과는 우수한가, ④ 연구인력 양성 및 인력관리 능력은 우수한가, ⑤ 리더십 및 조직관리 능력은 탁월한가.[47] 이런 고려사항을 가지고 연구단장 후보들을 어떻게 평가할지에 대한 고민이 시작되었다. 그러나 일반적으로 사용되어오던 정량적 지표에 의거하여 연구자를 평가하던 방식에서 완전히 탈피하여 정성적인 방법만을 통

44) 기초과학연구원 설립사무국 (2011), 「제1차 기초과학연구원 설립위원회 회의록 (2011. 6. 15)」.

45) 각 워킹그룹은 궁극적으로 기초과학연구원의 기본 가치를 다양한 레벨에서 구현해내려는 시도로 이해할 수 있다. 따라서 본 보고서에서는 WG별로 각각 어떤 일들을 했는지 나열하는 것을 지양하고, 다양한 WG의 논의 속에 기초과학연구원의 철학이 어떻게 녹아 들어가고 구현되었는지 살펴보도록 한다. 각 WG별로 구체적으로 어떤 일들을 했는지에 관련해서는 부록을 참고하거나, 『미래 기초과학 강국을 위한 새로운 도전: 국제과학비즈니스벨트 2000일의 기록』 백서를 참고하도록 한다.

46) 기초과학연구원 설립사무국 (2011), 「기초과학(연) 연구단 선정·운영방안 (2011. 8. 25)」, 2쪽.

47) 기초과학연구원 설립사무국 (2011), 「기초과학(연) 설립 연구단 운영 WG 2차 회의록 (2011. 7. 7)」; 기초과학연구원 설립사무국 (2011), 「기초과학(연) 연구단 선정·운영방안 (2011. 8. 25)」. 이 표현도 신중히 결정된 것이었는데, 처음에는 "기초과학 전공자"라고 표현했지만, 기초과학의 정의와 범위는 선험적으로 규정 가능한 것이 아니라 지속적으로 그 시대에 따라 바뀌는 것이라는 의견에, 설립위원회에서 "기초과학 전공자"라는 표현은 의도적으로 사용하지 않기로 결정했다. 그 대신 "연구단 운영 및 연구활동에 장기간 전념할 수 있는 자"라는 표현을 사용한 것이다. 또한 초기에는 연구단장의 연구 수행 능력만 고려하여 그 기준을 마련했지만 큰 규모의 예산과 인력을 자체적으로 연구단장이 운영하게 될 것임을 감안할 때 연구단장의 "관리 능력" 또한 중요한 평가 요소로 포함시키게 되었다.

〈참고 3-3〉 연구단장 평가 관련 1차 검토 결과

③ 세부 실행방안

■ **위촉과제 후도군 도출 기준 (※ 아래 조건 중 1개 이상 만족)**
○ 노벨상 후보로 거론되는 논문 고피인용 한국인 과학자
  - 논문 피인용 횟수 5000회 이상 중 한국계 과학자
○ 세계 최고 수준의 석학급 과학자
  - H-index 30 이상인 과학자
○ 세계 최고수준 과학저널에 주저자로 등재한 과학자
  - 최근 5년간 세계적 과학저널에 주저자로 논문을 게재한 과학자
○ 세계적 수준의 선도적 연구를 주도하는 과학자
  - 최근 10년 이내 피인용 상위 0.1% SCI논문의 한국인 주저자
○ 세계적 수준의 연구성과를 도출했다고 판단된 과학자
  - IF가 높은 학술지에 논문이 게재되는 등 연구단장의 자격 요건을 갖추었다고 판단되는 연구자 추천(과학자문위원회)

■ **공모과제 연구단장 신청자격 (※ 아래 조건 중 1개 이상 만족)**
○ 노벨상 후보로 거론되는 논문 고피인용 한국인 과학자
  - 논문 피인용 횟수 5000회 이상 중 한국계 과학자
○ 세계 최고 수준의 석학급 과학자
  - H-index 30 이상인 과학자
○ 세계 최고수준 과학저널에 주저자로 등재한 과학자
  - 최근 5년간 세계적 과학저널에 주저자로 논문을 게재한 과학자

해 연구자의 능력과 잠재력을 평가하고자 했던 접근은 시행착오를 겪을 수밖에 없었다. 정성적인 평가로만 연구자를 평가하겠다는 시도는 국내에서는 처음 시도 된 것이었거니와 지금까지 과학기술정책을 수립해왔던 오랜 관성은 자연스레 다양한 정량적 지표를 활용한 연구자 평가 방식을 포함하는 방향으로 평가 기준을 이끌었다. 예를 들면 〈참고 3-3〉과 같이 "논문 피인용 횟수 5000회 이상," "H-index 30 이상," "피인용 상위 0.1%," "IF가 높은 학술지에 출판" 등을 포함하고 있었다.[48]

48) 기초과학연구원 설립사무국 (2011), 「설립사무국 운영 WG 주요 업무별 1차 검토 결과 (2011. 7. 7)」, 3쪽; 기초과학연구원 설립사무국 (2011), 「기초과학(연) 설립 연구단 운영 WG 2차 회의록 (2011. 7. 7)」; 기초과학연구원 설립사무국 (2011), 「기초과학(연) 연구단 운영 세부업무 검토 (2011. 8. 10)」.

〈그림 3-4〉 피터 풀데 독일 막스플랑크 연구소장

출처: 기초과학연구원.

그러나 설립위원회 오세정, 이경수 교수를 중심으로 정량적인 기준은 제외하고 정성적인 평가 기준을 마련해야 한다는 것이 강조되었다.[49] 당시 연구단선정 평가위원회 위원장이자 독일 막스플랑크 연구소장이었던 피터 풀데(Peter Fulde) 교수 또한 기초과학 분야에서만큼은 정량적인 평가 방식을 탈피하고 질적 평가와 동료 평가에 의존하는 것이 중요함을 역설했다.[50] 피터 풀데는 동료 평가에 참여하는 평가자들을 잘 구성하여 그 뒤에는 이들의 판단을 믿고 이를 기반으로 연구자의 잠재력과 능력을 판단하는 것이 중요하다고 강조했다. "믿음"은 가장 추상적이지만 강력한 도구로 떠올랐다. 질적 평가와 동료 평가에 대한 중요성은 공감했지만, 그 방안에 대해서는 구체적인 대안이 없던 기초과학연구원은 막스플랑크 연구소와의 협조 끝에 새로운 방식의 인재 채용안을 고안해내게 되었다. 이후 초대원장으로 부임한 오

49) 기초과학연구원 설립사무국 (2011), 「제2차 기초과학(연) 설립위원회 회의록 (2011. 7. 22)」.
50) 기초과학연구원 설립사무국 (2011), 「기초과학(연) 연구단장 선정방안(안) (2011. 8. 25)」; 최효진 인터뷰 (2016. 1. 29).

세정 교수도 질적 평가의 정착이 중요함을 강조했다.

> 모든 것을 단기적으로 평가하고 양적으로 평가해왔다. 기초과학도 마찬가지다. 환경이 그렇다 보니 장기간 연구가 필요한 의미 있는 일을 할 수가 없었다. 얼마나 임팩트 있는 연구를 했는지에 대한 평가보다는 논문수가 늘 평가의 잣대였다. 이제 기초과학 연구에 대한 평가는 달라져야 한다… **아인슈타인이 논문을 몇 개 썼는지 기억하는 사람은 없을 것이다.** 한 개의 논문이라도 혁신적인 연구 성과를 담으면 된다.[51]

결과적으로 기초과학연구원은 독립적인 연구단 선정 및 평가위원회를 설치하고 공개 포럼을 통해 질적 평가와 동료 평가(Peer Review)를 활용하는 인재 채용 방식을 채택했다. "연구단장의 수월성," "연구계획의 우수성"과 같이 추상적이지만 단순히 정량적인 지표로만은 평가할 수 없는 사항들을 주요한 평가 기준으로 내세웠고, 선정 및 평가 위원은 국내외 석학급 연구자 15인 내외로 구성했다. 선정 및 평가위원은 원장이 위촉하고 위원장은 원장이 임명하는 것으로 했다. 효율적인 업무 수행을 위해 총 4개의 분과위원회[수리과학, 물리/천문/지구과학, 화학(나노과학 포함), 생명과학(기초의약학 포함)]을 신설했으며, 각 분과위원회는 3-4인의 선정평가위원으로 구성되었다. 필요시 외부 전문가는 적극 활용하는 것으로 했다.[52]

이러한 조직하에 연구단 선정은 다음과 같이 이루어졌다. 선정평가위원회는 후보군이 모집되면 기초과학연구원 연구영역 및 연구특성과의 부합성을 검토하여 패널 평가 대상자를 선정한다. 선정된 평가 대상자에 대해 주제별 분과위원회가 구성되면 분과위원회는 1차적으로 각 후보를 가장 잘 평가할

---

51) 대덕넷 (2012. 11. 20),「기초과학연구원의 첫 시험 "한국 연구생태계 바꾼다"」, 강조는 저자가 함.
52) 기초과학연구원 (2012),『기초과학연구원 연구단 선정계획 및 운영방안 설명회』.

수 있는 국내외 전문가 그룹을 구성하여 서면 평가를 실시하고 그 이후 후보자가 자신의 연구 성과 및 연구 계획을 발표 하도록 공개 포럼 자리를 개최한다.[53] 포럼을 통해 정성적인 기준을 통한 동료 평가가 이루어지고, 포럼 평가 결과 및 서면 평가 결과지는 다시 선정평가위원회의 종합 심의를 거치게 된다. 이 때 선정평가위원회는 서면 평가지와 발표 평가지 그리고 후보자의 지원서만을 토대로 추천여부를 3단계—highly recommendable, recommendable, non-recommendable—로 결정한다. 그 결과를 위원장이 종합하여 과학자문위원회에 제출하면 원장이 직접 연구조건 협상 및 임명을 진행하게 된다.[54]

서면평가(추천서)와 발표평가는 모두 국내에서 처음 시도되는 것이었다. 추천서를 요청하는 주체가 후보자가 아니라 기초과학연구원 측이라는 것이 그러하며, 발표 포럼의 형태가 완전 공개라는 점이 기존의 방식과 다르다고 할 수 있다. 먼저 추천서의 경우 기존에는 평가 당사자가 직접 자신의 추천서를 첨부하여 기관에 제출하는 방식이었다면 기초과학연구원에서는 후보군이 도출되면 각 후보를 가장 잘 평가할 수 있는 학자들에게 후보는 모른 상태로 직접 추천서 요청을 보내게 된다. 일정량의 추천서가 모이기 전까지 채용 절차는 진행되지 않는다. 이러한 시스템은 그 후보를 가장 잘 평가할 수 있는 사람을 후보자가 아닌 기관에서 직접 자문을 받아 찾고 공정한 평가 절차를 거치기 위해 실시되었는데, 시간과 노력이 상당히 소요되는 작업이기에 많은 난관을 거치기도 했다.

공개 포럼을 통한 발표 평가 또한 새로운 실험이었다. 자신의 연구 성과 및 연구 계획을 발표하는 것 자체는 새로운 것이 아니나 이것을 모든 대중이 볼 수 있게 공개 포럼의 형태로 한다는 것은 새로운 시도였다. 이는 우선적

---

53) 하지만 기초과학연구원은 국내외 최고의 석학들을 연구단장으로 선정하려 했기에 이들을 객관적으로 평가할 수 있는 역량을 가진 위원들을 초청하는 것 자체가 힘든 과제였다; 박수동 인터뷰 (2015. 7. 16).

54) 같은 글; 기초과학연구원 (2012), 『기초과학연구원 설립·운영 기본계획 및 주요규정』.

으로 기초과학연구원의 채용 절차가 공정하게 이루어짐을 공공연하게 밝히기 위함도 있었지만 그보다도 중요했던 것은 기관의 인재 채용을 포함한 모든 활동이 그 과정에서부터 대중들과 소통하고 공유하기 위함이었다.[55] 다시 말해 쉽게 만날 수 없는 국내외 유수한 학자들을 기초과학연구원의 인재 채용을 계기로 삼아 초청하고 그들의 연구 성과를 공유하게 함으로써 국내의 연구자들이 쉽게 얻지 못하는 기회를 제공하기 위함이었다. 과학 강연이 상대적으로 많지 않은 한국에서 이는 대중들이 최정상의 과학 연구 결과를 쉽게 접할 수 있게 하는 기회가 되기도 했다.

하지만 공개적으로 진행되는 발표 평가가 평가 당사자에게는 큰 부담이 될 수도 있었다. 이에 오랜 논의 끝에 공개적으로 포럼을 진행하되 평가 대상자가 아닌 다른 학자들의 발표도 함께 섞어 청중들이 누가 기초과학연구원 인재 채용을 위해 평가를 받는 것인지 누가 일반적인 발표를 하는 것인지 구분할 수 없도록 했다. 포럼에 참가하는 선정평가위원회 혹은 분과위원회 위원들이 함께 강연을 들으며 평가를 진행하게 되는 것이다. 이는 공개 포럼의 장점을 극대화 하는 동시에 이로 인해 생길 수 있는 부작용을 최소화하기 위해 고민한 결과라고 할 수 있다. 첫 공개 포럼은 2012년 4월 27일 대전 컨벤션센터와 일산 KINTEX, 서울 롯데호텔에서 동시에 "제1회 기초과학연구원 심포지엄"이라는 이름하에 개최되었다.[56] 그 이후로 2013년에만 15회의 공개 심포지엄이 개최되었다.[57]

이러한 인재 채용 절차에 대해 막스플랑크 연구소의 태양계 연구소장 사미 솔란키(Sami K. Solanki) 박사는 다음과 같이 평가하기도 했다.

---

55) 최효진 인터뷰 (2016. 1. 29).

56) 기초과학연구원 대외협력팀 (2012), 「[보도자료] IBS 연구단장후보 공개 심포지엄 일정확정 (2012. 4. 16)」.

57) 기초과학연구원 (2014), 『2013년도 기초과학연구원 성과보고서』 (대전: 기초과학연구원).

> 막스플랑크 연구소의 평가제도와 유사한 제도가 기초과학연구원에 마련되고 있는 점은 정말 바람직하다. 이해관계가 없는 해외 석학들이나 리더들에 의한 평가는 단순히 논문 수나 인용수를 따지는 방법보다 훨씬 더 공정하고 효과적이다.58)

이러한 실험들은 새로운 눈으로 새로운 인재를 뽑으려면 필수적인 요소이나 실제로 지속하는 데는 많은 어려움이 따른다. 모든 후보에게 각각 맞는 서면 평가를 받아 내는 것은 많은 시간과 노력을 요할 뿐만 아니라 비용도 만만치 않게 드는 과정이었다. 공개 포럼은 더욱더 그러했다. 채용 여부가 확실하지 않은 여러 후보들을 특정 시간과 장소에 모이게 하고, 이들을 평가하기 위해 선정평가위원들을 모두 참석토록 하는 것은 쉬운 일이 아니었다.59)

인재 채용에 투자되는 높은 비용에도 불구하고 기초과학연구원은 수월성을 가장 우선되는 원칙으로 삼고 있고, 이로 인해 선정되는 연구단의 숫자를 채우지 못하는 한이 있어도 이 실험을 유지해 나아가려고 하고 있다. 이것이 기초과학연구원이 기존의 한국 과학기술정책 패러다임과 기초과학 생태계를 바꾸어나가기 위해 새로이 시도하는 실험의 핵심이기 때문이다.

5. 열린 지식 생태계

기초과학연구원은 거버넌스 구조, 연구프로그램의 내용, 연구단 선정방식에서 새로움을 추구하여 기존의 기초과학 생태계에 활력을 불어넣고자 했다. 개방적이고 "열린" 생태계를 구축하는 일은 그 안의 여러 제도적·문화적

---

58) 매일경제 (2012. 9. 13), 「[매경의 창] 막스플랑크硏의 효율적 평가제도」.

59) 이에 대해 최효진(현 기초과학연구원 연구평가팀)은 평가 과정에서 소요되는 시간 및 비용 때문에 기초과학연구원의 새로운 실험이 다른 기관으로 확산되는 데는 많은 시일이 걸릴 것이라고 예측했다; 최효진 인터뷰 (2016. 1. 29).

장벽들을 허무는 작업을 수반했다. 그러나 대학과 연구기관 내에서 습관처럼 쓰이고 있던 운영 방식에서 탈피하는 것은 쉽지 않은 일이었다.

"열린" 생태계 구축을 위한 기초과학연구원의 노력으로 이중소속제 도입과 교수직 부여 정책을 들 수 있다. 이중소속제를 적용하게 되면 2개 이상의 기관에서 지속적으로 이중소속을 유지하거나, 이직 대상 기관의 소속 비율을 점차적으로 확대하여 3-5년 후에는 전임으로 전환하는 방식으로 우수 연구자들을 유인할 수 있었다. 이에 대한 필요성은 설립사무국이 만들어지기 이전인 2011년 2월에도 검토된 바 있었는데, 기초과학연구원의 설립 초기에는 아무래도 기관의 지명도가 낮아 세계적 석학, 우수 연구자를 전임으로 유치가 어려울 것이라는 전망과 함께 제기된 것이었다.[60] 또한 우수 연구자들이 전임으로 이직을 해 올 때는 실험 장비를 설치하고, 실험 인력을 채용하는데 1년에서 길게는 2년 정도의 연구 공백이 발생하기 때문에 이를 기피하는 경향이 있었기 때문에 이중소속제를 도입하는 방안을 검토했다.[61] 이를 검토했던 KISTEP은 해외 주요 연구기관이 이미 이중소속제를 적극 활용하고 있다고 조사했고, 또한 기초과학연구원의 Site-lab 연구원의 경우 이중소속제를 적용해 기관 소속의 신분을 부여하는 것이 글로벌 프론티어 사업과의 차별성과 연구 성과의 귀속 주체를 확실하게 할 수 있는 근거가 될 것이라고 보았다. 그러나 KISTEP이 시행한 근거 법률 검토 결과를 보면, 해외기관과의 이중소속은 적용 가능하지만, 국내기관과의 이중소속제는 기존 법률들의 제약을 받으므로 관련 법률들의 개정이 필요한 사안이었다.

이와 같은 선상에서 교수직 부여 방안이 세계적 석학을 유치하기 위한 방안으로 제안되었다. 기초과학연구원은 유치 대상 연구자에게 교수직을 수여함으로써 포스닥 양성 기능, 석·박사 양성 기능, 대학과 연계한 학연협력대

---

60) 한국과학기술기획평가원 (2011), 「기초과학(연) 이중소속제 도입 방안의 검토 (2011. 2. 22)」.

61) 같은 글.

학원 개설 등이 가능할 것이라 보았다. 또한 외부 연구단이나 캠퍼스 연구단 유치대학에서 교수를 채용한 후 기초과학연구원으로 파견 및 겸직을 하는 가능성도 검토되었다.[62] 기초과학(연)위원회에서도 연구자에게 교수직을 부여하는 것은 중요한 안건으로 다뤄졌다. 특히 문길주 위원은 한국생산기술연구원 설립 시에 교수직 부여가 다수의 KIST 연구자들이 이동해 오는 데 기여했으나 결과적으로는 교수직 부여가 이루어지지 않아 많은 연구자가 떠나는 결과를 초래했다고 지적했다. 정경택 단장도 교수직 부여가 출연연이나 국내의 기존 대학연구자들의 이직을 수월하게 해주는 인센티브가 될 수 있겠으나 결국 또 다른 특성화대학을 만들 수 있다는 의견을 제기하기도 했다.[63]

연구단장들에게 교수직을 부여하는 것은 이중소속제와 마찬가지로 KISTEP의 기획단계에서부터 검토되어온 사안이었는데, 당시 기획연구를 맡았던 손병호 박사는 해외와 국내의 우수한 과학자들을 대상으로 인터뷰와 설문조사를 통해 의견을 수렴하는 과정에서 "우리나라의 사회현실이나 문화적인 여건"에서 우수 연구자를 유치하는 데에는 "연구원"보다는 "교수"라는 타이틀을 부여하는 것이 상당히 중요하다고 인식하고 있는 것으로 나타났다고 설명했다.[64] 그러나 한편으로는 정년과 연금이 보장된 교수직을 부여하자는 의견은 3년 단위의 평가를 통해 연구단의 계속 지원 여부를 결정한다는 기본 운영체계와는 충돌하는 지점도 있었다. 처음 은하도시 아이디어를 제기했었던 민동필 교수는 연구 인력에 대한 이러한 직급에 대한 논의가 결국은 우수한 연구 인력을 유치하고, 그 수준(quality)을 유지하는 집단으로 기르겠다는 데에서부터 출발한 것임을 상기시키고자 했고, 특히 기초연구의 특성상 3년

62) 기초과학연구에서 학생은 가장 큰 연구자원이라고 할 수 있는데, 기초과학연구원 연구단장의 경우에는 교수라는 직함 없이는 우수한 학생들을 뽑는 데 어려움이 있을 것으로 예상되었다. 그러나 교수직을 부여하기에는 기존 학계의 큰 반발을 불러일으킬 수밖에 없었기에 이를 조율하는 것이 당시 논의에서 중요한 화두였다; 허대녕 인터뷰 (2016. 4. 21).

63) 과학벨트기획단 (2011), 「과학벨트 기초과학연구원위원회 워크숍 속기록 (2011. 5. 4)」.

64) 같은 글, 6쪽.

단위의 평가가 너무 짧고, 5년이나 10년 단위로 평가하고 지원하는 체계가 갖춰져야 한다고 주장하기도 했다.[65] 또한 교수직 부여 안건은 "캠퍼스의 우수연구자"에게 그 초점에 맞춰져 있어서 자칫 본원이 배제된다는 인상을 주기도 했다. 따라서 2차 기초과학(연)위원회 회의에서는 본원의 우수 연구자들에게도 교수직 부여 방안을 확대하고, 본원의 위상이 강화될 수 있는 방안을 모색해야 할 것이라는 의견이 제기되었다.[66]

이중소속제 적용과 교수직 부여 안건은 기초과학연구원위원회 회의와 설립사무국 내부의 논의를 거쳐 "필요시 연구단의 그룹리더 등은 '연계기관'을 활용하여 전임 교수직을 부여한 후 소관 연구단에 파견"할 수 있고, "석·박사과정 연구, 논문 지도를 통해 학생 연구원 참여를 활성화"시키는 방향으로 결론을 내렸다.[67] 결과적으로 이를 통해 타 기관 소속자의 파견, 겸직, 겸임을 가능케 했으며, 지속적으로 포스닥, 석·박사과정 학생, 방문 연구원들이 넘나들어 개방적이고 유동적인 조직이 되기를 희망했다. 예를 들면 〈표 3-7〉과 같은 형태이다. 이러한 인력들은 그 구성과 규모가 선정되는 연구단 테마와

〈표 3-7〉 기초과학연구원 인력 구성

구분	역할
연구단장	• 총괄 책임자
핵심연구원(PI급)	• 세부주제를 총괄하는 핵심연구원
연구원	• 핵심연구원과 함께 연구하는 주요 연구원
박사후 연구원	• 연수 연구를 수행
테크니션	• 고가 장비를 전문적으로 운영, 관리 및 연구 지원
행정원/기술원	• (행정원) 연구단장을 보좌하고 제반 행정 운영 • (기술원) 시설, 일반 장비 등을 운영, 관리
대학원생	• 연구단에서 연구를 수행하는 학생연구원 • 캠퍼스 연구단의 특별 대학원생

출처: 기초과학연구원 설립사무국 (2011), 「기초과학(연) 연구단 선정·운영방안 (2011. 8. 25)」.

65) 같은 글, 9쪽.

66) 기초과학연구원 설립사무국 (2011), 「기초과학(연) 설립 연구단 운영 WG 2차 회의록 (2011. 7. 7)」, 1-2쪽.

67) 기초과학연구원 (2012), 『기초과학연구원 설립, 운영 기본계획 및 주요규정』, 19쪽.

운영계획에 따라 유동적이며, 연구단은 연구단 설치기관 소속자와 석박사 학생 및 타 기관 소속자가 활발하게 참여하는 방식으로 구성되도록 기본 원칙을 세웠다.[68]

연구단의 인력은 연구단장이 인력 구성과 선정에 관한 최종 권한을 보유하고, 소속 기관의 장이 정규직 또는 계약직으로 임용하도록 했다. 연구단장은 연구수행에 필요한 최적의 인력으로 자유롭게 구성할 수 있을 뿐만 아니라 연구계획 수립에서 연구비 편성 및 집행까지 다양한 범위에서 책임과 권한을 보유하고 있었다.[69] 즉, 인력, 예산, 연구 내용 측면에 있어 모든 자율성을 보장받았다고 할 수 있다.[70] 이러한 개방성하에 연구단이 가지는 자율성은 궁극적으로 수월성 있고 창의성 있는 연구의 형태로 나타날 것이라고 기대했다.[71]

이러한 사람 중심의 지식 생태계를 만들려는 기초과학연구원의 고민과 노력은 2012년 정관의 형태로 구체화되어 문서화되었다. 이는 지금까지 한국에서 행해져 왔던 기초과학 연구정책에 대한 반성이자 새로운 시도를 하고자 하는 실험들이었으며, 이를 계승해나가며 구현해나가는 것은 앞으로의 숙제로 남게 되었다.[72]

---

68) 기초과학연구원 설립사무국 (2011), 「기초과학(연) 연구단 선정·운영방안 (2011. 8. 25)」, 2쪽.

69) 기초과학연구원 (2012), 『기초과학연구원 설립, 운영 기본계획 및 주요규정』. 구성원 중 연구단 외 지원부서 인력(행정직, 기술직)은 소속 기관별 채용 절차에 따라 임용 관리된다.

70) 연구시설 및 장비의 경우 구입의 자율성은 보장하되, 공동 활용 및 투자 효율성 제고 차원에서 본원에서 총괄 관리하는 것으로 했다. 장비는 기초과학연구원의 소유이며 외부 연구단의 경우 연구 종료 발생 시 심의를 통해 연계기관에 소유권을 이관하기로 했다.

71) 인력 구성의 자율성하에 연구단장이 최고의 인력들을 유치할 수 있도록 기초과학연구원은 임금 체계에 있어 또 하나의 실험을 강행했다. Pay-Band라는 시스템이 그것인데 원장과 그룹리더 이상은 계약에 의하여 결정되나 이외의 인력은 기존의 호봉제 대신 성과와 능력에 따라 유연한 임금 책정이 가능하도록 체계를 확립했다; 김원기 인터뷰 (2015. 7. 16).

72) 기초과학연구원 (2012), 『기초과학연구원 설립, 운영 기본계획 및 주요규정』.

제4장

새로운 연구 환경

지식 생태계의 변화와 도전

1. 연구단 선정

기초과학연구원은 약 6개월에 걸친 설립 위원회와 사무국의 준비 끝에 2011년 11월 21일 설립되었다. 기초과학연구원의 설립은 국제과학비즈니스벨트의 핵심 기관으로서 그 첫걸음을 내딛는 순간이었고, 국내 최초의 독립된 기초과학연구소가 만들어지는 순간이었다. 기초과학연구원의 개원은 국내뿐만 아니라 세계 최고의 과학자들을 유치할 "꿈의 기관(Dream Institute)"으로 소개되었고 모험적이고 창의적인 연구를 수행할 수 있는 연구 환경을 만들겠다는 비전이 큰 관심을 모았다.[1)]

오세정 초대원장을 수장으로 한 기초과학연구원은 개원과 함께 설립위원회에서 논의된 실험들을 하나씩 실현해나가기 시작했다. 무엇보다도 기관의 뼈대를 갖추기 시작한 계기는 연구단장의 선정이라고 할 수 있을 것이다. 어떤 사람을 연구단장으로 선정할 것인가의 문제는 "사람 중심"의 기초연구 지

1) Nature (2012. 5. 17), 「South Korean research centre seeks place at the top」.

〈그림 4-1〉 오세정 기초과학연구원 초대원장 (가운데)

출처: 기초과학연구원.

원과 운영을 핵심 가치로 삼고 있었던 기초과학연구원에게도 중요한 문제였다. 기초과학연구원의 연구단장 선정 과정은 국내외 석학으로 구성된 연구단선정평가위원회(SEC)[2]가 주관이 되어, "기초과학 분야 세계 최고 수준의 연구기관"이라는 연구원 비전을 반영하여 공정하고 객관적인 선정평가를 추진하는 것을 최우선 목표로 삼았다. 이 과정에서 "수월성"은 가장 중요한 원칙이었으며, 후보자별로 전문적인 심층평가를 통해 연구단의 수준뿐만 아니라 연구단의 선정과 평가 체계 또한 기존 출연연과는 차별화하기 위해 그 절차를 마련하는데 노력을 기울였다.

또한 연구단선정평가위원회의 결정은 연구원의 최상위 자문기구였던 과학자문위원회(SAB)[3]의 자문을 받았다. 초대 원장인 오세정은 국내에서는 김두철 고등과학원 원장을 포함한 14명의 자문위원을, 해외에서는 당시 독일

2) Selection and Evaluation Committee, 총 16명 (국내 과학자와 해외 과학자로 구성, 위원의 1/2 이상 해외 과학자로 구성).

3) Scientific Advisory Board, 과학기술 및 인문사회를 포괄하는 국내외 석학 25명으로 구성.

막스플랑크 소장이자 아테이론물리센터 소장을 맡고 있었던 피터 풀데를 포함한 7명의 자문위원을 위촉해 총 21명으로 과학자문위원회를 구성해 운영했다.[4] 2012년 5월 3일 1차 자문회의로 공식적인 활동에 들어간 이 기구는 1차 연구단장 선정평가 과정과 결과에 대해 의견을 수렴했고, 2012년 5월 7일 연구원의 1차 연구단장 선정 결과가 드디어 발표되었다. 연구단장으로 선정된 10명의 연구단장들은 약 100억 원에 해당하는 연구예산을 자유롭게 활용하고, 연구단 구성과 연구 분야 선정에 전권을 가지는 등 상당한 자율성을 보장받는 자리였기에 선정 결과에 국내외 연구자들뿐만 아니라 국민들의 이목이 집중되었다.

1차 연구단장으로 선정된 국내 과학자들을 먼저 살펴보면 각 분야에서 선두 주자 및 독보적인 과학자로 인정받고 있었던 과학자들이 대거 포함되어 있었다. 1차 연구단장으로 선정된 과학자들은 각각 화려한 이력을 가지고 있었는데, 초분자화학 분야의 선두 주자로 인정받고 있던 포항공대 김기문 교수, RNA에 관한 독보적인 연구로 2010년 국가과학자로 선정되기도 했던 서울대 김빛내리 교수, 뇌기능 장애 연구 분야에서 인정받고 있었던 KAIST 김은준 교수, 그리고 차세대 반도체 재료물질 연구 분야의 세계적인 전문가로 2010년 국가과학자로 선정되었던 노태원 서울대 교수가 1차 연구단장에 이름을 올리고 있었다.[5] 또한 KIST 뇌과학연구소장 신희섭 박사와 나노다공성 탄소물질 분야의 개척자로 불리는 유룡 KAIST 교수, 나노분야 권위자인 현택환 서울대 교수 역시 기초과학연구원의 연구단장으로 선정되게 되었다.[6]

국내에서 명성이 높았던 과학자들 외에도 해외에서 연구 중이었던 한국인

---

4) 과학자문위원회의 전체 명단은 교육과학기술부 국제과학비즈니스벨트기획단 (2011), 『미래 기초과학 강국을 위한 새로운 도전: 국제과학비즈니스벨트 2000일의 기록』, 114쪽을 참고하라.

5) 가장 먼저 협약을 체결한 기관은 포항공대였으며, 이 사례를 바탕으로 이후의 협약들이 체결되었다; 허대녕 인터뷰 (2016. 4. 21).

6) 교육과학기술부, 기초과학연구원 보도자료 (2012), 「기초과학연구원 연구단장 10명 선정 (2012. 5. 7)」.

연구자도 3명이 선정되었는데, 여기에는 신물질 합성분야의 세계적 권위자로 꼽히며, 한국인으로는 논문 피인용 횟수 최대 수치를 가지고 있었던 미국 럿거스대학교의 정상욱 교수와 면역학 분야의 세계적 권위자로 미국 스크립스 연구소에서 최근 포항공대로 이직한 찰스 서(Charles Surh) 교수, 그리고 기하학 분야에서 국제적으로 인정받는 수학자로 알려진 오용근 위스콘신대학교 교수가 이름을 올리고 있었다.[7)]

1차 연구단장으로 선정된 연구자들은 기초과학연구원의 연구단장으로 선임되면서 기초과학연구원의 연구 환경에 대한 기대를 밑바탕으로 새로운 연구 분야를 개척해나갈 것이라는 의지를 다졌다. 면역미생물공생연구단을 이끌고 있는 찰스 서 교수는 "사실 연구 환경은 미국이 더 낫지만 기초과학연구원의 지원은 어떤 연구도 가능할 만큼 충분하다"라고 말하며 기존의 WCU 사업단으로 출발한 연구 조직이 기초과학연구원의 지원을 통해 운영이 확실히 뒷받침될 수 있을 것이라는 기대를 내비췄다.[8)] 강상관계물질연구단의 노태원 교수에게도 기초과학연구원의 전폭적인 연구 지원은 중요한 요소였다. 노태원 교수는 "(갓 부임한 젊은 교수들은) 적은 연구비로 필요한 장비를 마련해야 하고, (제대로 된 연구를 하기 위해) 10년 넘게 준비하는 경우를 자주 봤다"고 지적하면서 기초과학연구원의 지원을 통해 고가장비가 필요한 연구가 가능해졌고 이를 통해 국제경쟁력이 있는 연구 역시 가능해질 것이라 강조했다.[9)] 기초과학연구원이 조성하고자 했던 연구 환경은 특히 큰 규모의 연구 조직이 필요한 연구나 고가장비가 필요한 연구 분야의 연구자들에게는 꿈의 연구 환경이었던 것이다.

---

7) 같은 글.

8) IBS 뉴스레터 (2013), 「영양분, 미생물과 면역체계 복합연구는 세계 유일 (2013년 12월호)」, http://www.ibs.re.kr/newsletter/2013/12/sub_01.htm.

9) IBS 뉴스레터 (2013), 「새로운 자연현상 찾는 게 기초과학… 연구결과 쌓일 때 혁신가능 (2013년 8월호)」, http://www.ibs.re.kr/newsletter/2013/08/sub_01.htm.

〈그림 4-2〉 기초과학연구원 개원식 및 심포지엄 (2012년 5월 17일)

출처: 기초과학연구원.

또한 기하학수리물리단연구단의 연구단장으로 선임된 오용근 교수는 기초과학연구원에서 그룹리더와 기초과학연구원 정년트랙 조교수 등 인력풀을 활용해 "완전히 새로운 형태의 연구소를 추구"할 것이라는 포부를 밝혔다. 이와 더불어 "과학자들이 단순히 직업으로서가 아니라 하고 싶어 하는 연구, 잘할 수 있는 연구에 몰입할 수 있는 여건을 조성하는 것은 연구자체를 즐길 수 있도록 만든다"라고 강조하며 기초과학연구원에서 이러한 여건이 잘 조성될 것이라는 기대를 밝히기도 했다.[10]

총 10명이 선정된 1차 선정평가 이후, 각 연구단장들은 연구원과의 협의를 거쳐 약 50명 이내의 인력을 구성하고 본격적인 연구에 착수하게 되었다. 이로써 기초과학연구원은 본원 연구단 1개, 캠퍼스 연구단 5개, 외부 연구단 3개[11]를 갖추며 연구원으로써의 핵심 골격을 구성해나가고 있었다. 1차 연

---

10) IBS 뉴스레터 (2013), 「천상 수학자 오용근 연구단장, "한국 수학, 지금이 기회다" (2013년 7월호)」, http://www.ibs.re.kr/newsletter/2013/07/sub_01.htm.

11) 더사이언스 (2012. 12. 30), 「기초과학 중심지 될까, 또 하나의 출연연 될까」. 1차 연구단장으로 선정된 정상욱 교수는 연구 환경 등과 관련해 단장직을 고사했다.

〈표 4-1〉 1차 연구단장 선정결과

연구단장	연구단 유형	연구분야	연구단명
신희섭	본원	뇌과학	인지 및 사회성 연구단
찰스 서	캠퍼스(포스텍)	면역학	면역 미생물 공생 연구단
김은준	캠퍼스(KAIST)	뇌과학	시냅스 뇌질환 연구단
오용근	캠퍼스(포스텍)	기하학, 수리물리학	기하학 수리물리 연구단
유룡	캠퍼스(KAIST)	나노과학 및 화학	나노물질 및 화학반응 연구단
김기문	캠퍼스(포스텍)	초분자화학	복잡계 자기조립 연구단
노태원	외부(서울대)	응집물질물리	강상관계 물질 연구단
김빛내리	외부(서울대)	분자세포생물학	RNA 연구단
현택환	외부(서울대)	나노과학	나노입자 연구단

출처: 교육과학기술부, 기초과학연구원 보도자료 (2012), 「기초과학연구원 연구단장 10명 선정 (2012. 5. 7)」 바탕으로 재구성.

구단장 선정에 이어 2012년 내에 연구단장들을 추가 선정해 총 20개의 연구단을 운영하고, 2017년까지는 총 50개의 연구단을 모두 선정해 운영하는 것이 최종적인 밑그림이었다.[12]

기초과학연구원이 1차 연구단장 선정평가 결과를 발표하고 이후의 선정계획에 대해 밝히는 동안 연구원 외부에서는 기초과학연구원의 연구단 구성을 두고 여러 가지 우려를 제기하고 있었다. 특히 기초과학연구원의 연구단 예산과 인력 규모에 대한 우려는 설립 이후 본격적인 선정과정에 들어가면서 더욱 그 목소리가 높아졌다. 언론에서는 현재 국내에서 국가 연구비를 가장 많이 받는 국가과학자가 연평균 15억 원 수준이라고 언급하며, 기초과학연구원의 경우 한 연구단에 연평균 100억 원 가까이 투자되고 있는데, 이만한 규모의 연구를 진행할 만한 인력이 충분한가에 대해 반문했다.[13] 그뿐만 아니라 각 대학이 기존에 진행하던 기초연구와의 중복 투자 문제와 성과배분에 대한 논란도 제기되었다. 또한, 1차 선정과정에서 모두 한국인, 즉 한국

12) 교육과학기술부, 기초과학연구원 보도자료 (2012), 「기초과학연구원 연구단장 10명 선정 (2012. 5. 7)」.
13) 서울신문 (2012. 5. 7), 「IBS 연구단 문제 없나」.

국적을 가진 과학자들이 단장에 뽑히게 되었는데, 이를 두고 국적을 불문하고 세계적인 해외 석학을 초빙해 기초연구 성과를 높이겠다는 당초 연구원의 취지가 무색해진 것은 아니냐는 비판 역시 제기되었다.[14]

기초과학연구원의 연구단장 선정과정은 창의적이고 자율적인 연구 환경을 갈망해 온 국내외 연구자들에게뿐만 아니라 한국 기초과학연구원의 필요성에 대해 보다 넓은 정치적·사회적 공감과 지지를 얻기 위한 과정이기도 했다. 따라서 1차 연구단장 선정결과를 둘러싸고 제기되었던 여러 가지 우려의 목소리들은 기초과학연구원이라는 기관에 대한 사회적 기대들을 보여주는 것들이기도 했다. 이러한 맥락에서 1차 연구단장의 선정 이후 제기된 여러 가지 비판들은 실제 기관의 정체성에 대한 사회적 공감대의 부재로 나타난 것들이 포함되어 있었다. 기초과학연구원에서는 이러한 측면에 대해 어느 정도 인지하고 있었던 것으로 보이며, 이후의 연구단 선정과정에 어떻게 반영할 것인지에 대한 고민함으로써 비판들을 나름대로 수렴하거나, 기관의 정체성과 보다 직결된 비판에 대해서는 기관의 원칙을 확고히 하면서 대응해나갔다.

가령 기초과학연구원이 설립 이전부터 "세계 최고"를 외쳤던 만큼 이력과 성과 면에서 이견이 없을 국가과학자 위주로 선정된 측면이 있었는데, 오세정 원장은 2차 연구단장 선정부터는 30대 등 젊은 과학자도 연구단장으로 선정될 수 있도록 할 것이라고 언급하며 선정과정에 심혈을 기울이겠다고 강조했다.[15] 또한 1차 연구단장 선정 이후 연구단장들의 연구 분야를 둘러싸고 기초과학연구원의 정체성, 즉 기초과학연구원에서 연구하려는 "기초과학"은 무엇인가 하는 근본적인 의문이 제기되기도 했다. 1차 연구단장들이 연구하려는 분야들이 일반 대중들이 생각하는 기초과학과는 동떨어져 보여

---

14) 같은 글.

15) 아이뉴스24 (2012. 5. 7), 「기초과학연구원, 1차 연구단장 10명 선정」.

전문가들 사이에서도 기초과학연구원의 정체성에 대해 의문을 제기했던 것이다. 이에 대해 기초과학연구원은 순수 기초연구뿐만 아니라 원천연구도 함께 하는 곳이라고 밝히며 문제없다는 확고한 입장을 보이기도 했다.16)

특히 기초과학연구원의 정체성과 관련해 연구단의 세계적 수준의 "수월성"은 중요한 가치였던 것으로 보인다. 2차 연구단장 선정평가를 앞두고 과학자문위원회는 "수월성"에 입각한 평가를 무엇보다 강조하며, 기관의 설립 초기부터 연구자, 운영, 지원 등 모든 면에서 "수월성"을 갖추는 것이 중요하다고 설명했다. 이는 기초과학연구원이 신생 연구기관으로서 무엇보다 세계 최고의 수월성을 갖춘 기초연구기관을 지향함으로써 기관의 차별성을 확보하고자 했던 것이다.17)

1차 연구단장이 선정된 지 약 5개월 후인 2012년 10월 7일, 2차 연구단장 선정 결과가 발표되었다. 2차 연구단장에는 총 7명의 과학자가 선정되었는데, 여기에는 총 3명의 외국인 교수들도 포함되어 있었다. 먼저 가브리엘 애플리(Gabriel Aeppli) 교수는 응집물질물리 분야의 세계적 석학으로, 이화여대에 외부 연구단을 설립하고 양자다체 물리학, 초전도 회로, 실리콘 확정 도핑, 합성생물학 등을 연구할 계획이었다.18) 또 다른 외국인 연구단장인 스티브 그래닉(Steve Granick) 교수는 일리노이대 재료과학, 공학학과 명예교수로 미국 화학회와 미국 물리학회의 폴리머 부문별 최고상을 수상했고, 2013년 미국화학회 콜로이드 부문 최고상 수상이 확정되어 있었다. 스티브 그래닉 교수는 UNIST로 이직해 캠퍼스 연구단을 설립할 계획을 밝혔다. 마지막으로 야니스 세메르치디스(Yannis Semertzidis) 박사는 정밀입자물리 측정 발전에 과학, 기술적으로 큰 공헌을 한 연구자로, 재직 중인 브룩헤이븐 국립연구소에서 GIST으로 이직해 캠퍼스 연구단을 운영하게 되었다. 3차 연구단장으로

16) 더사이언스 (2012. 12. 30).

17) 과학자문위원회 (2012), 「SAB 2차 회의 회의록 (2012. 5. 16)」.

18) 하지만 가브리엘 애플리 교수는 이후 협약에 실패해 연구단장으로 합류하지 못했다.

〈표 4-2〉 2차 연구단장 선정결과

연구단장	연구단 유형	연구분야	연구단명
남창희	캠퍼스(GIST)	광학	초강력 레이저과학 연구단
야니스 세메르치디스	캠퍼스(KAIST)	소립자물리학	액시온 및 극한상호작용 연구단
남홍길	캠퍼스(DGIST)	식물생물학	식물노화·수명연구단
장석복	캠퍼스(KAIST)	유기화학	분자활성 촉매반응 연구단
스티브 그래닉	캠퍼스(UNIST)	재료	첨단연성물질 연구단
이영희	외부(성균관대)	나노구조물리	나노구조물리 연구단

출처: 교육과학기술부, 기초과학연구원 보도자료 (2012), 「2012년 - 2차 기초과학연구원 연구단장 7명 선정 (2012. 10. 5)」 바탕으로 재구성.

선정된 3명의 외국인 연구단장은 "국제적 수준의 연구기관"이라는 기초과학연구원의 비전 달성을 위한 시범 사례가 될 것이라는 기대를 한몸에 받으며 연구단장으로 선정되었다. 특히 1차 연구단장 선정에서 외국인 연구단장이 한 명도 없었기 때문에 2차 연구단장 선정에서 외국인 연구자가 3명이나 선정된 것은 주목할 만한 성과였다.[19]

외국인 연구단장 외에도 국내 연구자 4명도 2차 연구단장 선정을 통해 기초과학연구원의 연구단장으로 합류하게 되었다. 1차 연구단장으로 선정된 연구자들과 마찬가지로 해당 분야의 세계적 권위자로 인정받고 있는 연구자들로 국내에서 국가과학자, 국가석학으로 선정된 저명한 연구자들로 구성되어 있었다. 먼저, 남창희 카이스트 교수는 펨토초 레이저 관련 연구의 국내 선구자로 꼽히는 연구자로, 국내 관련 연구자가 전무한 상태에서 우수한 성능의 펨토초 테라와트 레이저를 자체기술로 개발하고 이를 이용해 탁월한 업적을 달성하기도 했다. 또한 남홍길 DGIST 교수는 식물의 노화, 식물의 생체 리듬과 개화시기 조절 등의 연구를 통해 새로운 학문 영역을 개척한 세계적 과학자로 인정받고 있는 연구자이다. 나노과학 분야의 세계적 권위자

19) 교육과학기술부, 기초과학연구원 보도자료 (2012), 「2012년 - 2차 기초과학연구원 연구단장 7명 선정 (2012. 10. 5)」.

로 탄소나노튜브에서 반도체성 탄소나노튜브만 대량으로 분리해 추출하는 기술을 세계 최초로 개발하기도 한 이영희 성균관대 교수도 2차 연구단장에 이름을 올리게 되었다. 마지막으로 장석복 카이스트 교수는 탄소-수소 간 결합반응 활성화의 세계적 권위자로, 탄소와 수소 간의 화학결합에 대한 연구는 기초과학 연구와 산업 응용 두 부문에서 모두 중요하다는 평가를 받고 있는 분야였다.[20]

2차 연구단장으로 선임된 연구단장들은 1차 연구단장들과 마찬가지로 기초과학연구원의 연구 환경 속에서 예전에는 구상만 하고 시도하지 못했던 연구를 시작할 수 있게 되는 등 새로운 연구 분야를 개척해나갈 가능성을 확인해나가고 있다고 밝혔다. 그뿐만 아니라 기초과학연구원의 연구단장으로 선정된 연구자들은 국내외 석학들로 기초과학연구원에서의 새로운 연구에 대한 학문적 기대뿐만 아니라 다른 기초과학 연구자들과 학문적인 교류를 통해 전체 기초과학 연구계의 성장에 기여해야 한다는 책임감을 강조하기도 했다. 첨단연성물질연구단의 스티브 그래닉 교수는 2016년 5월 인터뷰에서 "IBS 연구단의 가장 중요한 결과물은 다른 과학자들에게 문제 제기를 해 그들의 연구에 영향을 줄 수 있는 것"이라고 강조했는데, 이는 기초과학연구원의 연구단, 그리고 연구단장의 역할이 전체 기초과학 연구자들에게도 기여할 수 있어야 한다는 점을 내포하고 있는 것이었다.[21]

1차, 2차 연구단장 선정을 마친 기초과학연구원은 3차 연구단장 선정평가부터는 기존의 선정 방식과는 다른 전략적 접근을 시도했다. 1차, 2차 연구단장 선정에서는 연구단장이 연구 분야를 정해 지원하는 선정 방식이었다면, 3차 연구단장부터는 국가 차원의 육성이 필요하다고 생각되는 전략적 연구 분야를 우선 지정해 해당분야의 연구자를 발굴하는 방식을 도입하기로 한

20) 같은 글.

21) IBS Center for Soft and Living Matter (2016), 「학제 간 연구로 일상에서 새로운 지식 발견한다(2016. 5. 31)」, http://softmatt.ibs.re.kr/bbs/board.php?bo_table=news&wr_id=29.

것이다. 연구단 선정방식에서 이러한 전략적인 접근이 필요하다는 목소리는 기초과학연구원 내부에서부터 제기되기 시작한 것이었다. 과학자문위원회 2차 회의에서 오세정 원장은 3차 연구단 선정부터는 한국이 특히 취약한 분야에 집중할 필요가 있고, 지원 방식과 함께 헤드헌팅 방식을 병행할 필요가 있다고 강조했다.[22] 이는 기초과학연구원이 수월성의 원칙을 고수하면서도, 연구 분야 측면에서 기초과학연구원이 기여할 수 있는 분야를 발굴해 전략적으로 집중할 필요성을 새롭게 인식하게 된 결과로 볼 수 있다.

2012년 9월 6일에 열린 과학자문위원회 워크숍에서는 "지정 연구 분야"를 어떻게 선정할지에 대해 논의했는데, "지정 연구 분야"는 국가의 장기적인 관점에서 꼭 투자해야 하는 연구 분야, 글로벌 이슈 대응하는 연구 분야, 그리고 기초과학연구원이 전략적으로 육성해야 할 필요가 있는 분야로 정의되었다. 국가적으로 육성이 필요한 지정 연구 분야는 기후환경 변화, 이론물리, 수학분야로 지정되었으며, 특히 이론물리, 지구과학, 뇌과학, 구조생물학, 수학 등의 분야에는 분야별 위원회를 운영하기로 결정했다.[23] 또한 캠퍼스 연구단의 선정방식에도 큰 변화가 있었는데, 캠퍼스 연구단의 경우 "지역별 기초연구거점 구축"이라는 캠퍼스 연구단의 설립 취지를 고려해 GIST, DGIST, UNIST의 경우 특화분야를 먼저 지정한 후에 연구단장을 공모하는 방식을 도입한 것이다.[24] 이에 따라 GIST는 광기반 기초과학, DGIST는 바이오-나노 융합, UNIST는 첨단 신소재를 특화하는 캠퍼스로 새롭게 지정되었고,[25] 캠퍼스 연구단의 경우에도 기존의 수월성 기준을 동등하게 적용해 연구단장을 선정하겠다는 계획을 다시 한 번 강조했다.

---

22) 기초과학연구원 과학자문위원회 (2012), 「SAB 2차 자문회의 회의록 (2012. 5. 16)」.

23) 기초과학연구원 과학자문위원회 (2012), 「SAB 역할 강화방안 마련을 위한 과학자문위원회(SAB) 워크숍 (2012. 9. 6)」.

24) 같은 글.

25) 전자신문 (2012. 10. 30), 「이론물리, 수학 분야 육성 나서」.

2012년 1차, 2차에 거친 연구단장 선정과 함께 2012년 8월에는 교과부 소속 기초기술연구회 소속기관인 국가수리과학연구소를 이관하면서 기초과학연구원은 기초과학 연구거점으로 거듭나고 있었다. 그러나 설립 1주년을 갓 넘긴 기초과학연구원이 기관에 대한 사회적·정치적 기대에 부응하면서 기존의 기초과학 연구 생태계 내에 편입하는 과정은 결코 순탄치 않았다. 특히 기초과학연구원을 출범시킨 이명박 정부가 이듬해였던 2013년 2월로 끝나고, 박근혜 정부가 새로 들어서는 정치적 변동은 특히 기초과학연구원에게 중요한 전환점이 될 것이었다. 일부 언론에서는 박근혜 정부에서 이명박 정부가 추진한 국제과학비즈니스벨트 사업에 대해 전면 검토해야 한다는 목소리가 조심스럽게 나오고 있다고 전하며, 이러한 맥락에서 기초과학연구원이 기초과학의 중심지가 아닌 또 하나의 출연연으로 전락할 수 있다는 우려를 숨김없이 내비치기도 했다.[26)]

기초과학연구원에 대한 내외부적 비판과 고민이 계속 지속되는 상황 속에서 기초과학연구원은 연구단 선정을 이어가며 기관의 핵심 조직을 구축하는데 박차를 가했다. 기초과학연구원은 2013년 6월 27일에 3차 연구단장 선정결과를 발표했고, 생명, 물리 분야에서 총 3명의 연구자들이 선정되었다. 3차 연구단장으로 선정된 세종대 김영덕 교수는 기초과학연구원의 본원 연구단을 구성하여 미개척분야인 암흑물질 및 이중베타붕괴 실험 관련 연구를 수행하게 되었다. 또한 미국 피츠버그대학교 김성기 교수는 재미 한인과학자 출신으로 성균관대에서 외부 연구단을 꾸려 최첨단 뇌영상 장비 등을 활용해 동물과 사람의 뇌기능에 대한 생리학적 메커니즘 연구를 수행할 계획을 가지고 있었다. 마지막으로 포항공대 염한웅 교수는 40대의 젊은 과학자로 캠퍼스 연구단을 이끌며 원자 수준의 물성측정기법 확립 및 새로운 저차원 전자물성 발견 등에 대한 연구를 진행하고, 특히 국가기간산업의 3대 축

---

26) 더사이언스 (2012. 12. 30).

〈표 4-3〉 3차 연구단장 선정결과

연구단장	연구단 유형	연구분야	연구단명
김영덕	본원	입자물리학	지하실험 연구단
염한웅	캠퍼스(포스텍)	응집물질물리	원자제어 저차원 전자계 연구단
김성기	외부(성균관대)	시스템뇌과학	뇌과학 이미징 연구단

출처: IBS 뉴스레터 (2013), 「기초과학의 가치, 이들에게서 증명된다 (2013년 6월호)」 바탕으로 재구성.

을 이루는 반도체 산업의 국제경쟁력 강화에 기여할 것으로 기대가 높았다.[27] 오세정 원장은 3차 연구단장의 선정결과를 발표하면서 "새로운 과학적 가치를 창출해 국가 성장 동력에 기여하고 동시에 세계를 선도하는 연구가 되길 바란다"고 말하며 연구단장들에게 거는 기대를 내비치기도 했다.[28]

총 3차에 걸친 연구단장 선정과정 동안 기초과학연구원이 마주한 것은 급변하는 정치적 상황과 사회적 기대 속에 점차 고조되는 긴장이었다. 기존에 없던 새로운 기초과학연구원의 설립은 설립 준비과정에서부터 기관의 정체성을 확립하고, 이를 통해 기관의 사회적 역할과 필요성을 설득하기 위한 고민을 거쳐왔지만, 설립 이후 연구단이 꾸려지고 연구단 운영이 실제적으로 시작되면서 비판과 우려의 목소리는 더욱 거세졌던 것이다. 이러한 상황 속에서 기초과학연구원은 기관의 정체성을 확립하기 위해 내부적 논의에 더욱 집중했다. 이는 설립사무국에서 그러했듯이 기관의 정체성과 당위성을 어떻게 사회에 설명해 보일 것인지에 대한 질문에서 출발한 내부적 논의이자 대화의 형태였던 것으로 보인다.

---

27) IBS 뉴스레터 (2013), 「기초과학의 가치, 이들에게서 증명된다 (2013년 6월호)」, http://www.ibs.re.kr/newsletter/2013/06/sub_01.html.

28) 뉴시스 (2013. 6. 27), 「IBS 3차 연구단장 김영덕, 김성기, 염한웅 교수 선정」.

2. 설립 후 정체성 고민

기초과학연구원의 연구단장 선정이 이루어지고 실질적인 운영에 들어가면서 기초과학연구원의 새로운 실험들에 대한 기대와 우려의 목소리 역시 높아져갔다. 기초과학연구원의 설립은 연구비 규모 면에서나 연구 주제와 방식 면에서 기존의 기초과학 연구 생태계에서 존재하지 않았던 새로운 것이었기에 어느 정도의 파장을 일으키는 것은 불가피했다. 따라서 신생기관이었던 기초과학연구원은 설립사무국에서도 그랬듯이 기관의 정체성과 당위성을 찾기 위해 설립 이후에도 내부적 고민을 멈추지 않았다.

2011년 11월 21일, 기초과학연구원이 공식 설립되면서 연구원 내에는 이사회와 감사, 과학기술자문기구(SAB), 발전위원회 등 기관의 초기 운영체계를 갖추고 운영철학과 비전을 위한 논의와 자문활동을 담당할 기구들이 구성되었다. 특히 연구소 원장이 위촉한 국내 석학들로 구성되었던 기초과학연구원 발전위원회는 연구소 설립 초기 기관의 운영과 관련해 내부적으로 고민해왔던 것들이 무엇이었는지를 잘 보여준다. 또한 발전위원회의 안건들에 대한 논의는 설립준비과정에서 기초과학(연)위원회와 설립위원회에서 다루어왔던 운영 기본 원칙을 상당 부분 계승하는 것들이어서 설립 이후 어떻게 구체화되었음을 살펴볼 수 있고, 기관이 설립단계를 거쳐 "성장단계"로 들어서면서 어떻게 진화해오고 있는지를 들여다볼 수 있다.

발전위원회에서 중요하게 다루어진 안건들은 주로 연구단 선정평가 방안, 즉 연구소의 핵심요소인 연구단을 구성하는 방법과 그 방향에 대한 것이었다. 발전위원회 자문위원들은 수월성을 유지하면서 공정성과 투명성을 확보할 수 있는 선정과정을 확립하기 위한 방안들을 논의했다. 그뿐만 아니라 발전위원회 위원들은 보다 거시적인 관점에서 기초과학연구원이 국가 기초과학 생태계를 어떻게 구성해 나갈지에 대한 방향성에 대한 고민이 필요하다는 점을 제기했다. 발전위원회 위원들은 "의도와는 다르게 IBS가 기존 기초과학 생태계를 왜곡할 수 있다는 우려에 대해 추가 고민"이 필요하다고 보았고, 특히 기초과학연구원 연구단장에 대해 "국가적 차원에서 많은 정책적 지원이 이루어지는 만큼, 우리나라 기초과학의 발전을 짊어지고 간다는 중책 임무를 부여"받았다는 사실을 명심해야 한다고 강조했다.[29)]

설립 초기 신생기관이었던 기초과학연구원이 마주했던 우려와 기대들은 발전위원회 논의에서도 드러나듯이 설립 이후에도 기관 내에서 중요한 안건으로 논의되어왔다. 그리고 이러한 고민의 결과물로 나온 것이 설립 1주년을 갓 넘긴 2012년 12월에 발표된 'IBS 중장기 발전계획'이었다. 사실 기초과학연구원의 중장기 발전계획은 설립 직후부터 논의되기 시작해 꼬박 1년 동안 준비 및 작성과정을 거쳤다. '국제과학비즈니스벨트 조성 및 지원에 관한 특별법'[30)]에는 5개년 계획 수립을 명시하고 있었고, 기초과학연구원은 설립 된 지 불과 한 달밖에 안 된 시점이었던 2011년 12월부터 중장기 발전계획을 작성하는 것이 필요하다고 강조하고 계획에 착수했다. 먼저, 후발 연구기관으로서 단기간에 세계적인 연구기관으로 도입하기 위해서는 명확한 목표 선정과 체계적인 추진전략이 필요하다고 보고, 연구단 구축과 운영에 관련된 주요 현안들을 파악하기 시작했다. 앞서 발전위원회 논의에서도 일부 살펴보았지만 기초과학연구원은 출범 이후 기존의 지식 생태계에 편입되지만 동시에 개편해 나가고자 하는 목표하에 다음과 같은 여러 가지 현안을 안고 있었다.[31)] ① 기초과학연구원의 성공적인 기반 구축, ② 우수한 인재의 확보, ③ 타 대학, 출연(연)과의 win-win 전략 마련, ④ 안정적 재원 및 TO 확보, ⑤ 우수한 위상 정립 및 홍보, ⑥ 효율적인 조직체계 정립 및 역할 분담. 이런 현안에 대한 심도 깊은 고민들을 통해 기초과학연구원은 보다 근본적으로 설립위원

---

29) 기초과학연구원 발전위원회 (2012), 「제4차 발전위원회 회의 (2012 3. 28)」.

30) 미래창조과학부 (2011. 1. 4 제정, 2011. 4. 5 시행), 「국제과학비즈니스벨트 조성 및 지원에 관한 특별법」, 제21조.

31) 기초과학연구원 (2011), 「기초과학연구원 전 직원 워크숍 자료 (2011. 12. 21)」, 51쪽.

회의 'IBS 설립 및 운영 기본계획'을 확대·발전시키고, 연구원이 지향하는 기본철학을 견고히 정립하며 이를 공유·확산시킨다는 목표를 가지고 있었다.[32)]

이러한 목표하에 중장기 발전계획은 전문가 인터뷰와 내부 직원들의 설문을 거쳐 초안을 작성했고, 외부 자문회의 내의 검토 및 워킹그룹을 운영하기도 했다. 특히 중장기 발전계획은 일반 대중들을 포괄하는 많은 독자들을 대상으로 기초과학연구원이 신생기관으로서 가지고 있었던 비전을 국가적으로 공유하고 쉽게 이해할 수 있도록 서술되었다. 그 초안은 2012년 12월 20일에 발표되었는데, 중장기 발전계획의 서술은 다음과 같은 질문들에 대해 답을 하는 방식으로 구성되었다. 왜 IBS인가? IBS는 무엇을 할 것인가? IBS는 어떻게 할 것인가?[33)]

"왜 IBS인가?"라는 질문에 대해서 기초과학연구원은 한국과학기술이 추격형 연구개발의 관점에서 벗어나 선도형 연구개발로 패러다임 전환을 요구받고 있는 시점이라고 강조하며 글로벌 환경 또한 정치, 경제, 사회 등 다양한 층위에서 지식기반사회로 전환되고 있다고 강조했다. 그뿐만 아니라 한국이 선진국과 후발국가들 사이에서 기초과학 연구지원을 전략적으로 육성해야 하는 기회와 위기를 동시에 마주하고 있으며, 이러한 맥락에서 국내 R&D가 여전히 추격형을 벗어나지 못하고 있다는 점을 지적하며 기초과학연구원의 필요성을 역설했다.

"IBS는 무엇을 할 것인가?"라는 질문에 대해 중장기 발전계획에서는 무엇보다 연구영역의 차별성과 국가 연구개발 생태계에서 차지하는 기초과학연구원 역할을 강조했다. 즉, 기초과학연구원 연구영역은 기본계획에도 규정되어 있듯이 기존의 대학과 민간 기업이 수행하기 어려운 "장기, 집단, 대형"을 지향하고 있음을 강조하고, 기존의 연구지원시스템과 연구주체들이 채우

32) 같은 글.

33) 기초과학연구원 (2012), 「기초과학연구원 중장기 발전계획(안) (2012. 12. 20)」.

기 어려웠던 국가 연구개발의 빈 공간을 채워나가는 것을 목표로 한다고 설명했다. 또한 기존의 대학과 정부 출연연, 민간 연구소와 협력하여 근본적으로는 기초과학 투자를 늘리고 국가 연구개발 시스템의 선순환 구조를 마련하겠다는 포부를 밝혔다. 이와 더불어 중장기 발전계획에서는 기초과학연구원이 할 일을 크게 네 가지로 구분하여 담고 있었는데, 이는 설립 기획 단계에서부터 논의되어온 기초과학연구원의 미션들을 재해석하고 구체적인 실천과정을 담아 서술한 것이었다. 성장 도구로서의 과학을 넘어 인류 미래를 위한 창조적 지식을 창출하고, 사람 중심의 연구와 신진과학자 육성을 도모하며, 협력이 활발한 글로벌한 연구공간을 조성하고, 과학의 사회적 책임성과 공공성 확대를 단계별 목표로 삼았다.

"IBS는 어떻게 할 것인가?"라는 질문은 구체적인 실천방안에 대한 것이었다. 기초과학연구원의 철학과 원대한 비전이 용두사미로 끝나지 않기 위해선, 과학자들이 모여 연구하고 교류할 수 있는 분위기를 만들고, 창의적 연구와 혁신이 문화로 자리 잡고, 세계적 실험 장비를 갖추며, 기초과학연구원이 사회와 함께 성장해야 함이 제시되었다.[34)]

중장기 발전계획의 초안을 검토했던 2012년 12월 발전위원회 회의에서는 기초과학연구원 설립 1년을 맞아 기관에 대한 내외부적인 평가에 대해서도 함께 논의했다.[35)] 회의에서는 기초과학연구원 때문에 기존 기초연구 예산이 줄어든다는 불만이 여전히 존재하며 많은 기초과학 연구자들이 품고 있는 이러한 의구심에 기초과학연구원이 중장기 발전계획 등을 통해 응답하고 비전을 제시해야 한다고 논의했다. 당시 프론티어 사업이 없어진다거나, 한국연구재단 과제 수주 경쟁률이 높아지는 정황의 원인에는 기초과학연구원이

34) 비슷한 시기인 2012년 12월 교육과학기술부 국제과학비즈니스벨트기획단은 『미래 기초과학 강국을 위한 새로운 도전: 국제과학비즈니스벨트 2000일의 기록』을 발간했다.

35) 기초과학연구원 (2013), 『기초과학연구원 중장기 발전계획 수립을 위한 기획연구』 (대전: 기초과학연구원), 148쪽.

있다는 인식이 만연해 있었기 때문에, 이에 대한 적절한 해명이 필요하다는 것이었다. 위원들은 기초과학연구원이 과학계의 불신의 목소리에 대응하는 답을 미리 준비해야 한다고 제언했고, 기초과학연구원 입장만을 넘어 전체 R&D 시스템 차원의 조정방안도 염두해두어야 할 것이라고 설명했다.[36)]

중장기 발전계획의 발표는 앞서 언급한 여러 불만들과 의구심에 대한 일부 "응답"이 되었겠지만, 보다 장기적으로 논란이 되는 부분의 정책과 제도를 검토해 필요하다면 적극적으로 수정하는 작업이 필요했다. 예를 들면 연구단장의 자율성과 그룹리더의 자격요건에 대한 논의, 연구단의 연구비 규모에 대한 가이드라인에 대한 논의는 2012년 4월부터 발전위원회의 주요 안건으로 상정되어왔다.[37)] 먼저 연구단장의 자율성을 최대한 부여하면서도 연구단장의 권한으로 구성되는 그룹리더들의 자격요건을 어떻게 충족시킬 수 있을지에 대해 그 방향과 기본 원칙이 논의되었다. 그룹리더의 자질문제는 특히 기초과학연구원의 연구단 운영을 둘러싸고 논란이 되었던 사안이었는데, 발전위원회와 일부 기초과학연구원 직원들은 이러한 논란의 가능성을 인식하고, 기초과학연구원은 최소한의 자격요건에 대해서 구상을 하고 있었던 것으로 보인다. 발전위원회에서는 그룹리더들의 자격요건에 대해 선정 당시 테뉴어를 받지 않았더라도 과제 기간 내 (2년 이내) 정도는 테뉴어를 받을 수 있을 정도의 자격을 갖추어야 하고, 기존 과제를 하고 있는 연구자보다는 새로운 사람을 뽑아서 인재를 양성해내는 개념이 되어야 한다고 논의되었다.[38)]

그뿐만 아니라 발전위원회에서는 기초과학연구원 연구단의 연구비 규모에 대한 가이드라인 작성의 필요성을 중요하게 인식하고 있었다. 특히 기초과학연구원 연구단의 연구비 규모에 대한 기초과학연구원 외부의 연구자들

---

36) 기초과학연구원 (2012), 「제7차 IBS 발전위원회 회의 결과 (2012. 12. 20)」.

37) 기초과학연구원 (2013), 『기초과학연구원 중장기 발전계획 수립을 위한 기획연구』, 154쪽.

38) 같은 글.

의 일반적인 이해는 연구단의 인력은 50명, 연구비는 1년에 100억 원이라는 것이었기 때문에 이에 대한 정당한 근거와 설명이 필요한 상황이었다. 실제로는 연구단별로 매년 연구비가 100억으로 고정된 것이 아니었으나, 당시 연구단의 인력과 연구비 규모를 연구단장의 의견에 전적으로 의존하고 있었던 것은 사실이었다. 따라서 자문위원들은 연구비 규모에 대한 가이드라인의 부재를 지적했고, 대략적인 수준에서의 가이드라인은 필요하며 인력 규모 기준으로 지원하는 것이 바람직 할 것이라고 의견을 밝혔다. 즉, SEC에서 연구 주제별 연구단 구성 규모의 적합성을 판단하고, 이를 근거로 연구비의 규모를 정해야 하며, 연구단 구성 초기에는 인력 규모에 맞게 지원하되 점차 완성된 연구단의 형태가 갖추어지면 연구비의 규모도 점차적으로 100억 원 규모까지 될 수 있다는 개념으로 이해해야 한다고 설명했다.[39)]

기초과학연구원 설립 직후부터 발전위원회에서 기관의 정체성과 발전방향에 대해 논의하고 고민했던 기록은 기초과학연구원 내부에서 외부의 비판과 스스로의 정체성에 대해 활발하게 논의되고 있었던 점을 잘 보여준다. 이러한 연구원의 자체적인 노력에도 불구하고 기초과학연구원을 바라보는 외부의 시선은 쉽게 바뀌기 어려운 것이었다. 기초과학연구원의 설립이 한국 기초과학 연구 생태계에 미친 파장은 내부적인 고민으로 해결하기에는 훨씬 그 범위와 배경이 뿌리 깊은 것이었고, 생태계 내에서 기초과학연구원이 정체성을 확고히 하고 설립의 당위성을 설득시키기 위해서는 보다 적극적인 대화가 필요한 어려운 숙제로 남아 있었다.

39) 기초과학연구원 발전위원회 (2012), 「기초과학연구원 발전위원회 5차 회의 (2012. 4. 23)」.

3. "연구비의 블랙홀"?

2013년 8월 29일, 기초과학연구원 설립 2주년이 3개월 앞으로 다가온 시기였다. 생물학연구정보센터(BRIC)의 커뮤니티 게시판에는 "일하리~"라는 아이디로 기초과학연구원을 정면으로 비판하는 "IBS로 노벨상의 꿈을… 뿜겠다, 정말!"이라는 제목의 글이 올라왔다.[40] 스스로를 서울대 생명과학과 이일하 교수라고 밝히고, "IBS라는 괴물 프로젝트"로 인해 한국의 연구비 지원 시스템이 크게 왜곡되고 있다는 주장을 담고 있었다. 이일하 교수는 게시글의 서두에서 15년 동안 Plant Biology 분야의 대표적인 연구자로서 연구비 지원현황에 대한 본인의 경험에 대해 소개했다. 그는 풍족하지는 않지만 "소규모이지만 꾸준히 지원되는 연구프로젝트들이 있어서 쪼들리는 살림살이는 면할 수 있었다"라고 적었다. 그러나 이일하 교수는 2013년 당시 연구 과제를 신청하면서 연구 환경이 급변했다는 사실을 포착했으며, 그 배경을 "기초과학연구원이라는 새로운 funding system"의 출현 때문이라고 강조했다. 그는 모든 연구비가 기초과학연구원의 특정 연구 프로젝트에 "몰빵"되는 상황이 벌어졌으며, 이는 노벨상 수상은커녕 오히려 연구를 잘하던 과학자들의 창의력을 질식시키고, "거대한 연구비에 깔려 죽지 않을까" 하는 우려를 가감 없이 표출했다.

그뿐만 아니라 이일하 교수는 기초과학연구원을 "연구비의 블랙홀"로 표현하고, 이로 인해 두 가지 문제가 발생했다고 지적했다. 첫 번째 문제는 일반 연구자들의 연구비가 고갈되고, 연구재단의 연구비 지원 경쟁률이 더욱 높아지면서 결과적으로 연구하는 과학자들의 저변이 좁아질 것이라는 것이었다. 두 번째로 지적한 문제는 연구비 배분의 불공정성 문제였다. 그는 기

---

40) BRIC 커뮤니티 (2013), 「IBS로 노벨상의 꿈을… 뿜겠다, 정말! (2013. 8. 29)」, (ID: 일하리~), http://www.ibric.org/myboard/read.php?Board=sori&id=163366.

초과학연구원이 각 연구단에 큰 규모의 연구비를 지원하고, 연구단장하에 3-4명의 그룹리더를 두도록 하고 있는데, 국내 최고 수준의 과학자들로 선정된 연구단장들에게 30억 규모의 연구비를 주는 것은 차치하더라도, 그룹리더에게 약 15억의 연구비를 쓰도록 하는 것은 대단한 불공정성을 가진다고 비판했다. 각 연구단의 그룹리더의 선정은 연구단장의 권한으로 두고 있었기 때문에 이일하 교수는 일반연구자들이 1억 연구비를 따기 위해 치열한 경쟁을 거치는 반면 연구단장의 "낙점"을 통해 그룹리더들이 15억에 이르는 연구비를 배정받는 상황은 기초과학연구원이 일반 연구자들의 "불만의 최정점"에 서게 하는 데 가장 크게 일조했다고 주장했다.

이일하 교수는 기초과학연구원에 대한 비판을 이어나가면서 "연구비 블랙홀" 현상으로 인해 연구자들의 저변을 넓힐 수 있는 기회들이 사라지고 있다고 목소리를 높였다. 즉, 노벨상과 같은 목표를 기초과학연구원 연구단 하나에 들어가는 예산을 기존의 창의과제나 도약연구 과제를 수행하는 일반 연구자들에게 지원한다면 그 수혜자가 얼마나 확대될 수 있는지에 대해 강조했다. 이와 더불어 그는 기존의 잘되어 가고 있던 연구프로젝트를 축소시키고, 새로운 프로젝트인 기초과학연구원이라는 "괴물 프로젝트"를 만드는 것은 공무원들의 업적주의 때문이라고 소신을 밝히기도 했다. "IBS를 폐지하라! 노벨상을 꿈꾼다면 IBS를 폐지하라! 이 나라 기초과학을 키우겠다면 IBS를 폐지하라"라는 외침으로 글을 마무리한 이일하 교수의 글은 139개의 국내외 연구자들의 댓글이 달리면서 기초과학연구원에 대한 뜨거운 논쟁을 불러일으키는 촉발제가 되었다.

익명제로 운영되던 BRIC 커뮤니티에 생명과학계에서는 이름만 들으면 누구나 알 만한 이일하 교수가 실명을 내걸고 공개적으로 기초과학연구원과 한국의 연구비 시스템에 대한 비판글을 게재했다는 사실은 그 자체로 신선한 충격이었다.[41] 이일하 교수의 글에 달린 댓글들을 살펴보면 다수의 연구자들이 2013년 당시 본인들이 겪었던 연구과제 탈락의 경험을 토로하고, 기초과학연구원이 과학자들의 저변을 넓히는 것을 크게 저해하고 있다는 데에 공감하고 있었다. 일부 연구자들은 온라인 논의에서 그치지 않고, 보다 적극적으로 서명운동을 벌이거나 의견서 등을 제출하는 것이 필요하다고 입을 모았고, 기초과학연구원이 한국의 기초과학을 망치고 있다고 지적하고 나섰다. 이일하 교수의 글을 계기로 일부 연구자들은 기초과학연구원뿐만 아니라 대규모 연구비를 배정하는 글로벌 프론티어 사업과 수십 억 규모의 각종 기획 사업들도 문제가 있다고 지적했고, 논의는 한국의 연구비 배정 시스템 전반에 대한 것으로 점차 확대되어 나갔다. 즉, 기초과학연구원에 대한 비판으로 시작된 BRIC 논란은 점차 한국 기초과학 연구비 지원 시스템 전반에 대한 비판으로 번져갔던 것이다.

BRIC 커뮤니티에 처음 개제되었던 이일하 교수의 글은 같은 날 한겨레 신문 사이언스온에 인터넷 게시되었고, 다음날에는 일간지인 서울신문에도 실리게 되면서 그 파급력이 더욱 커지게 되었다.[42] 이일하 교수의 게시물이 올

---

41) 사실 BRIC 커뮤니티 소리마당 게시판에는 2013년 초부터 기초과학연구원에 대한 연구자들의 비판이 꾸준히 개제되어오고 있었고, 그 내용은 기초과학연구원의 연구단장 선정과정, 각 연구단의 연구비 규모 등에 대한 것이었다. BRIC 운영진은 2013년 5월 21일 기초과학연구원에 대한 과학자들의 의견을 여과 없이 전달되기를 바라는 취지를 밝히며 댓글을 포함한 일련의 글들을 모두 취합하여 기초과학연구원에 전달하기도 했다. BRIC 커뮤니티 (2013), 「기초과학연구원(IBS 포함) 관련 소리마당 의견을 취합해서 전달했습니다 (2013. 5. 20)」, (ID: BRIC), http://www.ibric.org/myboard/read.php?Board=sori&id=155866.
BRIC에서 취합해 전달한 글에 대해서 기초과학연구원에서는 홍보팀 구성모 팀장이 짤막한 댓글을 달아 답변했는데, 그는 기초과학연구원이 홍보를 제대로 하지 못해 몇몇 사항은 사실과 달리 알려진 경우가 있다고 말하며, 이에 대해 정확한 정보를 전달하기 위한 방안을 마련하고 있다고 밝혔다. 또한 연구자들과 소통할 수 있는 장을 추진하겠다는 계획도 덧붙이기도 했다. 이후 기초과학연구원에서는 IBS 뉴스레터(2013년 6월호)를 통해 기초과학연구원에 대한 궁금증을 다음과 같이 다섯 가지로 정리해 설명하는 글을 실기도 했다. ① IBS 출범 이후 전체 기초연구사업 예산이 줄어들지 않을까? ② IBS 연구단장 선정이 너무 빠른 기간에 이루어지는 것이 아닌가? ③ IBS 연구단은 매년 100억의 연구비를 받는다는데? ④ 원장과 연구단장의 연봉은 얼마? ⑤ IBS도 젊은 과학자를 육성해야 하지 않나?, IBS 뉴스레터 (2013), 「IBS에 대한 오해는 이제 그만 (2013년 6월호)」, http://www.ibs.re.kr/newsletter/2013/06/sub_02.html.

42) 사이언스온 (2013. 8. 29), 「"기초과학연구원 '블랙홀'에, 기초과학 연구비 씨가 마른다"」; 서울신문 (2013. 8. 30), 「"연구비 몰아주면 노벨상 타나" 서울대 교수 브릭 게시글 파장」.

라온 지 4일 만인 9월 2일 한국신문은 지상좌담회를 통해 기초과학연구원에 대한 이일하 교수의 글이 "억측"일 뿐이라는 해명기사를 실었고, 5일 만인 9월 3일 기초과학연구원 송충한 정책기획본부장이 직접 BRIC 커뮤니티 게시판에 해명글을 올리고 과학계와 일반 국민들을 대상으로 한 설명에 나섰다.[43] 그뿐만 아니라 2013년 9월 기초과학연구원은 BRIC을 통해 제기된 내용들과 기초과학연구원 운영에 관련된 과학기술계 일부의 오해와 우려 등 현장의 목소리를 듣기 위한 목적으로 "IBS 연구단 방향에 대한 토론회"를 개최하여 BRIC 논란에 대한 해명의 장을 오프라인으로 확장해나갔다.[44] 다음은 송충한 본부장이 해명글과 토론회에서 기초과학연구원에 대한 논란에 대해 설명한 내용을 간략히 소개한 것이다.

첫 번째로 다뤄진 것은 "IBS라는 괴물 대형 프로젝트"로 인해 일반 연구자들의 연구비가 고갈되었다는 것이었다. 앞서 뉴스레터에 실렸던 설명과 같은 맥락에서 송충한 본부장은 기초과학연구원 사업은 기존의 기초연구예산과 별도의 예산으로 운영되고 있으며, 기초과학연구원 설립 이후 기초연구사업 예산은 매년 증가해왔다는 사실을 내세웠다(〈표 4-4〉).[45] 따라서 중견연구자 지원사업의 선정률 하락이 기초과학연구원으로 인한 예산 감소 때문이 아니라고 강조하면서, 동시에 2013년 상반기 중견연구자 사업 선정률이 2012년 11.4%에 비교할 때 8.1%에 불과한 것은 심각하다는 것에 동의한다고 말했다. 송충한 본부장은 중견연구자 사업의 예산이 전년에 비해 늘고 있

43) BRIC 커뮤니티 (2013), 「서울대 이일하 교수 BRIC 게시물에서 오해의 소지가 있는 부분을 해명하고자 합니다 (2013. 8. 29)」 (ID: IBS), http://www.ibric.org/myboard/read.php?Board=sori&id=164166&Ksearch=1&FindIt=EXT&FindText=%C0%CC%C0%CF%C7%CF.

44) IBS 뉴스레터 (2013) 「IBS 둘러싼 오해와 진실, 26일 'IBS 연구단 방향에 대한 토론회' 개최 (2013년 9월호)」, http://ibs.e-eyagi.com/2013/09/sub_04.htm.

45) IBS 뉴스센터 (2013), 「[IBS 연구단 방향에 대한 토론회] 발표 및 토론자료 (2013. 10. 4)」, 송충한 발표자료 슬라이드 16, http://www.ibs.re.kr/cop/bbs/BBSMSTR_000000000491/selectBoardArticle.do?nttId=54; 토론회 발표 자료는 IBS 홈페이지 뉴스센터에서 모두 열람 가능하다.

〈표 4-4〉 기초연구사업 예산 (2010-2013)

(단위: 백만원)

구분	사업명	2010년	2011년	2012년	2013년
개인연구 지원	일반연구자 지원	354,935	398,000	427,000	439,600
	중견연구자 지원	245,000	299,000	316,000	322,000
	리더연구자 지원	50,000	53,000	57,000	50,900
	소계	**649,935**	**750,000**	**800,000**	**812,500**
집단연구 육성	기초연구실	10,000	15,000	18,000	20,500
	선도연구 센터	105,200	105,200	109,000	109,000
	소계	**115,200**	**120,200**	**127,000**	**129,500**
기초연구기반 구축	이공분야학문 후속세대지원	13,060	16,060	16,080	16,080
	이공분야 대학중점연구소	26,000	23,400	26,624	26,624
	전문연구정보활용	2,800	2,800	2,800	2,280
	기초연구실험데이터 글로벌허브구축	1,000	1,500	2,500	3,100
	연구장비엔지니어 (2013년 신규)	-	-	-	3,000
	소계	**42,860**	**43,760**	**48,004**	**51,084**
총계		**807,995**	**913,960**	**975,004**	**993,084**

출처: IBS 뉴스센터 (2013), 「[IBS 연구단 방향에 대한 토론회] 발표 및 토론자료 (2013. 10. 4)」, 송충한 본부장 발표자료.

고, 문제의 근원은 기초과학연구원이 아니라 중견연구자사업의 예산이 원래부터 빠듯했다는 데 있다고 설명했다. 즉, 2011-2012년에 선정된 계속과제가 많았기 때문에 2013년 신규과제를 뽑을 여력이 줄어들어 선정률이 크게 감소할 수밖에 없었다는 것이다. 이러한 상황은 미래부에서도 인지하고 있으며, 2014년에는 이러한 상황이 나아질 것이라는 전망도 덧붙였다. 이일하 교수의 글과 댓글들로 표출되었던 대다수의 연구자들의 불만은 무엇보다 과제 선정률의 감소로 증폭되어온 정황이 있었기 때문에 송충한 본부장의 설명은 그 배경에 대해 상세하게 설명하는 것이었다.

이러한 설명은 이일하 교수가 두 번째로 지적했던 "100억 연구비"에 대한 것으로 대규모 연구비가 오히려 과학자들의 창의력을 질식시킬 것이라는 우려에 대한 해명으로 이어졌다. 송충한 본부장은 기초과학연구원 연구단의 연구비 분포를 공개하면서 연구단장에게 지원하는 연구비의 규모가 실험연구의 경우 30억 원 수준, 이론연구의 경우는 그 절반가량이라고 잘못 알려진 사실을 정정하고, 이는 기초과학연구원이 모델로 삼았던 독일 막스플랑크 연구소의 연구비를 참조해 한국 실정에 맞게 조정한 것이라고 그 배경을 설명했다.[46] 이에 덧붙여 송충한 본부장은 많은 연구자들이 좋은 평가를 내리고 있는 창의사업('창의적연구진흥사업')도 처음 시행되었던 1990년대 말 개인 연구자에게 주어지는 연구비 규모로는 상당한 규모의 연구비로 많은 저항에 부딪혔으며(현재로는 20억에 해당할 것이라고 설명), 기초과학연구원의 연구비 규모에 대한 비판도 기우라고 설명했다. 특히 현재 우리나라 과학기술 성장 전략이 "추격형"에서 벗어나 과학 선진국으로 나아가기 위해서는 새로운 시도가 필요하고, 후속연구들이 이어져야 한다고 강조했다. 이러한 연구의 연속성을 위해서는 관련분야 학자들이 여러 명 참여하는 집단, 장기 연구가 필요하고 이를 통해 단발적 업적이 아닌 연구의 주도권을 가질 수 있을 것이라고 설명했다. 이는 결국 그룹리더 체제의 필요성을 피력한 것으로, 이러한 체제를 유지하다 보니 총 연구비가 100억 원에 이르는 것이라 해명했다.

세 번째 해명은 풀뿌리 연구자들의 척박한 연구 환경에 대한 것으로, 이일하 교수가 기초과학연구원의 50명 연구단장에게 지원되는 연구비의 규모가 전체 예산의 1/8에 이른다고 주장한 것에 대한 설명이었다. 송충한 본부장은 국가의 기초연구 수준을 높이는 데에는 연구자들의 저변확대만큼 중요한 것이 우수한 연구자에 대한 "특별지원"이 필요하고, 기초과학연구원은 기존의 단기적이고 양적인 성과를 중시해온 연구 지원 시스템의 단점을 보완하고자 하는 새로운 시도로서 장기적이고 선도적인 연구수행을 목표로 한다고 기초과학연구원만의 지향점을 분명히 했다.

---

46) IBS 뉴스센터 (2013), 「[IBS 연구단 방향에 대한 토론회] 발표 및 토론자료 (2013. 10. 4)」, 송충한 발표자료 슬라이드 19.

〈그림 4-3〉 (좌) 이일하 서울대 교수, (우) 송충한 기초과학연구원 정책기획본부장

출처: 기초과학연구원.

마지막으로 다뤄진 내용은 연구단장 선정 평가의 비공개 진행에 대한 것으로, 송충한 본부장은 연구단 선정평가 방식과 심사과정, 심사위원에 관련된 공정성을 둘러싸고 다양한 우려가 있었고, 이를 인지하고 있다고 밝히고, 공정한 평가를 위해 비공개 심사 방식을 고수할 것이며 외국인 심사위원들의 참여는 오히려 국내 정상급 연구자들의 역량을 객관적이고 냉정하게 평가받을 수 있는 기회로도 삼을 수 있다고 설명했다.

BRIC 게시판과 토론회를 통한 기초과학연구원의 즉각적이고 상세한 설명은 효과적인 대응방식이었던 것으로 보인다. 그럼에도 불구하고 송충한 본부장의 해명글에는 일부 연구자들이 댓글을 통해 2013년 기초연구사업 예산과 낮은 과제 선정률에는 문제가 있음을 지적하고 나섰다. 그러나 이러한 비판들은 사실 기초과학연구원에 대한 직접적인 비판이라기보다는 우리나라의 기초연구지원 환경의 척박한 현실과 연구비 배분문제에 대한 일반 연구자들의 자조에 가까운 내용이 많았고, 그 비판의 대상에는 기초과학연구원뿐만 아니라 대형 연구지원 사업들—WCU, BK, 글로벌 프론티어 사업, 신진연구인력지원사업 등—과 서울대와 같이 이러한 연구 사업이 상대적으로 집중되고 있는 일부 대학도 포함되어 있었다.

이는 결국 기초과학연구원에 대한 논란이 근본적으로는 기초 연구자들이 가지고 있던 연구비지원시스템에 대한 불만을 표출하도록 하는 창구를 열어

주는 계기가 되었던 것으로 보인다. 송충한 본부장의 해명글에 대해 이일하 교수는 9월 5일 "IBS로 인한 '과학계 민란'을 정리하며…"라는 제목의 글을 통해 "여전히 풀리지 않는 의문"이 남는다고 말하며 일부 내용이 "억측"이라고 하더라도 "과학계 밑바닥의 민심을 격하게 전달하고자 하는 것이 글의 의도였다"고 강조했다.[47] 이에 덧붙여 기초과학연구원 연구단장의 연구비가 그토록 과다해야 하는 이유와 그룹리더의 자질과 선정방법에 대해서는 여전히 비판의 목소리를 높였다. 그는 기초과학연구원 예산을 모두 기존의 재단의 시스템 속으로 흡수하는 것이 가장 이상적인, 그러나 실현되기는 어려운 해법이라고 말하며, 궁극적으로 기초과학 예산이 늘어날 수 있도록 국회와 국민들을 설득할 수 있는 방안을 찾는 노력이 필요하다고 말했다. 그리고 이일하 교수는 이번 논란을 통해 많은 연구자들이 공감하며 입을 모아 지적했던 과학계 이슈들을 이 글에서 다시 수렴해 정리하고—예를 들면, 낮은 과제 선정률, 중견연구자의 수적 증가, 연구비 수주의 예측 가능성, 공정심사와 정치과학자들, 기획과제의 문제, 연구자의 처우개선 문제, 노벨상 이슈 등— 기초과학연구원 논란이 궁극적으로 현재 연구비 배정 및 지원 시스템의 한계와 문제점들을 논의하는 생산적인 방향으로 전개되어 나가기를 강조했다.

이일하 교수는 이후 열린 토론회에도 참여해 송충한 본부장의 해명글에 대한 견해를 직접 밝히기도 했는데, 이일하 교수의 발표에는 BRIC 글에서 드러났던 날카로운 비판만을 담고 있기보다는 기초과학연구원에 대한 긍정적인 기대도 함께 담겨 있었다. 발표 자료를 통해 살펴본 이일하 교수의 발표는 서두에서 기초과학연구원이 기존의 기초과학 예산에 손대지 않고 새로운 예산을 확보하고, 기존에 없었던 장기과제, 논문 성과에 연연하지 않는 파급력 있는 기초과학을 수행할 기회를 확보했다는 긍정적인 평가로 시작하고

47) BRIC 커뮤니티 (2013), 「IBS로 인한 '과학계 민란'을 정리하며… (2013. 9. 5)」, (ID: 일하리~), http://www.ibric.org/myboard/read.php?Board=sori&id=164607.

있다. 또한 기초과학연구원 사업에 의해 연구자들의 처우가 개선되는 것 또한 기대한다는 내용도 포함되어 있었다.

BRIC 논란의 가장 핵심이 되었던 기초과학연구원의 "연구비 블랙홀"에 대해서는 송충한 본부장의 해명글의 내용을 상당히 포용하고 기초과학연구원 사업이 기존의 기초연구예산과 별도의 예산으로 지원된다는 사실을 확인했으나, 이일하 교수는 그럼에도 불구하고 대규모 예산이 소요되는 기초과학연구원 사업으로 인해 기초과학예산의 획기적인 증액 계획이 결과적으로 무산되었다고 비판했다. 또한 예산이 분리되어 있다고 하더라도 과연 기초과학연구원 사업이 장기적으로 기초과학 사업 예산에 영향을 주지 않고 운영될 수 있을지, 즉 기초과학 저변에 영향을 미치지 않을 수 있을지 연구자들이 심각하게 우려하고 있는 상황을 가감 없이 전달했다. 특히 앞서 언급되었던 2013년의 "연구비 대란 사태"는 기초과학연구원에 대한 연구자들의 우려를 더욱 증폭시키고 있으며, 개인 기초연구 지원 예산이 매년 큰 폭으로 떨어지고 있고, 2013년 당시 전년 대비 1.6% 정도의 증가율만 보였다고 지적하기도 했다.[48)]

이일하 교수는 기초과학연구원 지원과 개인 기초연구 지원을 한 표에 담아 전년대비 증가율이 현격한 차이를 보인다고 강조했다. 〈표 4-5〉와 같이 기초과학연구원 지원이 2011년부터 2013년 사이 333.6%에 이르는 수치로 증가해오고 있는 점이 개인 기초연구 지원의 미약한 증가율과 결코 무관하지 않다는 점을 강하게 시사했다. 이일하 교수는 기초과학연구원의 향후 방향에 대한 제언으로 기초과학연구원 예산을 별도 예산으로 확보하겠다는 원칙이 앞으로도 지켜지기를 강조하며, 연구단장뿐만 아니라 그룹리더도 공개경쟁을 통해 선발할 것을 강력하게 제안했다. 연구비 배분 문제와 함께 대두되

48) IBS 뉴스센터 (2013), 「[IBS 연구단 방향에 대한 토론회] 발표 및 토론자료 (2013. 10 4)」, 이일하 발표자료 슬라이드 2.

〈표 4-5〉 기초과학원 지원예산과 개인 기초연구 지원예산의 추이

(단위: 억원, %)

	2010	2011	2012	2013	연평균 증가율 (2011-2013)
IBS 지원 (전년 대비 증가율)	-	(100) (신설)	1,600 (1500.0)	1,880 (17.5)	333.6
개인 기초연구 지원 (전년대비 증가율)	6,499	7,500 (15.4)	8,000 (6.7)	8,125 (1.6)	4.1
일반연구자 지원	3,549	3,980	4,270	4,396	5.1
중견연구자 지원	2,450	2,990	3,160	3,220	3.8
리더연구자 지원	500	530	570	509	-2.0
(창의적 연구)	(390)	(420)	(485)	(457)	4.3
(국가과학자)	(110)	(110)	(85)	(52)	-31.2

주: 2011년 IBS 지원 예산은 국제과학비즈니스벨트 조성 사업(예산액 100억 원)에 포함되었으며, 2011년 집행액은 IBS 운영비 32억 원, IBS 설립 준비 11.4억 원, 국제과학비즈니스벨트 중장기 발전계획 수립 12.6억 원, 중이온가속기 설계비 42억 원임.

출처: IBS 뉴스센터 (2013), 「IBS 연구단 방향에 대한 토론회] 발표 및 토론자료 (2013. 10. 4)」, 이일하 교수 발표자료.

었던 그룹리더 선정에 대한 논란에 대해 이일하 교수는 기초과학연구원의 그룹리더 제도(체제)의 존재가 전체 과학계의 형평성을 심하게 훼손하고 있다고 비판의 목소리를 높였다(〈표 4-5〉).

이 토론회에서는 송충한 본부장과 이일하 교수뿐만 아니라 POSTECH 김승환 교수의 발표와 이화여대 남원우 교수, 쏠크 연구소 최승현 교수, 기초과학연구원 염한웅 단장의 토론이 이어졌다. 이 토론회가 이일하 교수의 BRIC 게시글로부터 본래 출발한 것이기는 했으나, 발제자와 토론자로 참여한 연구자들의 발표는 "연구비 블랙홀" 논쟁의 기저에 자리한 한국의 기초연구 생태계가 마주한 문제점을 지적하고, 기초과학연구원의 연구단 선정과 운영 모델로 자주 언급되었던 막스플랑크 연구소의 사례를 한국의 기초연구 생태계 내에서 어떻게 적용해나갈 것인지에 대한 질문들을 던짐으로써 논의 주제를 더욱 확장시켰다.

기초과학연구원은 토론회 이후 뉴스레터를 통해 BRIC 논란을 계기로 수렴된 의견들을 바탕으로 특히 연구비 배정과 관련하여 적정 연구비 규모를

검토할 수 있는 전문가 협의회를 운영하고, 연구단장 선정과 평가방법, 그룹리더 선정 과정을 개선해나갈 것이라고 설명했다. 또한 젊은 연구자와 중견연구자들을 양성할 수 있는 다양한 프로그램을 기초과학연구원 내에 도입해나가는 등 해결책을 보다 적극적으로 마련할 것이라고 덧붙였다.[49]

이일하 교수의 글로 시작된 기초과학연구원에 대한 과학계의 날선 비판의 목소리들은 토론회를 통해 일단락되는 듯 보였으나 토론회 너머의 다양한 통로를 통해 논의를 계속 이어갔다. 한겨레 사이언스온에는 토론회가 한창 준비 중이던 9월 23일 실제 막스플랑크 연구소 그룹리더로 재직하고 있는 연구자가 바라본 기초과학연구원 논란에 대한 글을 실어 논의를 더욱 풍부하게 하는 데 일조하기도 했다. 그는 기초과학연구원의 연구단 운영체계가 막스플랑크 연구소와 상당히 닮아 있으면서도 차이점이 존재한다고 분명히 지적하면서 기초과학연구원이 막스플랑크 연구소의 엄격한 심사와 운영 체계로부터 배워야 할 지점들도 있다고 지적했다.[50]

이일하 교수의 BRIC 게시글에 대해 기초과학연구원 송충한 본부장의 실로 즉각적이고 적극적인 해명 노력은 사실 기초과학연구원이 설립 이전부터 기관의 정체성과 새로운 실험들의 당위성에 대해 오랜 시간 고민해왔던 노력들이 있었기에 가능했던 부분도 있었다. 하지만 이와 동시에 2013년 BRIC 논란으로 정점을 찍은 기초과학연구원에 대한 과학계의 불만과 비판은 기초과학연구원이 스스로의 정체성을 찾아가는 과정을 내부적 고민으로만 남기고 과학계와 일반 대중들을 대상으로 적극적으로 설득하고 소통하지 못했던 결과를 여실히 드러내는 것이기도 했다.

또한 BRIC 게시글로 촉발된 이번 논란은 기초과학연구원과 대학의 기초과학연구자들 사이의 대화 과정에서도 드러났듯이, 사실상 기초과학연구원

---

49) IBS 뉴스레터 (2013), 「IBS 둘러싼 오해와 진실, 26일 'IBS 연구단 방향에 대한 토론회' 개최 (2013년 9월호)」, http://ibs.e-eyagi.com/2013/09/sub_04.htm.

50) 사이언스온 (2013. 9. 24), 「"기초과학 비교 모델" 막스플랑크 연구소에 관한 몇 가지 오해」.

자체에 대한 비판뿐만 아니라 기초과학연구계가 공감하고 있었던 연구비 배정시스템, 개인 기초연구 예산의 부족 등에 대한 불만이 표출된 것이었다. 그럼에도 불구하고, 기초과학연구원이 개원 2주년이 안 된 시점에 이러한 논란의 중심에 있었다는 사실은 기초과학연구원이 한국의 기초과학 연구생태계에서 갖는 의미에 대해 다시 한 번 생각해보게 만든다. 특히 기초연구분야에서 정부의 연구지원 예산이 한정되어 있는 상황에서 기초과학연구원의 설립으로 최대 100억에 이르는 연구비를 지원받는 연구조직의 등장은 단순히 연구비의 "규모"의 문제를 넘어서서 사회적 책임감과 절차의 공정성, 투명성에 대해 보다 엄격한 기준과 기대가 따르는 것이었다. 그렇다면 BRIC 논란은 기초과학연구원에 무엇을 남겼을까?

4. 다층적 소통

2013년 가을 BRIC 논란에 대해 적극적인 진화에 나섰던 기초과학연구원은 같은 해 12월 'IBS 연구단 발전방안'을 수립하고, 총 6개의 세부 실행계획을 세웠다. 6개의 세부 실행계획은 ① 본원 연구단과 인프라를 조속히 구성, ② 공동 연구단장 제도 시행/부연구단장 제도 운영, ③ 연구비 규모 탄력적 적용, ④ 연구단장/부연구단장 선정평가 강화, ⑤ 대학, 출연(연)과 협력 활성화, ⑥ 연구 분야 전문성 강화를 위한 전담 직위 신설에 대한 것이었다.

설립 이후 BRIC 논란과 같은 과학계의 거센 비판을 직면했던 기초과학연구원은 이러한 발전방안을 통해 기초과학연구원이 새로운 기관으로서의 정체성을 확립하는 것을 최우선 과제로 인식했다. 세부 계획의 첫 번째로 나열된 본원 연구단과 인프라 구축은 2014년부터 본원에 중점을 두어 연구단을 구성하고, 또한 엑스포 과학공원에 본원 건물을 신속히 구축하여 본원의 집적도를 강화하고 단순한 "연구비 지원 기관"이 아닌 "연구기관"으로서의 정체성을 확립하고자 한 것이었다.

또한 BRIC 논란에서 중요한 화두였던 그룹리더에 대한 논란은 2013년 12월 그룹리더 체제의 발전을 위해 공동연구단장 제도(Multi-Director System)로의 점진적 전환 계획 수립을 이끌어내게 되었다. 본래 기초과학연구원의 연구단은 “장기, 대형, 집단”연구를 지향하고 있었기 때문에, 각 연구단은 독립적으로 연구를 수행하는 개별 그룹들의 연합으로 구성되어 있었고, 연구단장 그룹을 포함한 4-5개의 연구그룹이 협력하는 형태였다.

BRIC 논란에서 드러났듯이 그룹리더의 선정과정은 투명성이 결여되어 있다는 비판을 받고 있었는데, 2013년 10월 제도개선을 통해 기초과학연구원은 기존에 서면평가로만 이루어지던 그룹리더의 평가를 심층 발표평가로 전환하고, 후보자 추천 여부도 평가위원 토론 방식에서 비공개 투표를 통한 2/3 이상 찬성 방식으로 바꾸어 검증 평가를 강화해왔다.[51]

그러나 기초과학연구원은 보다 근본적인 차원에서 그룹리더 제도의 보완을 계획하고 있었고 같은 해 12월 공동연구단장 제도와 부연구단장 제도를 도입하게 된 것이다. 기초과학연구원은 이를 통해 그룹리더의 수월성 수준을 높이고, 연구 분야 특성에 따른 연구단 운영을 유연화, 다양화시킬 수 있을 것이라 기대했다. 따라서 기존의 그룹리더들은 평가를 거쳐 부연구단장(Associate Director)으로 전환될 것이며, 부연구단장의 선정은 연구단장의 선정과정과 마찬가지로 후보자별 평가위원회를 통한 심층평가와 공개 심포지엄, 연구단선정평가위원회의 최종심의 과정을 거치도록 했다.[52] 또한 연구비 규모에 대해서도 과학자문위원회, 연구단 연구심의위원회, 연구단별 자문위원회 등의 운영을 통해 연구주제 및 분야를 고려하여 연구비 규모를 탄력적으로 운영하겠다고 밝혔다. 대학과 출연연과의 협력은 “IBS Partner Lab”을 매개

51) 기초과학연구원 (2014), 『2013년도 기초과학연구원 성과보고서』, (대전: 기초과학연구원), 36쪽.
52) 같은 글, 37쪽.

로 모색되었는데, 특히 기초연구성과가 응용, 개발연구로 확산이 가능한 분야나, 대형장비 및 시설 활용 등의 이유로 공동연구가 필요한 분야 등이 협력 분야로 고려되었다.

기초과학연구원 설립 2년 만인 2013년 말, 'IBS 연구단 발전방안'의 발표를 두고 기초과학연구원은 스스로 연구단 핵심 운영방침의 변화를 추진하고 있는 것이라고 설명하며, 기관 외부와의 소통을 통해 이러한 변화를 추진해 가고 있다고 강조했다.[53] 'IBS 연구단 발전방안'에 담긴 여섯 가지 세부 계획과 함께 BRIC 논란 이후 가장 눈에 띄는 변화로는 헤드헌팅 시스템의 도입과 우수한 "신진, 중견 연구자 지원 및 육성"에 대한 제도의 도입을 들 수 있다. 먼저, BRIC 논란 이후 내부적으로는 이미 고민해오던 연구단장 선정과정에 헤드헌팅 시스템을 도입했다. 이는 정부 출연연으로서는 최초로 민간의 전문역량을 활용하려는 시도였고, 몇 차례에 걸친 연구단장 선정 평가에서 드러났듯이 기존의 공개모집만으로는 우수한 인재의 채용이 어려운 상황이었다. 따라서 기초과학연구원은 국내뿐만 아니라 해외 과학자들에 대한 적극적인 마케팅의 필요성을 인식하고, 경직된 공공분야의 인재유치 시스템에서 탈피하고, 민간 분야의 전문역량을 적극 활용하는 방식으로의 전환을 추구하게 되었다. 2013년 11년 기초과학연구원은 국제 입찰과 기술협상을 통해 민간 헤드헌팅 전문 업체를 선정했고, 공고 후에 적임자를 "기다리는" 소극적인 채용에서 우수한 과학자를 먼저 "찾아가서" 협상을 벌이는 적극적 마케팅으로 전환하겠다고 설명했다.[54] 이를 통해 기초과학연구원의 인재유치 체계는 인재 공모(bottom-up), 연구분야 지정(top-down), 헤드헌팅(직접 스카우트)라는 세 가지 방식을 결합해 다각화되었다.

신진·중견 연구자의 지원과 육성 제도는 2013년부터 검토되어오던 것인

---

53) 디지털타임스 (2013. 12. 18), 「[발언대] 과학계, 소통이 필요한 이유」.

54) 기초과학연구원 (2014), 『2013년도 기초과학연구원 성과보고서』, 38쪽.

데, 기초과학연구원은 외부로부터 우수한 인재를 유치하는 것과 함께 기관 내에서 자체적인 인재 육성 체계도 마련해야 할 필요성을 마주했다. 따라서 우수한 신진연구자를 위한 "IBS Young Scientist(IBS-YS)", 우수한 중견 및 석학급 연구자 지원을 위한 "IBS Senior Scientist(IBS-SS)" 제도를 도입했다. 이들은 연구단 거버넌스하에서 소규모 연구그룹을 주도적으로 구성, 운영하고 소속 단장이 멘토 역할을 수행하게 된다. 예산은 본원에서 연구단 예산과 별도의 예산을 배정하고, YS는 5(3+2)년 동안 연간 3억 원, SS는 3(2+1)년 동안 연간 5억 원 내외의 연구비를 지원하도록 했다.

오세정 초대 원장은 특히 YS 프로그램은 막스플랑크 연구소의 독립연구그룹을 벤치마킹한 것으로 기존의 포스닥과 같이 연구책임자의 프로젝트에 맞춰서 종속된 연구를 하는 것이 아니라 신진 연구자가 독립적인 연구자로서 새로운 아이디어를 가지고 자유롭게 연구할 수 있는 기회를 제공하는 프로그램이라고 설명하기도 했다.

포스닥은 대부분 PI의 프로젝트에 맞춰서 연구를 하게 된다. 그러나 Young Scientist (YS) 프로그램은 혼자서 새로운 아이디어를 가지고 독립적인 연구를 할 수 있다는 점이 다르다. 막스플랑크의 독립연구그룹을 벤치마킹했는데, 그곳에서는 박사학위를 하고 1-2년이 지난 유능한 젊은 연구자를 선별하여 막스플랑크 연구소에서 5-7년간 연구할 기회를 주는데, 대부분 연구성과가 좋아서 좋은 대학에 부교수 또는 테뉴어 교수로 간다. 교수 자리를 주는 것은 대학에서 할 일이고 우리는 연구에 대한 의욕이 넘치는 연구자에게 연구에만 전념할 수 있게 기회를 열어주는 것이지 또 다른 포스닥 자리를 주겠다는 것은 아니다. 그리고 아직은 파일럿 프로그램이라고 보면 된다. 일부에서는 연구기간이 짧다, 연구비 규모가 부족하다 등의 의견이 나올 수도 있다. 연구기간을 길게 하면 연구자의 입장에서는 좋겠지만 기관의 입장에서는 새로운 사람들을 계속 유입시켜야 하는 점을 고려하지 않을 수 없다.[55]

2013년 첫 시행된 IBS-YS 프로그램에는 총 30명의 연구자가 지원해 이 중 3명이 선발되는 등 아직은 소수의 인원만 선정되고 있지만 2016년 IBS-YSF (Young Scientist Fellowship)로 개선되어 지속적으로 시행 중이다. "신진연구자의 유치와 육성"은 2016년 신년사에서 김두철 원장이 밝힌 "IBS 2.0"의 'IBS 이니셔티브'에 포함되어 기초과학연구원이 석학급 연구자의 유치뿐만 아니라 잠재력이 있는 젊은 연구자들이 모여 마음껏 도전하고 연구할 수 있는 환경을 제공하는 연구원이라는 기초과학연구원의 새로운 사회적 역할과 함께 강조되었다.[56)]

우수 인재를 지원하고 육성하는 프로그램으로 기초과학연구원은 석박사 학생의 연구단 참여 제도기반도 마련해두고 있다. 특히 본원의 경우에는 우수한 연구인력의 수급이 어렵다는 특성을 가지고 있기 때문에 대덕에 위치하고 있는 과학기술연합대학원대학교(UST)의 참여[57)]를 통해 기초과학연구원 내에 석·박사 과정 학생들을 유치하고, 기초과학연구원 연구원이 UST 겸임교원으로 강의와 대학원생 지도를 담당하는 제도이다. 이와 더불어 기초과학연구원은 "학연협력대학원과정"을 운영해 국내 대학에서 수업을 이수하고, 기초과학연구원에서 연구를 수행하는 프로그램을 운영하고 있고, 중장기적으로 해외 우수 대학과의 국제협력대학원과정을 운영하여 다음으로 소개할 해외 우수 인재유치와 연계하려는 계획을 세우고 있다.[58)]

지금까지 살펴본 것과 같이 BRIC 논란 이후 기초과학연구원은 연구단장,

---

55) BRIC 동향 (2013), 「BRIC이 만난 사람들: 기초과학연구원 오세정 원장 - "IBS는 기초과학을 선도하는 세계적인 연구기관이 목표" (2013. 6. 25)」, http://www.ibric.org/myboard/read.php?Board=interview&id=1226&Page=3.

56) 헬로디디 (2016. 1. 5), 「"'IBS Initiative'로 국가 과학 퀀텀점프 이끌 것"」.

57) 미래창조과학부 (2015), 「국제과학비즈니스벨트 기본계획: 2012-2021 (2015. 8. 26)」에 따르면 "IBS는 「과학기술분야 정부출연연구기관 등의 설립, 운영 및 육성에 관한 법률 시행령」 개정 (2012. 12. 28)을 통해 UST 캠퍼스 참여"한다고 밝히고 있다.

58) 미래창조과학부 (2015), 「국제과학비즈니스벨트 기본계획: 2012-2021 (2015. 8. 26)」.

부연구단장의 선정방식 및 운영 방식을 변경해 비판을 수렴해나가는 것과 동시에 신진연구자 양성 등 새로운 프로그램들을 통해 기초과학 연구 생태계에 기여할 수 있는 역할을 모색해나갔다. 이에 대한 평가를 지금 내린다는 것은 시기상조 일 수 있지만, BRIC 논란을 거치면서 기초과학연구원이 외부의 목소리에 보다 적극적으로 반응하고 대응해가고 있다는 점은 긍정적으로 평가할 만하다.

BRIC 이후 일련의 제도적 정비를 거친 기초과학연구원은 2013년 10월 4차 연구단 선정과정을 시작으로 2015년 6차 연구단 선정까지 총 8개의 연구단을 추가로 운영하게 되면서 2016년 현재까지 총 26개의 연구단을 갖추게 되었다.

BRIC 논란 직후인 2013년 10월 기초과학연구원은 4차 연구단장 선정 결과 총 3명의 연구단장을 선정했다고 발표했다.[59] 먼저, 텍사스 오스틴대학교 로드니 루오프(Rodney S. Ruoff) 교수는 탄소소재연구분야에서 세계적으로 뛰어난 연구자로 꼽히는 인물로, UNIST 캠퍼스에서 차세대 탄소물질을 개발하는 연구를 수행하게 되었다. 나머지 두 명의 연구단장은 본원에 연구단을 꾸리게 되었는데, 먼저 최기운 KAIST 교수는 이론입자물리 분야의 석학으로, 입자물리학 초대칭 이론에서 새로운 형태의 초대칭 깨어짐을 발견하고 초대칭입자 질량패턴을 규명해낸 업적을 국내외에서 인정받은 연구자이다. 최기운 교수는 국내에 순수물리이론 연구자 수가 적고 자리도 별로 없다는 점을 지적하면서 "젊은 세대들에게 좀 더 좋은 연구 환경을 제공하는 센터를 키우기 위해" 연구단장에 지원했다고 밝히기도 했다.[60]

최기운 교수와 마찬가지로 본원 연구단으로 운영하게 된 서울대 김진수 교수는 유전체 교정 분야의 세계적인 학자이자 바이오 산업분야의 창업자로

59) 미래창조과학부 보도자료 (2014), 「IBS 20명 연구단장 연구 착수 (2014. 1. 3)」.
60) IBS 뉴스레터 (2014), 「힉스입자 규명… 이제 표준모형 다음 단계를 밝힌다 (2014년 1월호)」, http://www.ibs.re.kr/newsletter/2014/01/sub01.htm.

〈그림 4-4〉 김두철 제2대 기초과학연구원 원장 취임식

출처: 기초과학연구원.

서 주목을 받아온 연구자로 본원에서 유전체교정연구단을 꾸리고 인간 및 동식물 유전체 교정을 위한 효소 및 유전자 치료법 개발 등 융합분야 연구에 착수하게 되었다.[61)]

기초과학연구원은 연구단장의 선정에 계속 박차를 가하던 중, 2014년 2월 20일 오세정 원장이 중도 사퇴하면서 반년간 원장직이 공석으로 남게 되었고 이로 인해 연구단장 선정뿐만 아니라 주요 사업이 모두 진행에 차질을 빗게 되는 위기를 맞이하기도 했다.[62)] 2014년 9월 22일 김두철 원장이 제2대 원장으로 취임하면서 기초과학연구원은 수월성, 자율성, 창의성, 개방성의 기본 철학을 다시 한 번 되뇌며 "이제 설립 초기 단계를 지나 성장과 운영 단계로 진입"하는 시점으로 들어서게 되었다.[63)]

61) 미래창조과학부 보도자료 (2014), 「IBS 20명 연구단장 연구 착수 (2014. 1. 3)」.

62) 그뿐만 아니라 2013년 말부터 정부와 국회에서는 이르지만 기초과학연구원의 성과에 대한 의문이 제기되었다; 김원기 인터뷰 (2015. 7. 16).

63) 헬로디디 (2014. 9. 22), 「김두철 원장, '성장단계 IBS, 이제 제 역할해야'」.

2014년 12월에는 5차 연구단장 선정이 완료되어 총 3명의 연구단장이 새롭게 선정되었다. 4차에서와 마찬가지로 외국인 연구자 1명이 포함되어 있었는데, 세르게이 플라흐(Sergej Flach) 교수는 본원에 복잡계 이론물리 연구단을 꾸리게 되었다. 세르게이 플라흐 교수는 비선형, 복잡계 분야에서 세계 최고 수준의 연구자로 평가받아왔으며, 독일 막스플랑크 복잡계 물리연구소를 거쳐 뉴질랜드 매시대학교 이론물리 및 복잡계 교수직을 지내다 기초과학연구원 연구단장으로 선임되게 되었다.[64]

UNIST 명경재 교수는 DNA 복구 및 게놈 안정성 연구 분야의 석학으로 미국 국립보건원(NIH) 인간유전체연구소(NHGRI) 종신연구원이었으며, UNIST 캠퍼스 연구단인 유전체 항상성 연구단 단장을 맡게 되었다. 명경재 교수는 NIH 종신연구원이라는 이력으로 주목을 받았는데, 그는 기초과학연구원으로 자리를 옮긴 배경에 대해 "10년간 안정적으로 내가 하고 싶은 일을 할 수 있다는 것이 매력적이었고, UNIST의 좋은 환경에서 많은 사람과 함께 하고 싶었다"라고 설명하며 "기회가 있다면 학생들을 교육해 후학을 키우기를 원한다"라고 덧붙이기도 했다.[65] 명경재 교수는 지금까지 잘 알려져 있지 않은 인간을 포함한 포유동물의 DNA 복제의 분자적 기작과 DNA 손상의 세부적인 복구과정을 밝히고 이를 통해 암을 치료하는 신약을 개발하고, 노화, 진화 등을 규명해낸다는 목표를 밝혔다.[66]

또한 고려대 외부 연구단으로 선정된 조민행 교수는 분자 분광학 및 동력학 연구단을 운영하게 되었다. 조민행 교수는 현대적인 초고속 분광기의 이론적 모형을 구축하고 새로운 분광학적 방법을 증명한 학자로, "펨토초" 단위의 다차원 분광학을 활용한 분자구조 규명 연구에 도전하게 되었다.[67]

---

64) 기초과학연구원 보도자료 (2014), 「IBS 신규 연구단장 3명 연구 착수 (2014. 12. 16)」.

65) IBS 뉴스레터 (2015), 「DNA 복구 과정 밝혀 암과 노화 수수께끼 푼다 (2015년 2월호)」, http://www.ibs.re.kr/newsletter/2015/02/sub_02.html.

66) 같은 글.

2015년에는 총 2명의 연구단장이 새롭게 선임되었다. 혈관연구단 단장으로 선임된 KAIST 고규영 교수는 혈관 생물학 분야 최고 전문가로 기초과학연구원에서는 처음으로 기초의학 분야에서 연구단을 출범시킴으로서 그동안 생물, 화학, 물리 중심의 연구단 선정에서 기초의학이라는 새로운 분야의 연구단을 운영하게 되는 전기를 마련했다. 고규영 단장은 혈관과 림프관의 생성, 분화, 재생에 관여하는 핵심 분자물질의 특성을 연구해 암을 비롯한 혈관질환 난치병 치료에 돌파구를 마련한다는 목표를 내세웠다.[68]

마지막으로 2015년 4월 연구단장으로 선임된 천진우 연세대 교수는 나노의학 분야의 세계적 과학자로, 나노화학을 기초로 의학을 접목해 혁신적인 연구를 해왔으며 독창적인 나노물질을 설계하고 이를 활용해 정교하게 질병을 찾아내고 치료하는 연구를 진행해왔다. 나노의학연구단을 구성하게 된 천진우 교수는 나노의 개념을 이용하여 세포의 특성과 생명현상을 제대로 이해하고 새로운 융합과학의 진보를 만들어낼 계획이라고 밝혔다.[69]

〈표 4-6〉 4차, 5차, 6차 연구단장 선정결과

	연구단장	연구단 유형	연구분야	연구단명
4차	최기운	본원	이론물리	순수물리이론 연구단
	김진수	본원	융합	유전체 교정 연구단
	로드니 루오프	캠퍼스(UNIST)	재료화학	다차원 탄소재료 연구단
5차	세르게이 플라흐	본원	이론물리	복잡계 이론물리연구단
	명경재	캠퍼스(UNIST)	유전체학	유전체 항상성 연구단
	조민행	외부(고려대)	분자분광학	분자 분광학 및 동력학 연구단
6차	고규영	캠퍼스(KAIST)	기초의학	혈관 연구단
	천진우	외부(연세대)	나노의학	나노의학 연구단

출처: 기초과학연구원 보도자료 (2014), 「IBS 신규 연구단장 3명 연구 착수 (2014. 12. 16)」, 기초과학연구원 보도자료 (2015), 「IBS, 기초의학 분야 연구단 첫 출범 (2015. 7. 2)」, 기초과학연구원 보도자료 (2015), 「나노과학·의학 융합해 생명현상 조절·질병 치료 (2015. 4. 30)」를 바탕으로 재구성.

---

67) 기초과학연구원 보도자료 (2014), 「IBS 신규 연구단장 3명 연구 착수 (2014. 12. 16)」.

68) 기초과학연구원 보도자료 (2015), 「IBS, 기초의학 분야 연구단 첫 출범 (2015. 7. 2)」.

69) 기초과학연구원 보도자료 (2015), 「나노과학·의학 융합해 생명현상 조절·질병 치료 (2015. 4. 30)」.

천진우 교수의 선임을 마지막으로 현재 기초과학연구원은 총 26개의 연구단을 운영하고 있다. 그 구성은 본원 연구단이 5개, 캠퍼스 연구단이 14개, 외부 연구단이 7개이며, 분야에 따라 구분하면 물리분야 8개, 생명과학분야 8개, 수학분야 1개, 화학분야 6개, 융합분야에서 3개 연구단이 운영되고 있다. 초기 연구단 선정에 비해 연구단 선정은 점차 그 속도를 늦추게 되었는데, 특히 2015년 8월 26일 발표된 국제과학비즈니스벨트 기본계획 변경 안이 발표되면서 기초과학연구원은 당초 계획인 2017년이 아니라 2021년까지 총 50개 연구단을 단계적으로 설치, 운영하게 되었다. 따라서 다가오는 2017년까지 총 30개 내외로 1단계 연구단 구성을 마치고, 2단계 연구단장 선임은 2021년까지 이루어질 예정이다.[70]

이로써 기초과학연구원은 "사람" 중심의 기관을 갖추어나가는 데 가장 핵심이 될 연구단장의 선임과 연구단의 운영을 단계적으로 이루어 나가면서, 성장단계로 나아가고 있다. 기초과학연구원은 수월성을 갖춘 연구자를 선임하고 연구단을 운영하는 데에서 나아가 이러한 우수한 연구자들이 연구실 바깥의 세상과도 소통하고 사회에 기여할 수 있는 개방적인 네트워크를 구축하는 데에도 힘을 쏟고 있다.

이러한 노력의 일환으로 기초과학연구원은 "국내외 자원을 최대한 활용하는 개방형, 네트워크형 조직과 인력 운영체계를 확립"하기 위한 산학연 협력체계를 구축하는 전략을 추진해오고 있다. 본원과 캠퍼스, 외부 연구단을 거점으로 특화대학 및 우수 연구기관과 협약(MOU)을 체결했고, 독일 막스플랑크연구회(MPG), 일본 리켄(RIKEN), 미국 로렌스버클리국립연구소(LBNL), 영국 왕립학회(Royal Society) 등 대표적인 기초과학 연구기관과 협약을 체결하고 연구 협력을 강화해나가고 있다. 또한 이를 바탕으로 연구 장비 공동 활용을 이끌어 내 장비 사용료를 절감한다거나, 특히 중이온가속기 분야에서

70) 미래창조과학부 (2015), 「국제과학비즈니스벨트 기본계획: 2012-2021 (2015. 8. 26)」.

는 전문 네트워크를 구축하여 국내 최초로 가속기 인력양성을 위한 대학원 학과 개설 협력을 이끌어내는 등의 성과를 내고 있다.[71)]

기초과학연구원은 연구 장비와 인력 수준에서의 개방적인 협력 시스템과 더불어 공동 학술대회를 통해 학술교류 활동에도 적극적으로 참여하고 있다. 수학, 물리, 이론물리, 생명과학 분야의 정기 학술대회에 참가해 국내외 석학들과의 학술 교류를 도모하고, 중이온가속기 분야의 경우 한국형 중이온가속기 라온의 구축을 위해 자문과 검증, 평가를 받는 자리로 국제워크숍을 개최하거나 국제학회 참가를 적극 활용했다. 또한 기초과학과 관련해 "국제과학비즈니스벨트포럼"과 "IBS Research Conference"를 정기적으로 개최해오고 있다. "국제과학비즈니스벨트포럼"은 2013년 5월 28일 1회 개최를 시작으로 세계적 석학들과 정책담당자, 과학기술계 인사뿐 아니라 많은 시민들과 지식과 미래비전을 공유하기 위한 목적의 행사로 미래창조과학부가 주최하고 기초과학연구원이 주관했다.[72)] "국제과학비즈니스벨트포럼"은 3회까지만 개최되었고, 2016년에는 "고든 리서치 콘퍼런스"를 벤치마킹해 "한

〈그림 4-5〉 2015 기초과학연구원-영국 왕립학회 리서치 콘퍼런스

출처: 기초과학연구원.

71) 기초과학연구원 (2014), 『2013년도 기초과학연구원 성과보고서』, 169-172쪽.

72) 미래창조과학부 보도자료 (2013), 「제1회 국제과학비즈니스벨트포럼 (ISBB 2013) 개최 (2013. 5. 1)」.

국형 고든 콘퍼런스"를 표방하는 "IBS Conference"가 처음으로 개최되었다.[73] 또한 기초과학연구원의 단독 주최로 매년 개최되고 있는 IBS Research Conference는 2013년 첫 번째 행사로 시작으로 기초과학연구원 연구단의 주요 연구내용을 발표하고, 기초과학 분야 연구기관 간의 교류, 협력, 융합을 활성화하기 위한 기회로 자리 잡아오고 있다.[74] 이와 더불어 기초과학연구원은 타 기관과의 공동 학술행사도 활발하게 추진해오고 있는데, 2014년, 2015년 각각 한국과 영국에서 개최된 "IBS-Royal Society Joint Workshop"을 그 대표적인 예로 들 수 있다.[75]

기초과학연구원은 기존 대학과 출연연, 연구소와의 네트워크 구축을 통한 과학계와의 소통뿐만 아니라 "과학기술문화 확산" 분야에서도 여러 활동을 펼치고 있다. 국내외 과학계와의 교류는 기존의 기초과학 연구 생태계에서 기초과학연구원의 정체성을 확립해나가는 연장선으로 볼 수 있지만, 과학기술확산을 위한 기초과학연구원의 노력은 기초과학연구원이 기초과학 분야의 새로운 연구기관으로서 역할을 넘어서서 한국의 "기초과학"에 대한 대중의 인식과 과학문화를 확산하기 위한 것이라 할 수 있다.

기초과학연구원의 과학기술문화 확산 프로그램은 대표적으로 "가족과 함께하는 IBS 과학캠프", "IBS 행복나눔 Happy Community"를 들 수 있다. 이러한 프로그램들은 공통적으로 기초과학이 가족과 시민이 즐길 수 있는 "문화 컨텐츠"가 될 수 있다는 가능성을 보여주기 위한 것이었다. 2012년 4개에 불과하던 과학기술문화 확산 프로그램은 2013년 16개로 크게 확장되어왔다. 과학기술문화 확산운동과 마찬가지로 기초과학연구원은 교육기부 활동에도 적극적으로 나서고 있다. "찾아가는 Fun Fun IBS 과학교실"과 "도서관 속 과

---

73) 기초과학연구원 보도자료 (2016), 「기초과학연구원 2016년 'IBS 콘퍼런스' 개최 (2016. 7. 15)」.

74) 기초과학연구원 (2014), 『2013년도 기초과학연구원 성과보고서』, 172-175쪽.

75) 기초과학연구원 보도자료 (2014), 「'IBS-영국 왕립학회 리서치 컨퍼런스' 개최 (2014. 10. 15)」; 기초과학연구원 보도자료 (2015), 「'IBS-영국 왕립학회 리서치 컨퍼런스' 영국서 개최 (2015. 9. 11)」.

〈그림 4-6〉 2013 찾아가는 Fun Fun IBS 과학교실

출처: 기초과학연구원.

학강의" 등이 대표적인 사례로, 과학체험의 기회가 적은 소외지역을 찾아가 사회 공헌의 역할을 수행하거나, 기초과학연구원 연구단장 등 저명한 연구자의 멘토링 강연을 직접 듣고 대화를 나누는 프로그램을 운영하고 있다. 교육기부 활동 역시 2012년 7개 프로그램에서 2013년 22개로 크게 증가하고 있다.[76] 기초과학연구원과 중이온가속기가 각각 엑스포 과학공원 부지와 신동에 건설될 것을 상기해볼 때, 기초과학연구원의 과학기술문화 확산 프로그램들은 대덕연구단지를 중심으로 한 "과학도시" 대전이 다시 과학문화의 중심지가 될 수 있는 데에도 크게 기여할 수 있을 것으로 기대되었다.

76) 기초과학연구원 (2014), 『2013년도 기초과학연구원 성과보고서』, 186-188쪽.

제5장

상징의 공유

과학도시 대전과 기초과학연구원

1. "과학도시" 대전

대전시가 "과학도시"의 이미지를 브랜드화하여 적극적으로 홍보한 것은 그리 오래된 일이 아니다. 1970년대 충청남도 대덕군에 조성된 대덕연구단지가 대전시 인근에 자리 잡고 있기는 했지만, 연구단지를 대전의 자랑거리로 내세우는 의외로 많지 않았다.[1] 더욱이 1980년대에 들어 연구단지 건설계획이 축소·변경되어 불만이 많았다. 가장 축소된 것은 연구단지의 정주환경 구축이었다. 원래는 대덕연구단지를 연구소만 있는 장소가 아니라 일종의 "연구교육단지"로 구성원들이 단지 내에 또는 근거리에 거주하며 연구도 하고 생활도 꾸리는 새로운 공간으로 구상했으나, 도심지 건설계획이 유보되었던 것이다.[2]

---

1) 김기희 외 (2015), 『대전 도시정체성 재정립 연구(I)』 (대전: 대전발전연구원).

2) 연구개발특구진흥재단 (2014), 『대덕연구개발특구 40년사』 (대전: 연구개발특구진흥재단). 그 외 기본 수정방향. ① 대덕연구단지는 단계별로 예산범위 내에서 추진한다. ② 연구소는 자립 운영하는 것을 원칙으로 한다. ③ 입지 계획은 현재의 안을 가능한 살리되 공업단지 조성계획과 같은 개념하에서

1983년에 대덕연구단지가 대전시에 편입되었을 때,[3] 연구단지가 대전시에 실질적인 도움을 줄 것인지에 대해선 회의적인 사람이 많았다. 오히려 중앙정부로부터의 지원도 미약해 사실상 "개점휴업 상태"에 있는 연구단지를 대전시가 편입한 형국이었다.[4]

> (대덕연구단지는) 대전 시내에서 10km 이상 떨어진 외곽지대에 위치하고 있음에도 불구하고 시내버스가 20분 간격으로 운행되고 있는 등 교통이 크게 불편한 데다가 병원, 백화점 및 유락시설 등은 거의 갖추어지지 않은 실정이다. 또 지난해까지 7천 세대의 주택을 건설키로 했으나 올 10월 말 현재 4백여 세대를 건설하는 데 그쳤으며, 연구원 차녀들의 교육을 위해 유치원 4개, 국교 3개, 중학교 2개, 고교 2개 등을 건설하기로 했으나 각각 1개씩에 불과한 형편이다. 이와 같이 대덕연구단지의 교육, 문화 등 각종 주민편의 시설이 제대로 갖추어지지 않자 단지 개발 10년이 넘는 지금까지 현지에 입주해 살고 있는 연구원은 3백여 가구에 지나지 않고 대부분의 고급 두뇌들은 정착을 못한 채 서울 등 대도시에 가족을 놔두고 수시로 왕래, 안정된 연구활동을 하지 못하고 있는 실정이다.[5]

이에 당시 과학기술처는 대덕연구단지 건설 사업을 전면적으로 검토했다. 그 결과 "연구공원단지계획을 수립하되, 연구, 학원, 미래형 산업이 공존하는 국제수준급 연구원들을 중심으로 특수 생활권을 형성"하는 방향이 새로이 정립되었다.[6] 즉, 미비했던 교육시설, 의료시설, 교통 인프라 등을 구축함으

조성한다. ④ 단지 내 도심지 건설계획은 일단 유보한다. ⑤ 정부 및 민간연구소는 가능한 한 유치한다. ⑥ 단지 종합공대는 설립하지 않는다. 장차 대학원은 입주를 고려하며, 충남대학교는 공대부터 단계적으로 이전한다. ⑦ 과기처는 종합기획만 하고 업무소관에 따라 각 부처가 예산 획득 등 소관업무를 처리한다; 연구개발특구진흥재단 (2014), 『대덕연구개발특구 40년사』, 52쪽.

3) 국토지리정보원 (2015), 『한국지리지 대전광역시』 (서울: 진한엠앤비).

4) 연구개발특구진흥재단 (2014), 『대덕연구개발특구 40년사』, 66쪽.

5) 매일경제 (1984. 11. 22), 「대덕단지 생활여건 미비, 연구 분위기 조성 안 돼」.

로써 떠나가는 인재들을 붙잡고 연구단지를 다시 활성화하려는 것이었다. 이를 위해 구체적인 앞으로의 투자계획과 건설방향이 수립되었다. 이런 중앙정부의 시책으로 대전과학고등학교가 개교했고, 연구단지 종합복지관이 건설되었으며, 1990년에는 국립중앙과학관이 대덕으로 이전하여 개관했다. 한국기계연구원, 한국원자력안전기술원, 한국전자통신연구원, 국방과학연구소 등 다양한 정부출연연구소가 입주했으며 민간 기업연구소들이 입주했다. 1989년에는 한국과학기술원이 대덕으로 캠퍼스를 이전했다.7)

이때 대덕연구단지는 중앙정부의 관심을 받을 수 있다는 것 자체로 대전시에게 중요한 것이었다. 사실 대전시는 광역 대도시로의 승격을 위해 1980년대 초부터 유성, 신탄진, 가수원 등 도시 외곽을 중심으로 대규모 개발 사업을 추진하고 있었고, 둔산 지역에도 신시가지 개발을 추진하기 시작했는데, 대덕연구단지의 활성화는 환영할 만한 일이었다. 1989년 1월 1일 대전시는 대덕군과 유성군을 모두 통합하면서 인구 100만 명을 돌파하여 직할시로 승격되었고 충청남도에서 분리 독립했다.8)

오히려 대전이 과학도시로 발돋움하는 데에는 1993년 엑스포 개최가 중요한 분기점이 되었다. 대전은 엑스포 개최와 함께 본격적으로 "과학도시"로서 국내외 언론에 소개되기 시작했다.9) 오명 위원장은 "종합과학기술 문화지

---

6) 연구개발특구진흥재단 (2014), 『대덕연구개발특구 40년사』, 66쪽.

7) 이는 당시 "테크노폴리스"를 건설하려는 일본의 움직임에 영향을 받기도 한 것이었다. 1983년 일본은 테크노폴리스를 건설하기 위해 고도기술공업집적지역개발촉진법(일명 테크노폴리스법)을 통과시켰다. 이러한 일본의 움직임은 국내의 이목을 끌었으며, 대덕연구단지는 한국의 첫 번째 테크노폴리스로 주목을 받기도 했다. 경향신문 (1984. 4. 9), 「기술도시건설 검토」; 매일경제 (1988. 4. 29), 「신산업지도(I) 전국 곳곳에 테크너 폴리스」; 매일경제 (1984. 8. 27), 「첨단시대 리드할 기술도시로」.

8) 국토지리정보원 (2015), 『한국지리지 대전광역시』.

9) 한겨레 (1993. 4. 29), 「대전 엑스포 앞으로 1백일… 마무리작업 한창 인공도시에 세계첨단과학 속속」; 경향신문 (1993. 7. 29), 「소설가 송영 관람기 미리 보는 엑스포 〈上〉 D-9 첨단도시 장난감 도시… "환상의 도시"」; 경향신문 (1993. 3. 3), 「'93 대전 엑스포(1) D-156 "한빛" 아래 웅자 드러내는 '테크노피아'」; 매일경제 (1993. 1. 1), 「미리 가본 대전 엑스포 100여 국 참가 사상 최대 '과기축전'」; 한겨레 (1991. 4. 9), 「선진국 비장의 신기술 각축장 기대 - '꿈의 과학축제' 대전 세계박람회 12일 기공식」.

역"으로 대덕연구단지에서 과학문화행사인 엑스포를 개최하는 의의에 대해 강조했다.[10] 조직위는 "대덕연구단지라는 회장의 입지조건을 고려하고, 주위의 갑천, 둔산문예공원, 국립중앙과학관 및 각종 연구소와 최대한 연계하여" 엑스포 계획을 추진하겠다고 밝혔다.[11] 대덕연구단지 재창조 사업이 1992년 완공 예정이었기에 1993년 대전에서 과학 엑스포를 개최하는 것은 더욱 이상적으로 보였다.[12] 대덕연구단지는 "엑스포의 개최 장소"로 새로이 주목받았다.[13]

엑스포는 총 93일간 개최되었으며, 이 행사에는 정부와 민간을 합쳐 1조 8000억 원이 투입되었다. 세계 108개국과 33개 국제기구, 우리나라 200여 개의 기업이 참가했으며, 대략적으로 총 1540만 명이 관람한 것으로 집계되었다. 이 과정에서 대전은 "과학도시"라는 정체성을 구축하게 되었으며, 엑스포 개최 이후 대전은 "과학도시"라는 도시 브랜드를 적극 수용하고 활용할 방안을 강구하게 되었다.

하지만 그것이 쉬운 일은 아니었다. 엑스포는 중앙정부의 의지하에 추진되었기에 대전시가 행사 이후 엑스포 공간을 어떻게 활용할 것인가는 풀기 힘든 숙제로 남았다. 이러한 우려 때문에 사실 초기단계부터 행사 이후 이 공간을 "과학공원"으로 활용할 방안을 계획하기도 했다.[14] 엑스포의 개최와 함께 "과학도시"로 부상한 대전은 그 이후에도 계속해서 관련 콘텐츠들을 만

---

10) 대전세계박람회조직위원회 (1993), 『세계를 한곳에 미래를 한눈에: PC통신인들의 엑스포관람기』 (대전: 대전세계박람회조직위원회), 18쪽.

11) 대전세계박람회조직위원회 (1991), 『(정책자료 91-2) 엑스포 '93 개별사업추진계획 2권』 (대전: 대전세계박람회조직위원회), 240쪽.

12) 국회사무처 (1992), 『국회보 313: 대전 세계박람회의 전망과 과제』, 152-153쪽; 대전세계박람회조직위원회 (1993), 『한국의 미래와 대전 엑스포』 (대전: 대전세계박람회조직위원회), 9-12쪽.

13) 사실 "과학"이라는 요소 없이 93년 엑스포는 개최되기 힘들었다. 당시 엑스포에 대한 사회적 합의가 미비하여 엑스포 개최 자체에 어려움을 겪고 있었다. 하지만 "과학전문엑스포"로 BIE 공인을 받게 되면서 국면의 전환기를 맞이할 수 있었다; 오명 (2003), 『대전 세계 엑스포, 그 감동과 환희』.

14) 대전세계박람회조직위원회 (1993), 『한국의 미래와 대전 엑스포』, 10쪽.

들어가며 그 정체성을 유지해야 하는 과제를 안게 되었다.

2. 부지매입비와 엑스포 재창조 사업

기초과학연구원이 대전에 터를 잡게 된 이유는 바로 과학도시의 이미지가 역사적으로 형성되고 있었기 때문이었다. 본래 세종시로 그 위치를 생각하고 있었던 중앙정부는 세종시안 부결로 인해 새로운 터를 모색할 수밖에 없었는데, 제2장에 자세히 설명했듯 새로운 정책적 모멘텀이 희미해지는 상황에서 기존의 정책 관성들은 그 힘을 더 강하게 발휘했다. 기존의 과학연구 인프라를 측정하던 다양한 평가 지표하에 기존의 "과학도시" 대전은 최적의 대안으로 떠올랐다. 이에 새로운 도시를 만들고자 했던 초기 바람은 기존의 도시에 유입되는 형태로 만족 할 수밖에 없었고 결과적으로 대전은 기초과학연구원 구축사업의 중요한 행위자 중 하나로 전면에 등장하게 되었다.

이런 상황은 사실 중앙정부도 치밀하게 준비하지 못한 상황이었다. 새로운 곳에 새 도시를 건설하려고 했기에, 지방정부를 주변 행위자로는 인식했지만, 실제 진행 과정에서 주 행위자로는 인식하지는 않았다. 하지만 대전이 기초과학연구원의 입지로 선정되면서 기존의 도시 수요, 인프라, 이해관계 등을 더욱더 직접적으로 고려해야 하는 상황이 되었다. 같은 맥락에서 기존의 부지를 매입할 계획이 없었기 때문에 부지매입비 또한 재원을 충분하게 마련해둔 상황이 아니었다. 입지 선정 결과가 발표된 '국제과학비즈니스벨트 추진계획'을 보면 기초과학연구원과 중이온가속기가 들어서는 거점지구의 입지를 대덕 인근의 신동, 둔곡으로, 기능지구는 청원군, 천안시, 연기군으로 지정한다는 입지 선정의 결과를 담고 있었지만,[15] 새로이 선정된 부지를 매

15) 교육과학기술부 (2011), 「국제과학비즈니스벨트 조성사업 추진계획(안) (2011. 5. 16)」.

〈표 5-1〉 국제과학비즈니스벨트 추진 소요예산 (2011-2017)

(단위: 억원)

구분	2011	2012	2013	2014-2017	총계
계	(100)	4,100	7,900	39,700	51,700 (51,800)
기초연구 지원(기초과학(연) 운영 및 연구단 지원, 대형시설·장비 구축, 해외기간 유치 등)	(56)	3,200	4,200	28,000	35,400 (35,456)
연구기반 조성(본원 및 캠퍼스 연구·행정동, 게스트하우스 등 관련 시설)	-	400	2,300	6,000	8,700
중이온가속기 구축	(44)	460	1,000	3,100	4,560 (4,604)
기능지구 지원(학·연·산 연계 인프라 구축, 학·연·산 공동 R&D 및 인력양성 지원)	-	40	400	2,600	3,040

주1: 기초과학(연)과 중이온가속기 **부지매입비는 거점지구 개발 사업시행자 지자체 등 유관기관과 지속적으로 협의.**
주2: 국제과학비즈니스벨트위원회에서 심의 확정(2011. 5. 16「과학벨트 조성사업 추진계획」).
주3: 2011년 예산은 기 투입, 포함 시 예산은 괄호로 표시.
출처: 교육과학기술부 (2011),「국제과학비즈니스벨트 조성사업 추진계획(안) (2011. 5. 16)」.

입할 예산에 대해서는 그 규모와 출처를 명시하지 않았다 (〈표 5-1〉).[16]

추진계획에서 부지매입비를 부담할 주체에 대해 정확한 매듭을 짓지 않고 있었기 때문에 이 부분의 해결 없이는 기초과학연구원의 본원 건설 추진이 어려웠다. 추진계획에 따르면 2012년부터 2017년에 이르는 사업기간 동안 기초과학연구원 설립, 운영 및 중이온가속기 구축에 총 4조 8660억 원, 비즈니스 환경 구축에 총 3040억 원이 투자될 것으로 예상되었다. 약 7000억 규모의 부지매입비라는 추가적인 예산의 마련이 필요한 상황에서, 5월 16일 부

16) 이에 대해 당시 국제과학비즈니스벨트위원회 간사를 맡았던 정경택은 2011년 5월 16일 국제과학비즈니스벨트위원회 회의에서 부지 비용 분담에 대해 기획재정부 류성걸 차관(벨트위원)의 강력한 이의 제기가 있었음을 회고했다. 당시 정경택은 거점지구가 확정되지 않은 시점에서 부지매입비를 추정하여 계상할 수 없고 이 사업은 중앙정부의 선정 사업이지 지자체의 공모 사업이 아니라는 점을 설명했으나, 30여 분간의 논쟁 끝에 "부지매입비는 거점지구 개발사업 시행자, 지자체 등 유관기관과 지속적으로 협의"한다는 단서 조항이 포함되어 예산이 확정되었다라고 회고했다; 정경택 인터뷰 (2016. 10. 10).

지선정 발표 이후 기초과학연구원의 설립과 운영을 준비해온 설립사무국 내에서 특히 건설 WG은 딜레마에 빠질 수밖에 없었다. 고대해오던 부지가 선정된 상황이었지만, 부지매입비의 합의 없이는 건설관련 계획이 또 다시 원점으로 돌아갈 수밖에 없었다. 따라서 설립사무국 시기에도 본원 건설 부분만은 가장 요원해 보이는 과제로 남아 있었다.[17] 2011년 12월 제 5차 과학벨트위원회의에서도 부지매입비에 대한 논란이 오고 갔다. 다음의 인용은 회의록에서 발췌한 것으로 중앙정부, 지방정부, 과학계의 입장이 서로 다름을 볼 수 있다. "총 5조 1700억의 예산에 부지매입비가 포함되는 것인지 명확히 표현할 필요," "부지매입비는 별도로 이해. 지자체는 유치만 관심, 투자는 소극적 예상," "5.17조 원에서 7000억 원 부담은 너무 큼. 지자체 부담 필요. 재정부 융통성 필요," "과학기술계는 부지매입비를 제외한 것으로 이해… 5.17조 원은 연구에 투자되어야."[18]

기재부는 부지매입비의 경우 중앙정부가 모두 부담하는 것이 아니라 거점지구를 유치하게 된 지자체, 즉 대전시가 일정부분을 부담해야 한다는 생각을 가지고 있었다. 지난 몇 십 년 동안 중앙정부가 추진한 지역개발정책들의 결과를 볼 때, 중앙정부는 비록 "국책사업"으로 시작한 사업들도 결국 지역개발에 큰 이득을 가지고 왔기 때문이었다. 이에 중앙정부는 국제과학비즈니스벨트 사업이 국책사업으로 시작하기는 했지만, 결국 지방 경제발전에 큰 이득을 가지고 올 것이며, 때문에 중앙정부가 특정 지역의 발전을 위해 특혜성 지원을 할 수는 없다는 의견을 내세웠다.[19]

그러나 대전시는 기본적으로 국제과학비즈니스벨트 사업은 대선공약으로 시작된 국책사업이며, 입지 선정 역시 공모가 아닌 지정이었던 만큼 부지매

17) 기초과학연구원 설립사무국 (2011), 「기초과학연구원 설립 WG별 추진과제 및 향후 일정 (2011. 6. 22)」; 이정기 인터뷰 (2015. 8. 5).

18) 교육과학기술부 (2011), 「제5회 국제과학비즈니스벨트위원회 회의록 (2011. 12. 2)」.

19) 김성수 인터뷰 (2015. 9. 23).

입비는 정부가 모두 부담하는 것이 합리적이라는 입장이었다. 기초과학연구원과 중이온가속기가 들어설 거점지구로 신동, 둔곡이 선정될 당시만 해도 대전시는 부지매입비는 지자체의 여건상 부담하기도 힘들뿐더러 중앙정부가 으레 부담할 것이라고 막연히 믿고 있었던 것이다.[20] 국책사업 공고 시 부지매입비의 주체를 정부부담, 지자체 부담, 또는 공동부담 등과 같이 확실하게 명시하지 않은 것은 이례적인 일이었다.[21] 결국 입지는 선정되었지만, 부지매입비를 둘러싸고 중앙정부와 지방정부의 줄다리기가 시작될 수밖에 없었다.

"부지매입비"를 둘러싼 중앙정부와 대전시 간의 팽팽한 대립은 계속되어 서로의 입장을 조율하지 못한 채 2013년 예산이 통과되었다. 그리고 2013년 2월 25일, 이명박 정부의 국책 사업으로 시작된 국제과학비즈니스벨트 사업은 종결되지 못한 채 새로운 정권을 맞이하게 되었다. 예상되었던 문제는 불거졌다. 박근혜 대통령은 후보 시절 "부지매입비를 국고에서 선지원해서라도 (사업을) 차질 없이 진행시키겠다"는 약속을 했지만,[22] 이는 쉽지 않은 일이었다. 실제로 2013년 5월, "추경에서 300억 원이 반영되었으나, 수시배정으로 관리될 예정이고 부가의견—정부는 국제과학비즈니스벨트 구축사업의 원활하고 신속한 추진을 위하여 부지 관련 사항을 지자체등 유관기관과 조속히 해결토록 노력한다—이 있어 전체 부지매입비 확보방안이 결정 될 때까지는 실제 집행이 곤란"한 상태였다.[23]

중앙정부가 예산집행의 어려움이 있는 상황에서 대전시도 내부의 고민이 있었다. "과학도시" 대전을 만든 상징적인 공간, 엑스포 공원은 행사 후 수십억 적자를 낳으며 지역의 골칫거리가 되어 있었던 것이다.[24] 현금수지 분석

20) 문창용, 박지호 인터뷰 (2016. 6. 15).

21) 용홍택 인터뷰 (2015. 9. 23).

22) 매일건설신문 (2012.11.28), 「박근혜 "과학벨트는 차질없이 진행"」.

23) 미래창조과학부 (2013), 「국제과학비즈니스벨트 부지매입비 확보방안(안) (2013. 6. 2)」, 1쪽.

상 감가상각비를 제외한 순손실액이 꾸준히 증가하여 2005년 한해에만 48억 3000만 원 정도였고, 과학공원 운영재원인 현금자산도 적자지속으로 계속 감소추세를 겪으며 2008년 기준 12월 말 약 361억 원 수준에 다다르고 있었다. 한 보고서는 향후 5년 내로 유동성 고갈이 예상되어 공원 운영 중단사태가 발생할 것이라고 경고했다.[25)]

결과적으로 이에 대전 엑스포 과학공원에 대해 청산 명령이 내려졌다. 계속되는 구조조정과 경영개선을 요구했지만 성과가 부진하다는 이유에서였다. 공사 노조는 "과학공원은 수익사업을 할 수 없어 적자가 날 수밖에 없다. 중앙정부의 예산 지원 없이 연간 100만 명이 다녀가는 곳으로 안타깝다"고 말했지만, 지방정부는 눈덩이처럼 불어나는 적자를 그저 두고만 볼 수는 없었다.[26)] 대전 경실련은 이에 만성적 적자에 시달리는 과학공원의 상태를 무시하는 것은 아니지만, "청산"은 능사가 아니며 원래의 기능인 "국민과학교육진흥의 공간"으로서 엑스포 과학공원을 어떻게 재창조할 것인지 고민해야 한다고 주장했다.

> 대전 엑스포는 대전만의 행사가 아닌 범국가적 행사로 개최되었고 이를 기념하기 위한 방안으로 엑스포 과학공원을 설립했다. 이후 만성적 적자에 의한 경영쇄신과 대전시의 요구에 의해 대전시로 무상 양여했으나 그 이후 대전시로부터의 중앙정부로 재양여 요구 등에 책임이 없다는 식의 모르쇠로 일관하다, 청산명령만 내리는 것은 중앙정부의 무책임한 처사라 할 수 있다. 그렇기에 중앙정부는 이번 기회

---

24) 엑스포 이후 이 공간을 과학공원으로 조성하여 사후 관리를 하기로 했으나 이를 관리하는 엑스포기념재단이 민간 업체와 소송에 휘말리게 되면서 전체 기금 중 300억 원을 배상해 주는 일이 발생했고 이후 대전시가 운영권을 인수해 1999년부터 지방공사 대전 엑스포 과학공원으로 변했다.

25) 행정안전부 (2008), 『2008년 지방공기업 경영진단보고서』 (서울: 행정안전부); 적자에 대한 문제는 지속적으로 제기되어오던 문제였다. 중앙일보 (1997. 3. 20), 「〈이 현장 이 문제〉 대전 엑스포 공원 갈수록 적자 눈덩이」.

26) 동아일보 (2008. 4. 28), 「[대전/충남] 대전 엑스포 공원 15년 만에 문 닫을 위기」.

를 통해 엑스포 과학공원이 국민과 시민에 사랑받는 과학공원이 될 수 있도록 최대한 정책적·재정적 지원을 검토하고 이를 실행하여야 할 것이며 이러한 노력이 전제가 되어야만 과학공원이 본래의 기능을 담당할 것이다.[27]

그러나 대전시는 과학문화 공간으로 엑스포 부지를 재개발하기보다는 아예 새롭게 지역 경제에 좀 더 직접적으로 이익을 가지고 올 수 있는 상업지구로 이 공간을 활용할 계획을 세웠다.[28] 과학 문화는 "과학의 도시, 대전"에 상징적으로는 중요한 의미를 지니지만 경제적으로는 큰 도움이 되지 않는다는 판단하에서였다. 이에 4년 뒤인 2012년 대전시는 롯데월드와 롯데쇼핑과 협약을 체결하고 "롯데복합테마파크"를 엑스포 부지에 건설할 계획을 발표했다.[29] 롯데복합테마파크는 첨단영상 테마파크, 실내외 워터파크, 문화수익시설로 구성되어 있는 복합 문화공간이었다. 전체 사업비는 5200억 원으로 2013년부터 2015년까지 3년간의 공사기간을 거쳐 2016년 개장을 예상하고 있었다. 말하자면 서울에 있는 롯데월드와 같은 것을 대전에도 건설하자는 것이었다.[30]

하지만 과학도시 대전으로서의 상징적인 공간인 엑스포 공원이 상업시설

---

27) 「지역경실련 - [대전] 엑스포 과학공원의 "청산명령"에 따른 대전 경실련 (경실련, 2008. 4. 30)」, https://ccej.or.kr/index.php?category=283&document_srl=107648&list_count=100&mid=board_1_3&sort_index=readed_count&order_type=desc.

28) 대전시는 1999년부터 여러 방면으로 엑스포 과학공원을 활성화할 방안을 고민했다. 기존에 추진된 관련 대표 용역과제는 다음과 같다. 「과학공원 활성화 마스터 플랜」 (삼성에버랜드, 1999.12-2000.4), 「수익시설 조성 검토」 (키라에셋, 2003.10-2003.12), 「과학관련 시설검토」 (포항공대, 2003.11-2003.12), 「리컨스트럭션 계획」 (대전시, 2001.1-2001.11), 「에코토피아 계획」 (대전시, 2003.9-2004.2), 「장기발전 기본구상」 (대전시, 2005.3-2005.5), 「엑스포 과학공원 활성화전략」 (대전시, 2006.10-2006.12), 「엑스포과학공원 재창조 기본구상 및 민자사업 타당성」 (디이 파트너스, 2009.1-2009.6), 「엑스포 재창조 마스터플랜」 (동호, 2011.7-2014.2)

29) 금강일보 (2012. 1. 17), 「2015년 대전 엑스포 공원에 롯데월드 들어선다」.

30) 뉴스충청인 (2012. 7. 10), 「대전시, 롯데월드 복합테마파크 제안 설명회 개최」; 아시아경제 (2012. 7. 10), 「롯데, 잠실 롯데월드 6배 '테마파크' 대전에 짓는다」.

로 변화한다는 점에 대해 지역사회의 반발도 만만치 않았다.

> 결국 대전시는 엑스포 개최 도시의 역사성과 과학도시 대전의 정체성을 살리려는 노력은 포기하고 대규모 상업, 위락 시설 중심의 건설작업을 하나의 처방으로 제시했다… 과학기술계가 더욱 심각하게 우려하는 것은 현재와 같은 상황에 이르러서도 여전히 대전시가 과학기술계와 소통하려는 진지한 노력을 하지 않는다는 점이다. 엑스포 과학공원을 정녕 과학의 이름으로 살리고 싶다면, 과학기술을 담당하는 정부 부처와 대덕연구개발특구에 40여 년 가까이 자리 잡고 있는 출연연구기관, 교육기관, 전문연구기관, 시민단체 등과 대전시민이 한자리에 모여 머리를 맞대고 지혜를 모을 수 있도록 하는 일이 대전시의 역할 아니겠는가?[31]

이에 대전시는 시민들의 의견을 수렴하는 설문조사를 실시했지만, 시민들은 설문조사가 졸속으로 이루어졌으며, 설문항목들 또한 객관적으로 설정되지 않아 편파적이라고 비난했다. 그럼에도 불구하고 대전시는 시민의 85%가 찬성의사를 밝혔다고 공표하면서 롯데복합테마파크 건설을 강행할 의사를 내비쳤다.[32] 그동안의 부진한 성과 때문에 지방정부는 "과학도시" 대전의 정체성을 일부 놓을 생각이었지만, 시민들은 그 정체성을 쉽게 포기하지 않고 있었다.

하지만 실질적인 문제는 엑스포 부지의 용도변경이었다. 본디 엑스포 공원이 중앙정부에서 대전으로 무상 양허된 데에는 그 부지를 과학공원 목적 이외의 용도로 사용하지 않는다는 조건이 있었다. 그러나 롯데복합테마파크는 상업시설이었고, 엑스포 부지의 용도변경 없이는 사업을 진행할 수가 없었

---

31) 디트뉴스 (2012. 12. 6), 「민노총 "엑스포 재창조 사업에 '과학이 없다'"」; 전국공공연구노동조합 기고글.
32) 대전시민사회단체연대회의 (2012), 「〈보도자료〉 대전시 엑스포 과학공원 재창조사업 설문조사결과에 대한 우리의 입장: 각종 영향에 대한 검토 없이 여론몰이하는 대전시의 급조 행정 규탄한다! (2012. 8.30)」.

다. 과학공원의 용도변경에 대한 미래부의 승인을 끝내 얻어낼 수 없었던 대전시는 MOU까지 모두 체결되었던 롯데 사업을 백지화할 수밖에 없었다.[33)]

이 과정에서 드러난 엑스포 부지의 용도변경이 중앙정부의 권한이라는 사실이 부지매입비 해결에 매우 중요한 단초가 되었다. 박근혜 정부는 애초부터 엑스포 부지에 대해 대전시와는 다른 그림을 그리고 있었다. 제18대 대통령직인수위원회 교육과학분과 인수위원이었던 장순흥 카이스트 교수는 "놀이동산의 경우 땅이 남아돌면 모를까" 그렇지 않다면 "창조경제를 위한 연구과학 용도로 사용되어야" 한다고 강조했으며, 엑스포 공원의 용도변경이 새로운 정권 하에 쉽지 않을 것임을 내비쳤다.[34)] "창조경제"의 구호 아래 출범한 새로운 정권은 엑스포 과학공원을 창조산업 단지, 창조경제의 기지로 재창조할 계획을 가지고 있었다.

한편 부지매입비 해결을 고민하고 있던 기초과학연구원의 오세정 원장과 정경택 사무처장은 대안으로서 세종시 부지 사용방안, 임대 사용 중인 KT 제2연구센터를 매입 사용하는 방안, 대덕체육공원을 활용하는 방안 등을 정부 측과 협의했으나 이명박 정권 말기에는 이를 추진할 동력이 마련되기 힘든 상황이었다. 고심하던 중 2013년 1월 말 "엑스포 공원부지"에 입주하려던 놀이동산 프로젝트가 연구계 및 시민단체들의 반대로 무산되었다는 소식을 듣고 이를 사용하자는 방안에 착안하게 되었다. 2월 초 대통령직인수위의 대덕연구 현장 방문 시 기초과학연구원의 엑스포 공원 활용방안을 논의했고, 4월 23일 최문기 미래부 장관의 기초과학연구원 방문 시 건의하는 한편, 오세정 원장이 4월 25일 염홍철 대전 시장을 만나 구체적인 입주안을 제안했다.[35)] 이와 함께 미래부 공무원들 또한 대전시 소유 토지를 전수조사하기 시작했다. 현금으로 문제를 푸는 것이 불가능하다면, 현물로라도 문제를 풀어내겠다는

33) 심시보 인터뷰 (2016. 5. 24); 문창용 인터뷰 (2016. 6. 15); 용홍택 인터뷰 (2015. 9. 23).
34) 디트뉴스 (2013. 3. 15), 「"놀이동산은 안 된다" 롯데파크 용도폐기 직면」.
35) 정경택 인터뷰 (2016. 10. 10).

심산이었다. 이때 대안으로 나온 것이 대전시 도룡동에 위치한 18만 평 정도 크기의 엑스포 부지였다.[36] 그러나 중이온가속기의 경우 탄탄한 지반 구조 등이 필요하기 때문에 이미 지질조사를 통해 검증된 신동지구에 그대로 위치시키는 방향으로 의견이 모아졌다.

엑스포 공원이 "부지매입비"를 해결할 수 있는 기초과학연구원의 건설을 위한 새로운 대안으로 떠오르게 되면서, 기초과학연구원은 "창조경제의 전진기지"로 새롭게 구상되기 시작했다. 즉, 기초과학연구원은 "창조경제 클러스터의 비전 제시자(Vision Provider)"로 "창조경제를 견인할 지식(을) 창출"하고 "기초과학연구원의 과학 기능과 시민 교육, 문화 공간, IT 미디어 단지, 비즈니스 문화 융합 단지 기능 등을 융합해 시너지(를) 창출"하는 공간으로 새로운 방향성을 잡게 되었다. "기초과학연구원의 전진배치로 전체 클러스터뿐 아니라 도시 경쟁력(이) 상승"할 것이라는 기대하에 기본 방향이 세워졌다.[37]

구체적으로 기초과학연구원은 "기초연구에 필요한 창의적 인재 양성과 유치뿐 아니라 지식의 개발로 새로운 산업의 발전방향을 제시"하여 소위 창조경제를 이끌 견인차로 인식되었다.[38] 즉, 이 기관에서 수행하는 기초연구는 지역 경제개발에 도움이 될 뿐만 아니라 궁극적으로 국가의 신산업을 창출

---

36) 당시 국제과학비즈니스벨트사업 기획단장으로 부임한 용홍택은 "부지매입이 해결되지 않은 상태에서는 이 자리를 떠나지 않는다"는 심정으로 부지매입비 해결에 몰두했다; 용홍택 인터뷰 (2015. 9. 23). 이에 대해 김성수(前 미래창조과학부 국제과학비즈니스벨트과장)은 그 무엇보다 박근혜 대통령이 국제과학비즈니스벨트 사업을 계속해서 진행시키고자 하는 결심이 중요했다고 회고했다; 김성수 인터뷰 (2015. 9. 23).

37) 기초과학연구원(2013), 「창조경제 클러스터의 허브 조성(안) (2013. 5. 15)」, 24-26쪽.

38) 이와 함께 K-Belt, C-Belt에 이어 "C-Valley"가 탄생되었다. "C-Valley"의 "C"는 기초과학연구원이 들어서는 "Heart of Daedeok" 및 근처 연구단지를 일컫는 (과학공원 네거리-대덕컨벤션타운과 연구단지 네거리-연구재단) 말로 "Creativity, Convergence, Commercialization"을 상징하고 "대덕의 테헤란밸리"를 의미했다. Heart of Daedeok의 "Heart"는 기초과학연구원의 다섯 가지 핵심 기능을 내포하고 있었다. H(Hybrid): 경계 없는 융합과 협력이 일상화되는 공간, E(Economy): 아이디어와 상상력이 경제와 비즈니스로 발현, A(Art): 과학과 문화예술 융합, 문화산업 활성화, 창의성 제고, R(R&D): IBS와 대학, 출연(연)의 지식창출과 원천기술 개발, T(Talent): 우수인재 유치와 활용을 바탕으로 창조계층 육성.

〈그림 5-1〉 창조경제 클러스터의 허브

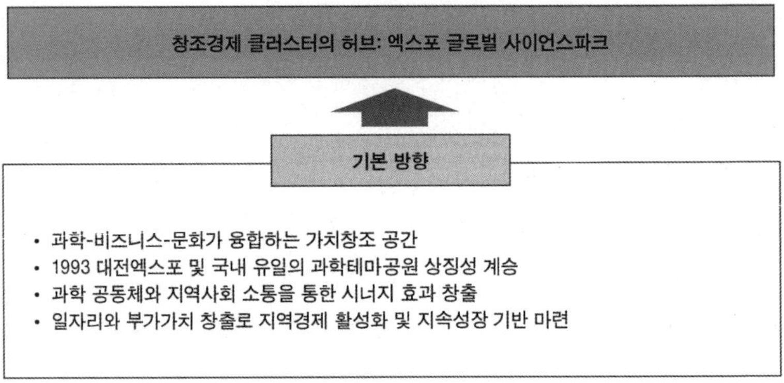

출처: 기초과학연구원 (2013), 「창조경제 클러스터의 허브 조성(안) (2013. 5. 15)」.

하는 데 앞장설 것으로 기대되었다. 이 과정에서 기초과학연구원은 "도심형 사이언스파크"로 재정의되었다.[39] "도심형 사이언스파크"란 과학기술정책과 도시·지역 개발정책의 접점에서 유명한 과학기술연구소나 대학들을 도시 중심에 둠으로써 도시의 R&D 역량을 키우고 이를 바탕으로 기술기업과 연구소 등의 추가적 집적(cluster)을 유도하는 공간을 일컫는다.[40] 도심형 사이언스파크에 대한 상상력은 기초과학연구원을 중심으로 한 엑스포 공원 재창조 사업에 적극 차용되었다. 또한 이를 통해 "창조경제"라는 비전을 내세운 새 정권과 정치적 어젠다를 맞춤으로써, 박근혜 대통령이 지난 정권의 국제과학비즈니스벨트 건설이라는 이 사업을 지속하게 하는 데 결정적 역할을 했다. 2013년 6월 7일 청와대 보고 이후 미래부는 공식적으로 대전시에 기초과학연구원의 엑스포 공원으로의 이전안에 대한 공문을 전달하게 되었다.

대전시는 위에서 설명했던 바와 같이 롯데복합테마파크 건설이라는 다른

39) 기초과학연구원(2013), 「창조경제 클러스터의 허브 조성(안) (2013. 5. 15)」, 7쪽.
40) 심시보, 정유진 (2013), 「도심형 사이언스파크의 부상」, 『R&D InI』 제7호, 121-133쪽.

〈그림 5-2〉 창조경제 클러스터에서의 창조경제 생태계

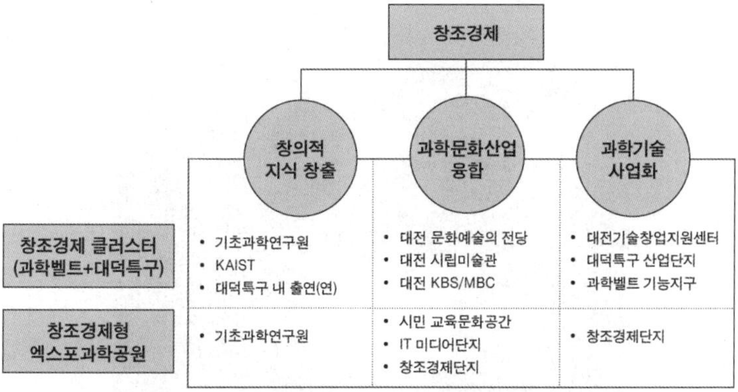

출처: 기초과학연구원 (2013), 「창조경제 클러스터의 허브 조성(안) (2013. 5. 15)」.

엑스포 창조 사업이 있었지만, 미래부에서의 용도 변경 없이는 사업 진행이 불가피했기 때문에, 사업방향을 수정할 수밖에 없었다. 2013년 6월 13일 대전시는 다음과 같은 4대 원칙을 전제로 미래부 안을 수용할 것을 발표했다.[41]

① 343만 2000m^{2}에 이르는 과학벨트 거점지구(유성구 둔곡·신동지구) 면적 축소 불가

② 과학벨트 거점지구 IBS 입주부지(52만 8000m^2) 매입비 전액 국고 부담

③ 엑스포 공원에 사이언스센터(19만 8000m^2) 등 창조경제 핵심시설 건립

④ 대전시 건의 예정인 '대덕특구 창조경제 전진기지 조성 방안' 국가정책 반영[42]

---

41) 이러한 변경 안에 대해 국제과학비즈니스벨트의 기능지구로 선정된 세종시, 충청북도 청원군, 충청남도 천안시에서는 크게 반발했다. 기존의 신동·둔곡지구는 세 기능지구의 중간지역에 위치했으나, 엑스포 부지의 경우 대전 중심지에 위치하면서 세 기능지구와는 멀어지게 되었기 때문이었다. 미래부는 잦은 회의 및 미팅을 개최함으로써 이들을 설득시키기 위해 많은 노력을 기울였다; 김성수 인터뷰 (2015. 9. 23).

42) 대전경제 (2013. 6. 10), 「염 시장 "과학벨트부지 축소 불가…" 4대원칙 제시」; 연합뉴스 (2013. 6. 13), 「대전시 "4대 원칙 수용 시 IBS 엑스포 공원 입주 가능"」.

〈그림 5-3〉 국제과학비즈니스벨트 거점지구 조성 및 대덕연구개발특구의 창조경제 전진기지 조성을 위한 업무협약 체결

주: 왼쪽부터 오세정 기초과학연구원장, 최문기 미래부장관, 염홍철 대전시장, 채훈 대전마케팅공사 사장.
출처: 굿모닝충청 (2013. 7. 3), 「대전시-미래부 드디어…」.

결과적으로 거점지구 전체 면적은 그대로 유지하고, 종전 기초과학연구원 둔곡 부지는 산업용지 등으로 조성하기로 했다. 과학벨트 거점지구 내 중이온가속기의 신동 부지는 국고로 매입하기로 했고, 2014년부터 창조경제 핵심시설인 사이언스센터를 조성하기로 했다. 그 이후에도 세부적인 예산문제로 중앙정부와 대전시 사이에 힘겨운 협의과정이 있었는데, 최종적으로 2013년 7월 3일 '국제과학비즈니스벨트 거점지구 조성 및 대덕연구개발특구의 창조경제 전진기지 조성을 위한 업무협약'이 미래부, 대전시, 기초과학연구원, 대전마케팅공사 사이에 체결되었다.[43] 이를 바탕으로 중앙정부는 신동지구의 중이온가속기 부지매입비 3600억 원을 부담하고, 대전시는 엑스포 공원 부지(26만m^2)를 무상 임대해주는 방식으로 부지매입비 문제가 해결되었다.[44]

43) MOU를 체결하면서 무상양여, 지상권 설정, 무상임대 등 사용방식과 사용기간 등 협약조건에 대해 다양한 의견이 도출되었다. 밤낮을 가리지 않는 회의와 체계적인 법률적·정책적 검토를 거쳐 합의를 이끌어낼 수 있었다.

44) 미래창조과학부 (2013), 『대덕연구개발특구 엑스포 과학공원 개발계획 및 국제과학비즈니스벨트 거

처음에는 어느 누구도 예상치 못한 해결방법이었다.[45)]

3. 도심형 사이언스파크

도심 속의 기초과학, "창조경제 전진기지"로서의 기초과학연구원은 은하도시포럼에서 상상되었던 것과는 매우 다른 모습이었고, 세종국제과학원의 일부로 생각했을 때와도 많이 달랐다.[46)] 이에 다른 종류의 해외 사례 조사 및 연구가 필요했다. 이때 가장 비중 있게 활용된 벤치마킹 사례로는 프랜시스 크릭 연구소, 코넬 뉴욕테크, 존스홉킨스 과학기술공원, 독일 아들러스호프 등이었다. 이러한 새로운 벤치마킹 사례들은 엑스포 과학공원에 들어설 기초과학연구원의 입지와 공간에 대한 구상에 도움을 주는 것이었다. 초기에 기초과학연구원을 구상할 때 자주 인용되었던 독일의 막스플랑크 연구소, 일본의 리켄 등은 운영방식 면에서 여전히 중요한 벤치마킹 대상이자 협력 대상이었지만 새로운 입지에 들어서게 될 기초과학연구원에 대한 상상에는 새로운 벤치마킹의 대상들이 필요했다.[47)]

〈그림 5-4〉는 기초과학연구원에 대한 초기 구상부터 현재의 "도심형 사이언스파크"로 변모한 기초과학연구원의 모습을 나타낸다.[48)] 정책이 형성되고

점지구(도룡지구) 개발계획』(과천: 미래창조과학부).

45) 기초과학연구원 내 연구자들은 이러한 변경에 대해 실망의 목소리를 내기도, 환호를 보내기도 했다. 일부는 원안이 변경되는 것에 대해 아쉬움을 토로했지만, 일부 연구자들은 정주 환경이 그나마 갖추어져 있는 도심으로 연구원 입지가 변경되는 것을 크게 반가워했다. 대전시 또한 오랜 숙제였던 엑스포 과학공원 개발 문제를 해결하는 것에 대해 긍정적인 평가를 내리는 사람들도 있었지만, 새로운 정주환경을 구축함으로써 신동·둔곡 지구를 개발할 기회를 놓친 것에 대해 부정적인 평가를 내리는 사람들도 있었다; 심시보 인터뷰 (2016. 5. 24).

46) 서울신문 (2015. 1. 28),「기초과학연구원 건립 앞두고 대전시 vs 미래부 불협화음」; 동아일보 (2013. 7. 10),「[대전/충남][충북] "과학벨트 수정안 누가 내놨나" 대전-충북 시끌」.

47) 기초과학연구원 (2013),「창조경제 클러스터의 허브 조성(안) (2013. 5. 15)」, 2쪽.

48) 〈그림 5-4〉의 첫 번째 그림은 신동, 둔곡으로 입지가 결정되기 이전 2009년 8월 한국과학기술평가원

〈그림 5-4〉 기초과학연구원의 성격 변화

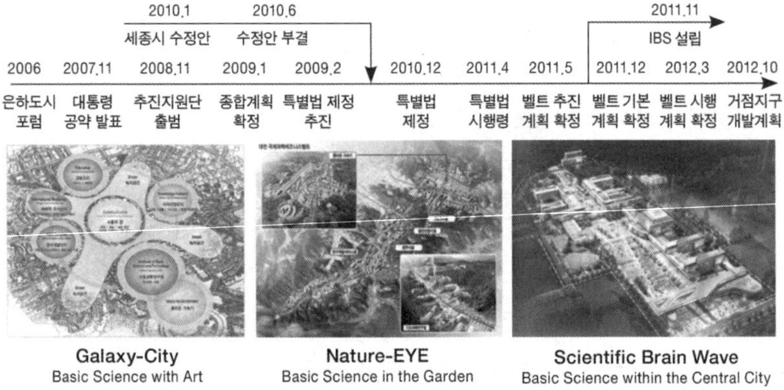

출처: 한국과학기술기획평가원 (2012), 『기초과학연구원 건립을 위한 기본계획 수립연구』, 미래창조과학부 (2013), 『국제과학비즈니스벨트 기본계획 변경 (2012-2017)』, 기초과학연구원 (2013), 『IBS 건립 기본계획 변경에 따른 기술기획연구』 보고서 재구성.

실현되는 과정에서 기초과학연구원의 모습은 상당히 변화해왔음을 알 수 있다. 이러한 변화는 기초과학연구원이 터를 자리 잡는 과정 속에서 부분적으로는 수정될 수밖에 없었지만, 그 결과 연구원이 지역사회와 맺는 관계는 변하게 되었다. 가속기와 함께 신동, 둔곡지구에 들어설 예정이었던 기초과학연구원의 모습은 "Nature-Eye"이라고 명명될 정도로, 많은 산과 하천으로 둘러싸여 있는 지리적 위치상, 자연 속에서 유유자적하며 지적 영감을 즐기는 과학자의 모습이 상상되었다. 마치 "Newton이 Apple을 만나 Gravity를 발견

에서 주관한 보고서에 삽입된 기초과학연구원 개념도다. 이때는 정확한 입지가 선정되기 이전이었기에, 세 가지로 모든 가능한 형태를 구상해보았다. 첫 번째는 "도시 융합형"으로 도시 환경과 어우러져 연구소이면서 동시에 도시 기능의 일부를 수행하는 복합 공간으로 기초과학연구원을 상상했다. 미국 MIT 공과대학, 스웨덴 스톡홀름의 시스타 사이언스 시티 등을 대표적인 예로 생각되었다. 두 번째는 "캠퍼스형"으로 기초과학연구원에 관련된 서로 다른 기능들이 한곳에 집적화되어 하나의 단지 단위를 구성하는 형태를 상상했다. 대표적인 예로 대덕연구단지, 베이징 중관촌, 헬싱키 오울루, 헬싱키 반타 등을 들었다. 세 번째는 "도시+캠퍼스형"으로 도시 내에 단지단위와 개별 건물 단위가 공존하며 구성하는 형태를 가정했다. 예를 들어 실리콘 벨리, 대만 신축 첨단 산업단지, 싱가포르 원노스 등이 있었다.

하는 것처럼" 한 과학자가 자연과 함께 있을 때 새로운 지식이 생겨날 것임이 예상되었다. "자연으로부터 얻는 과학의 영감"이 새로운 과학연구의 시작이었다.[49] 이와 다르게 엑스포 공원에 들어서는 기초과학연구원은 더 이상 신동, 둔곡 지구에 들어섰던 모양의 자연 속 도시가 아니었다. 기존 도시와 최대한 조화롭게 융화되는 것이 중요한 관건이었으며, 도심과 떨어져 자연과 밀접한 관계를 맺는 형식이 아니라 기관이 도시와 시민들과의 직접적인 접촉을 통해 새로운 문화를 구축해나가야 하는 과제를 안게 된 기관이었다.

엑스포 공원에 들어서게 되는 기초과학연구원은 도심 한가운데에서 도시의 여러 기능과 연결된 일종의 "Scientific Brain Wave"였다.[50] "Scientific Brain Wave"는 새로운 설립 방향으로 기초과학연구원에 붙여진 추상적인 이름이지만, 기초과학연구원의 터가 겪은 변화를 단적으로 보여주는 예라고 할 수 있다. 더 이상 기초과학연구원의 터에는 "Nature"를 유지할 수 없었다. 자연 속에서 자연과 소통하며 유유자적한 삶을 영위하는 과학자들의 생활을 고수할 수도 없었다. 대신 복잡한 신경망 네트워크로 이루어진 "Brain"처럼 여러 도시 기능이 얽히고설킨 대전이라는 도심 한가운데서, 과학적인 연구를 바탕으로 일종의 "Wave"를 일으키는 사회적·경제적·문화적 파장을 일으키는 중심축으로 기초과학연구원이 상정된 것이었다.

도심형 과학공원으로 자리매김하게 되면서 기초과학연구원은 새로운 정책 생태계 안에 놓이게 되었다. 도심형 과학공원으로서 기존의 지자체와 밀접한 연관관계를 맺어야 함은 물론 지역 시민들과의 소통은 필수불가결한 요소가 되었다. 그뿐만 아니라 기초과학연구원은 특정 지역의 도심형 과학공원인 동시에 국가적 연구 전진기지로 중앙정부의 영향하에도 놓이게 되었

49) 한국과학기술기획평가원 (2012), 『기초과학연구원 건립을 위한 기본계획 수립연구』 (서울: 한국과학기술기획평가원).

50) 미래창조과학부 (2013), 『국제과학비즈니스벨트 기본계획 변경 (2012-2017)』 (과천: 미래창조과학부); 기초과학연구원 (2013). 『IBS 건립 기본계획 변경에 따른 기술기획연구』 (대전: 기초과학연구원).

다. 중앙정부, 지방정부, 지역사회 속에서 기초과학연구원은 균형을 찾아야 하는 과제를 안게 되었다.[51)]

이 과제는 이미 기초과학연구원의 건설 과정에도 깊숙이 영향을 끼치고 있었다. 엑스포 부지로의 이전에 관한 양해각서가 2013년 7월 체결되었지만, 기초과학연구원을 둘러싼 새로운 정책 생태계는 이제 막 구성되기 시작했다. 중앙정부와 지방정부는 기초과학연구원 건설 지원비를 둘러싸고 다시 한 번 줄다리기를 했다. 관건은 중앙정부가 기초과학연구원 건설 관련하여 지방정부에 지원하기로 한 500억이었다. 양해각서를 체결할 당시 중앙정부는 대전시가 엑스포 과학공원 부지 일부(26만m^2)를 무상 대부하는 대신 500억 원을 지원하기로 약속했다. 그리고 대전시는 이 돈을 43층 규모의 사이언스콤플렉스 건물 중 15개 층에 들어설 사이언스센터 건립에 투자할 예정이었다.[52)]

하지만 미래부가 500억 원을 제공할 과학기술인공제회 회원들과 수익 문제 등의 협의로 지원을 지연하고 결국 지원 내용을 수정하기에 이르렀다. 500억 원을 지원하는 대신 300억 원의 지원금과 함께 과학도서관 건설을 지원하겠다는 것이 수정안 골자였다. 대전시는 500억 원 지원을 토대로 엑스포 과학공원의 랜드마크가 될 43층 건물을 지을 예정이었다.[53)] 하지만 300억 원만 지원받게 될 경우 43층을 지을 수 없는 상황이었고, 이는 대전시의 공원 조성 계획이 큰 차질을 빚을 수밖에 없었다. 지난 엑스포 공원의 랜드마크가 한빛탑이었다면 이보다는 훨씬 높은 빌딩을 지음으로써 새로운 과학공원의 상징물로 사용하고자 했기 때문이다.[54)]

이에 지역사회는 크게 반발했다. 대전 경실련은 "최악의 경우, 사이언스

51) 여기서 중앙정부는 미래부, 기재부, 산자부, 문화부 등 다양한 부처를 통칭하는 용어이다. 하지만 글에서 알 수 있듯이 중앙정부는 각각 다른 이해관계를 가지고 있는 부처들이 모인 이질적인 집단이다.

52) 김영환, 구능회 인터뷰 (2016. 3. 9).

53) 문창용, 박지호 인터뷰 (2016. 6. 15).

54) 중앙일보 (2015. 3. 31), 「약속 안 지키는 미래부… '파렴치한 것인가? 무능한 것인가?'」; 서울신문 (2015. 1. 28), 「기초과학연구원 건립 앞두고 대전시 vs 미래부 불협화음」.

콤플렉스는 사이언스센터 15개 층 등 54층 규모에서 상업시설만 남는 28층 규모로 축소될 수 있다"며 "공익성과 과학성이 사라진 사이언스 콤플렉스는 대기업 유통시설에 불과하다"라고 주장했다.[55] 중요한 과학 문화 시설들은 다 사라진 채 결국 상업시설만 남게 되는 것 아니냐는 것이 지역사회의 우려였다. 결국 이들은 "대전 엑스포 재창조사업 관련 시민 고발단 공개모집" 기자회견을 열어 공익 소송을 준비하기까지 이르렀다.[56]

그럼에도 불구하고 500억 지원은 예상처럼 쉽게 조정되지 않았다. 국가 예산이 넉넉지 않았거니와, 예산을 담당하는 기재부에서는 다른 지역과의 형평성을 고려할 때 대전시의 부담을 늘렸으면 늘렸지 더 이상 국가가 지원하는 것은 지양해야 한다는 입장이었기 때문이다. 기초과학연구원이라고 해서 예외일 수는 없었다. 지금까지 해왔던 과학기술정책, 지역개발정책의 패러다임들은 기재부의 판단 근거로 활용되었다. 다른 지역과 균등한 수준에서 이 사업 또한 이뤄져야 했던 것이다.[57] 실험적으로 시작한 은하도시 건설이었지만 그렇다고 해서 예산 또한 실험적으로 쓰일 수는 없었다.

사업을 주관하는 미래부는 기재부와 대전시 사이에서 조율을 시도했지만 결국 실패했다. 한편 대전시는 사이언스센터와 기초과학연구원 부지 사이에 도로가 생기는 이유로 특허정보원 유치 부지가 제구실을 할 수 없게 되어 나름대로 어려움을 겪고 있었다. 결국 미래부는 특허정보원이 들어서기로 한 부지를 기초과학연구원 부지 내로 옮기는 것으로 대전시와 합의를 했고, 대전시는 이렇게 확보한 특허정보원 부지를 현금 대신 신세계 측에 제공함으

55) 한겨레 (2015. 1. 26), 「대전 사이언스콤플렉스 백지화 여론 확산」.

56) 한겨레 (2015. 4. 1), 「'대전 엑스포 재창조 사업' 공익소송 한다」.

57) 이러한 인식은 기초과학연구원의 1인당 면적을 결정할 때도 영향을 미쳤다. 기존의 출연연들과는 확연히 다른 연구 환경을 구축하기 위하여 기초과학연구원은 처음에 1인당 120m²의 면적을 확보하길 기대했다. 하지만 예비타당성 심사에서 1인당 102m²로 축소되고 말았다. 축소 근거는 기존 출연연들의 평균 1인당 면적 값이었다. 한국개발연구원 (2013), 『2013년도 사업계획 적정성 검토 보고서: 국제과학비즈니스벨트 조성사업』 (서울: 한국개발연구원).

로써 43층 랜드마크 건물 설립을 지키기로 했다. 이러한 협상의 결과로 부지 경계가 변경되게 되었다.[58] 이와 함께 중앙정부는 500억 원을 지원하는 대신 300억 원 지원과 함께 과학도서관을 건립하기로 했다.[59] 기초과학연구원은 예상치 않았던 특허정보원을 부지 내로 들이게 되었고 과학도서관 또한 중앙정부와 지방정부의 협상 결과물로 전면에 배치하게 되었다. 과학도서관 건립은 기초과학연구원이 양해각서를 체결한 이후에도 진행된 중앙정부와 지방정부, 그리고 기초과학연구원 사이에 있었던 수많은 협상 중 일부였다. 이 같은 과정을 통해 기초과학연구원은 과학도시 대전의 상징으로 자리 잡게 된 것이다.

〈참고 5-1〉 엑스포 과학공원 기초과학연구원 본원 건설 관련 협상 안건

기초과학연구원 본원이 들어서게 된 엑스포 과학공원은 기초과학연구원, 대전시, 그리고 부지소유자인 대전마케팅공사 사이의 협상 외에도 아래와 같은 현안들이 얽혀 있는 공간이었다.

1) 특허정보센터: 대전시는 엑스포 과학공원 부지에 특허정보센터를 유치한다는 MOU를 이미 체결한 상태였는데, 기초과학연구원의 본원 건설이 결정되면서 대전시는 이 센터의 부지를 기초과학연구원 부지 내로 포함시켜 달라고 요구했다. 센터의 부지는 아직 협상 중이며, 위치는 기초과학연구원 부지 내에 입지하게 되었다.
- 관련 기관: 특허청, 특허정보원, 한국특허정보진흥센터, 특허진흥원

2) 엑스포 과학공원 내 존치시설
- 국제회의장과 시뮬레이션관: 대전시는 존치를 주장했는데, 협상 결과 철거가 결정되었고 기초과학연구원이 부지 내 도로를 건설하는 데 일부를 부담하는 것으로 협의했다.
- 교통문화체험장: 대전시가 존치를 주장했지만 협의 결과 한빛탑과 인접한 북측 위치에 대전시 비용 부담으로 IBS 착공 전 이전 설치하기로 결정했다.

3) 에너지관과 자기부상열차선로: 국유재산법에 따라 미래부로 이관 후 대전마케팅공사에 위탁해 철거하도록 결정했다.
- 관련 기관: 산업자원부, 미래창조과학부, 대전광역시

58) 김영환, 구능회 인터뷰 (2016. 3. 9).
59) 한겨레 (2015. 6. 16), 「대전 사이언스콤플렉스 500억 사업 본격화」.

4. 상징의 내부

2016년 6월 30일 기초과학연구원 본원 건립 기공식이 홍남기 미래창조과학부 차관, 권선택 대전 시장, 김두철 기초과학연구원 원장 등 관련 인사 200여 명이 참석한 가운데 개최되었다. 대전시와 기초과학연구원이 “과학”이란 상징을 공유하고 미래를 만들어갈 첫 삽을 뜬 순간이었다.[60]

기초과학연구원 본원은 크게 세 가지에 주안점을 두고 설계되었다. 첫째로는 외부와의 소통을 원활하게 하기 위하여 중앙 광장을 확보하는 것이었으며, 둘째로는 연구단 커뮤니티 시설 간의 소통을 강화하기 위하여 클러스터를 형성하는 것이었고, 마지막으로는 각 연구동 내에 연구원들 간의 소통

〈그림 5-5〉 기초과학연구원 조감도

출처: 기초과학연구원.

60) 뉴시스 (2016. 6. 30),「기초과학연구원, 본원 기공식… ‘세계 10대 연구기관 도약 추진’」; 연합뉴스 (2016. 6. 30),「대전 유성구서 기초과학연구원 본원 기공식」.

을 위하여 일명 “Creative Band”를 만드는 것이었다. “개방성”은 기초과학연구원의 핵심 가치로 연구원의 공간 및 시설들을 배치하는 데 주요 철학으로 작용되었다. 이를 통해 기초과학연구원은 그 자체로 연구단 내 연구원들 간의 소통뿐만 아니라, 서로 다른 연구단, 더 나아가 연구원과 지역사회의 소통까지 조율하는 열린 대화의 창구가 되기를 기대했다.[61]

예를 들어 각 연구동에는 서로 다른 연구원들이 언제든지 모여서 대화하고 교류할 수 있도록 다양한 형태의 커뮤니티 공간이 만들어졌다.[62] 본원 2층에 형성될 Creative Band는 커뮤니티 핵심공간으로 다목적 용도에 부합할 수 있는 기능적 디자인을 추구했다. 두 개의 카페테리아를 설치하여 동선을 분리하고 카운터 주변에는 오픈된 대기 공간을 형성해 공간의 혼잡함을 해소함과 동시에 자연스러운 교류의 장을 형성하고자 했다. 3층의 Creative

〈그림 5-6〉 기초과학연구원 지상 2층 평면도

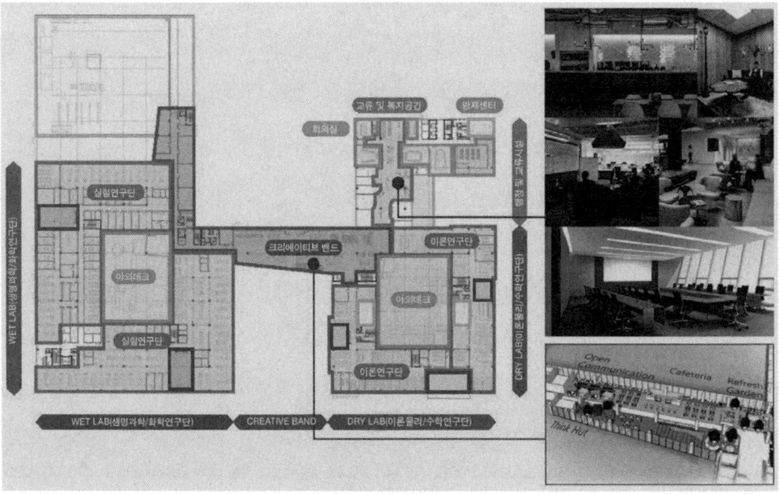

출처: 기초과학연구원.

---

61) 기초과학연구원 (2013), 『IBS 건립 기본계획 변경에 따른 기술기획 연구』 (대전: 기초과학연구원).

62) 김영환, 구능회 인터뷰 (2016. 2. 2).

Band는 오피스 공간으로 자료실 및 독서 공간을 조성하고 인문학, 사회과학 관련 다양한 서적을 비치함으로써 새로운 상상력을 불러일으킬 수 있는 공간을 마련했다. 세미나실 및 자유로운 연구시설 또한 설치하여 Wet 연구동과 Dry 연구동을 연결하는 상징적인 공간으로 사용했다.[63]

Wet 연구동은 주로 실험을 하는 연구단이 모여 있는 건물이며, Dry 연구동은 이론을 주로 연구하는 연구단이 모여 있는 건물이다. 원래는 이 두 종류의 연구단을 서로 분리하지 않고 한 연구동에 같이 모아두고자 했으나, 연구기기 설치 문제 및 내부 연구원들의 의견을 반영하여 따로 떨어져 각 연구동에 배치하기로 했다. 이에 Creative Band는 서로 다른 연구동의 연구원들을 이어주는 중요한 공간으로 자리매김하게 되었다(〈그림 5-6〉). Creative Band가 있는 공간은 투명한 창을 사용하여 내부와 외부의 소통 또한 상징적으로 드러내고자 했다.[64]

층별로 지하 1층에는 기계 전기실, 중간기계실, 장비반입구 등을 설치했으며, 지상 1층에는 통합로비, 공동사용시설(식당, 체육시설, 대회의실, 데이터센터, 공동실험장비실 등), 동물실험실을 설치했다. 2층에는 Creative Band를 중심으로 Wet 연구동에는 뇌과학, 생명과학, 화학 연구단이 들어설 예정이며, Dry 연구동에는 이론 물리 연구단 및 수학 연구단이 들어설 예정이다. 3층에는 행정시설과 함께 Wet 연구동에는 생명과학/화학 연구단, 유전체교정 연구단이 입주할 예정이며, Dry 연구동에는 이론 물리 연구단 및 수학 연구단이 입주할 예정이다. 4층에는 순수이론물리연구단 및 복잡계 이론물리연구단이 한 켠에 자리하고 있고 옥상정원 및 루프데크 공간을 형성하여 연구원들이 자유로이 휴식할 수 있는 공간을 마련했다. 각 층마다 연구원들의 동선을 최대한 고려하여 동선의 교차점이 극대화될 수 있는 방안으로 공간을 설

---

63) 미래창조과학부 (2015), 『기초과학연구원 본원 1차 건립사업』 (과천: 미래창조과학부).

64) 김영환, 구능회 인터뷰 (2016. 2. 2).

계했다. 지상 5층에는 원장실 및 외부 인사와의 접견을 위한 회의 공간 등을 설치했다.[65)]

각 연구단별 연구실은 표준화된 “Open Plan”을 반영하여 미리 공간을 설계해두지 않고, 선정된 연구단의 특성에 맞추어 설계를 하도록 했다. 이는 선정된 연구단의 요구를 최대한 수용하기 위한 것이기도 하지만 동시에 새로운 연구단이 지속적으로 유입되었을 경우에 대비하기 위함이기도 하다.[66)] 〈그림 5-7〉과 같이 최소한의 설계만을 해둔 채 연구단이 자유롭게 공간을 배치할 수 있도록 자율성을 열어두었다. 예를 들어 실험 벤치를 한곳에 밀집되어 배치를 하고 싶은 경우 그렇게 공간을 설계할 수 있고, 개인 공간을 없애

〈그림 5-7〉 연구단 배치 개념도

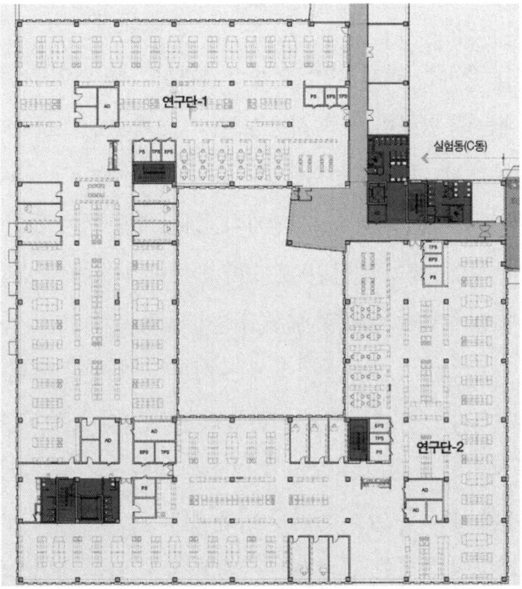

출처: 기초과학연구원.

65) 미래창조과학부 (2015), 『기초과학연구원 본원 1차 건립사업』.
66) 김영환, 구능회 인터뷰 (2016. 3. 9).

고 공동 사무실만 만들고 싶은 경우 공간 배치를 재구성할 수 있다. 하지만 연구실 내 공용 공간만은 선험적으로 확보해 연구실 내 다양한 연구진들이 서로 활발히 교류할 수 있게 했다. 이러한 자유로운 설계 방식은 기초과학연구원에 새로운 연구단이 계속 유입될 것임을 가정한 것이며, 향후 새 연구단들의 요구를 적극 반영하기 위함이다. 연구실의 건축 자재 및 가구 또한 언제든지 새로이 조정하고 변경할 수 있는 재료들을 선택했고, 이를 통해 공간의 유연성을 극대화하려 했다.[67]

본원 건설과 함께 중이온가속기는 새로이 구축사업단이 꾸려져 대전의 신동지구에 건설되고 있다.[68] 2013년 중이온가속기 구축사업 기본계획 변경 이후, 2014년 12월 중이온가속기 건설관련 부지매매 계약을 체결하고 기본설계를 착수했으며, 2015년 4월 기본계획을 2차로 변경했다. 기본계획 변경을 통하여 완공 시기를 2019년에서 2021년으로 연기했으며, 사업 범위를 장치구축 이외에 시설 건설까지 확대했다. 사업비는 4604억 원에서 시설건설비와 부지매입비를 추가하여 1조 4445억 원으로 확정되었다. 2015년 5월을 기점으로 4차년도 사업을 종료하고 5차년도 사업을 진행 중이다.[69]

한국형 중이온가속기(라온)로 설계된 새 가속기는 두꺼운 표적에 양성자를 충돌시켜 대전류 저에너지 동위원소빔을 생성하는 ISOL 방식과 얇은 표적에 중이온을 충돌시켜 소전류 고에너지 동위원소빔을 생성하는 IF 방식이 결합하여 〈그림 5-8〉과 같은 독창적인 모습을 띠게 되었다. 이는 ISOL 혹은

---

67) 김영환, 구능회(현 기초과학연구원 건설기획팀)는 설계의 유연성에도 불구하고, 실제로는 같은 이론 연구단 또는 실험 연구단끼리 비슷한 형태의 연구실 모습이 구축되고 있다고 언급했다; 김영환, 구능회 인터뷰 (2016. 2. 2). 이는 새로운 공간에 기존의 연구 문화 및 관습들이 충돌하면서 생기는 현상이라고 볼 수 있겠다.

68) 기초과학연구원의 중이온가속기 사업단은 별도의 인사규정에 따라 운영되고 있고, 연구비 지원 및 평가 또한 독립적으로 관리하고 있다. 참고로 기초과학연구원에는 총 3개의 인사규정(행정인력, 연구단, 가속기사업단)이 있다; 김원기 인터뷰 (2015. 7. 16).

69) 기초과학연구원 (2016), 「한국형 중이온가속기 설명자료」.

〈그림 5-8〉 한국형 중이온가속기(라온) 개념도

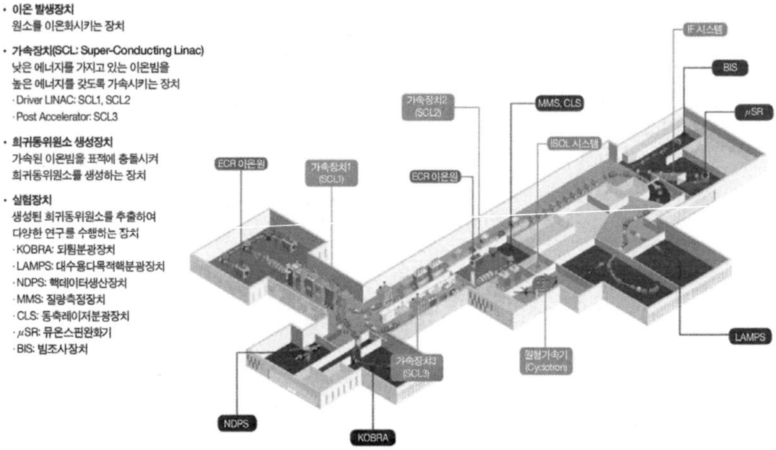

출처: 기초과학연구원 (2016), 「한국형 중이온가속기 설명자료」.

〈그림 5-9〉 정순찬 중이온가속기 사업단장

출처: 기초과학연구원.

IF 한 가지의 방식으로만 발견할 수 없는 새로운 희귀동위원소를 발견하기 위함으로, 200MeV/u의 빔에너지와, 400kW급의 가속 출력을 갖추고 있다. 주요 구성요소는 원소를 이온화시키는 이온 발생장치, 낮은 에너지를 가지고 있는 이온빔을 가속시키는 가속장치, 가속된 이온빔을 표적에 충돌시켜 희귀동위원소를 생성하는 희귀동이원소 생성장치, 생성된 원소를 추출하는

실험장치이다.[70]

라온이 완공되면 핵물리, 천체물리, 원자·분자 물리 등 아직 알려지지 않는 미지의 물리 세계를 열 수 있을 것으로 기대되며, 이를 바탕으로 물성과학, 의생명과학 등 다양한 분야에서 새로운 연구 및 활용이 가능할 것으로 보인다. 구체적으로 핵과학 분야의 경우 라온을 통해 새로운 원소의 발견 및 원소 생성의 근본원리를 규명할 수 있을 것으로 보이며, 원자 및 분자과학분야의 경우 희귀동위원소의 질량, 크기, 모양을 정밀하게 측정하여 핵의 종류를 세밀하게 분리하는 데 기여할 수 있을 것이라 보인다. 또한 물성과학 분야의 경우 물질의 전자기적 미세 구조를 비파괴적 방식으로 탐구할 수 있을 것이며, 의생명과학 분야의 경우 희귀동위원소의 고유한 특성을 살려 다양한 치료법 및 육종법을 개발할 수 있을 것으로 기대된다. 이 외에도 바이오, 의료, 소재, 에너지, 메카트로닉스 분야 등 다양한 분야에서 활용될 것이다.[71]

현재 총 네 가지의 추진 전략하에 중이온가속기가 구축되고 있다. 첫째로는, 국제협력을 통한 중이온가속기 구축으로 한정된 국내 가속기 전문 인력 현황을 고려하여 다양한 해외 가속기연구소와의 공동 연구 및 기술·인력 교류를 추진하고 있다. MOU를 맺는 국외 협력 기관에는 일본의 리켄, 미국의 페르미 연구소, 유럽의 CERN 등이 포함되어 있다. 두 번째로는 활용 시설을 구축하고 이용자 그룹을 육성하는 것으로 중이온가속기의 활용도를 제고하기 위해 노력하고 있다. 이를 위하여 중이온가속기 이용자협의회를 구성하여 이용자 지원 및 관리를 체계화 할 계획이며 각종 학술대회, 세미나 개최를 통해 국내외 연구자의 관심을 제고하고 잠재적 수요자를 확대할 예정이다. 또한 해외 중이온가속기를 활용한 연구 과제 등을 지원함으로써 2019년까지 이용자 그룹 1000명을 육성할 계획이다.

---

70) 미래창조과학부 (2013), 「중이온가속기 구축사업 기본계획 변경(안) (2013. 9. 27)」.
71) 기초과학연구원 (2016), 「한국형 중이온가속기 설명자료」.

셋째로는 국내 산업체의 참여 및 활용을 확대하는 방안으로 이를 통해 중이온가속기의 유지, 보수, 및 성능 향상에 필요한 기술력을 확보할 예정이다. 방사광가속기, 양성자가속기, K-STAR 사업 등에 참여한 다양한 중소기업 및 대기업의 참여를 유도하고자 한다. 마지막으로는 가속기 구축 경험이 있는 국내 전문 인력이 부족한 점을 감안하여 관련분야에 특화된 전문 인력을 양성하고자 하며, 이 일환으로 고려대 세종캠퍼스에 가속기 대학원을 설치, 운영할 계획이다. 이와 관련해서는 2014년 12월 중이온가속기 이용자 육성 기본계획을 수립하여 국내외 다양한 이용자 그룹을 육성 및 유치할 계획을 세우고 있으며, 이와 함께 2017년 7월에는 1단계 가속기 관련 건물을 시공할 것으로 예정하고 있다. 2018년 11월에는 2단계 가속기 관련 건물들을 시공할 예정이다.[72)]

〈표 5-2〉 라온 분야별 주요 활용분야

구분	주요 연구내용
핵과학	우주·우주원소의 기원 및 별의 진화연구, 핵구조 및 핵력의 본질 규명, 차세대 원자력 연구개발의 기본요소인 핵반응/핵구조 데이터 구축, 핵과학 이론연구 등
원자 및 분자과학	희귀동위원소 질량 정밀측정 기술 및 원자조작 기술 개발, 미세 '원자핵구조' 측정기술 개발, 원자물리 기본상수 정밀측정
물성과학	원자핵 하나의 전자기 효과도 측정할 수 있는 초민감 물성 측정장치 개발, 고온초전도체, 반도체, 나노자성체 및 위상절연체 등의 신소재 물질 특성 연구
의생명과학	희귀동위원소를 이용한 치료법 개발, 희귀동위원소 육종법 개발

출처: 기초과학연구원.

72) 미래창조과학부 (2013), 「중이온가속기 구축사업 기본계획 변경(안) (2013. 9. 27)」.

〈참고 5-2〉 기초과학연구원 건립 계획의 변화 (2012-2013)

※ **도룡지구 추가 및 변경 전** 기초과학연구원 건립을 위한 기본계획 수립연구, KISTEP (2012.5)

[본원] 대전시 유성구 둔곡지구 일원
- 기능: 국제과학비즈니스벨트의 핵
- 대지면적 505,921m^2 (약 15만 평), 건축연면적 182,700m^2 (약 5만 5000평)
- 총 사업비: 4,880.7억 원
- 사업추진계획: 2013년 1분기-2015년 2분기: 기본 및 실시설계

2014년 1분기-2017년 4분기: 시설공사

(2016년 4분기 말: 1차 시설 준공 및 입주, 2017년 말: 2차 시설 준공)
- 설계개념: 'Nature-EYE'

  현상의 본질을 꿰뚫는 과학자들의 '눈'과 인류의 삶을 윤택하게 하는 '개척자적 정신'을 상징

  - **명확한 방향성**을 갖는 점층적 공간배치
- 단지계획 및 조닝계획 원칙: 연속된 만남과 모임의 공간, 주변 환경을 고려한 건축물 계획, 기능 간의 혼합 배치, 시간에 따라 진화하는 연구원 / 입지여건(하천 중심 클러스터, 주변 자연지형)에 맞는 토지이용계획

[중이온가속기] 대전시 유성구 신동지구 일원
- 기능: 국제과학비즈니스벨트의 핵심장비
- 대지면적 1,049,504m^2 (약 32만 평), 건축연면적 135,582m^2 (약 4만 평)
- 총 사업비: 4,937.7억 원
- 사업추진계획: 2013년 1분기-2016년 1분기: 설계

  2014년 1분기-2017년 4분기: 시설공사

  (2017년 1-4분기: 가속기 설치)
- 설계개념: 'Thru Sci-LUX'

  과학의 빛을 통해 발견하는 통찰력

  - 중이온가속기를 통한 실험증명과 이를 바탕으로 사고증명하고 발전시키는 실험시설이 서로 **순환하며 공명**을 일으키는 점층적 공간배치
- 배치계획원칙: 가속기시설의 랜드마크화, 수계 및 지질분석을 통한 안정지역 확보, 적정레벨계획, 가속기 및 부대시설의 유기적 배치, 자연이 어우러진 쾌적한 연구환경 조성

[캠퍼스 연구단] 5대 과학기술특성화대학 일원
- 기능: 지역 연구역량 결집을 위한 거점
- 총 대지면적 112,567-123,992m^2 (약 3.4만-3.8만 평), 총 건축연면적 199,500m^2 (약 6만 평)
- 총 사업비: 5,073.0억 원
- 사업추진계획: 2012년 3분기-2017년 4분기: 캠퍼스 건설완료 전 특화대학 내 시설 이용 및 운용

  2013년 1분기-2015년 2분기: 기본 및 실시설계

  2014년 1분기-2017년 4분기: 시설공사

  (2016년 4분기 말: 1차 시설 준공 및 입주, 2017년 말 : 2차 시설 준공)
- 설계개념: 'The Scientist's HANDS'

  기초과학연구원, 특화대학, 그리고 지역 연구역량과의 교류와 연계를 통해 지역 내 과학 중심 커뮤니티 상징

  - 각각의 시설이 네트워크를 이루며 **다방향으로 점층**되는 공간배치
- 캠퍼스 계획원칙: Local Research Hub, Scientist Community Hub, Local Faculty Hub

※ **도룡 지구 추가 변경 이후** IBS 건립 기본계획 변경에 따른 기술기획연구, 기초과학연구원 (2013. 12)

[본원] 대전시 유성구 도룡지구 일원

- 기능: 국제과학비즈니스벨트의 핵
- 총 대지면적 259,769m^2 (약 7.9만 평), 총 건축연면적 122,740m^2 (약 3.4만 평)
- 총 사업비: 3,267.63억 원
- 사업추진계획: 2014년 1분기-2015년 4분기: 철거공사 (23개월)
  2014년 2분기-2015년 2분기: 1단계 기본 및 실시설계
  2015년 3분기: 1단계 시설 공사 시작 (30개월, 2017년 12월 준공)
  2018년 1분기: 2단계 기본 및 실시 설계진행 (12개월, 2018년 12월 설계 완료)
  2019년 1분기: 2단계 시설공사 (36개월, 2021년 12월 준공)
- 설계개념: 'Scientific Brain Wave'
  소통을 통해 창조적 영감을 얻어 창조적 영감을 얻어 세상으로 공명되어 나아가는 시작점
  - 개방성을 갖는 점층적으로 열린 공간배치
- 단지계획 및 조닝계획 원칙: 변경 전과 기본적으로 동일하나, 도심이라는 장소적 여건이 추가되고, 시민과의 소통을 위한 common place 조성 등이 원칙으로 자리 잡음

[중이온가속기] 대전시 유성구 신동지구 일원

- 기능: 기초과학연구의 핵심장치
- 총 대지면적 979,389m^2 (약 29.6만 평), 총 건축연면적 130,257m^2 (약 3.9만 평)
- 사업비: 9,842.83억 원
- 사업추진계획: 2014년 2분기: 기본설계 진행 (12개월)
  2015년 2분기: 실시설계 진행 (9개월)
  2016년 1분기: 현장 설계 및 시설공사 시작 (70개월)
  2019년 1분기: 가속기설치 (36개월)
- 설계개념 및 배치계획원칙: 변경 전과 동일

[캠퍼스 연구단] 전국 5개 과학특성화대학 (KAIST, GIST, DGIST, UNIST, POSTECH)

- 기능: 연구원 본원, 중이온가속기와의 연결 및 지역 연구역량의 결집
- 총 대지면적 125,300m^2 (약 4.4만 평), 총 건축연면적 127,000m^2 (약 3.8만 평)
- 사업비: 3,550.6억 원
- 사업추진계획: 2015년 1분기: 1단계 기본 및 실시 설계진행 (12개월)
  2016년 1분기: 1단계시설공사 (24개월)
  2018년 1분기: 2단계 기본 및 실시 설계진행 (12개월)
  2019년 1분기: 2단계 시설공사 (24개월)
- 설계개념: 'Creative Neuron'
  기초과학연구원 본원, 중이온가속기, 특화대학 그리고 지역 연구역량과의 상호교류를 통한 과학 중심 커뮤니티 연계 상징
  - 각각의 시설이 커뮤니티 공간을 중심으로 서로 상호교류하는 공간배치
- 캠퍼스 계획원칙: 변경 전과 동일

결론

2011년 기초과학연구원의 설립은 단순히 한 연구기관의 탄생을 의미하는 것이 아니라 새로운 제도의 시작을 알리는 일이었다. 대학과 정부출연 연구소 중심으로 형성되어 있던 연구개발 생태계에 변화를 일으켜 그동안 등한시 되어왔던 기초과학 분야에 새바람을 불어넣으려는 오랜 노력의 결실이었던 것이다.

연구조직은 단장들을 중심으로 부단장, 그룹리더, 연구위원 등으로 집단화, 대형화되었고, 지원방식도 단기평가를 줄이고 장기적인 방식으로 바뀌어 연구자들이 안정적으로 과학의 근본적인 문제에 몰두할 수 있도록 했다. 연구평가도 정성적인 동료평가 위주로 바꾸었다. 또한 우수한 연구자들을 단장으로 선발하기 위해 기관 소속 문제에도 유연성을 두었다. 기초과학연구원 본원 건물에서 실험실을 운영할 "본원 연구단" 및, 소속 대학에서 교육과 행정의 부담을 줄인 가운데 연구에 전념할 수 있는 환경을 조성한 "외부 연구단"이 설치되었고, 과학기술특성화대학들을 중심으로 연구단들의 집단을 만들되 소속은 기초과학연구원으로 하는 "캠퍼스 연구단"의 형태도 마련되었다. 이 결과 기초과학연구원은 국내외 대학 및 연구소와 긴밀한 네트워크를 형성하게 되었다. 국민의 세금으로 운영되지만 외국인 과학자도 연구단장으로 고용할 수 있는 개방성을 견지하고, 연구재단과 같은 펀딩기관은 아니지만 대학 연구자를 지원할 수 있는 권한을 갖추었다. 정부예산에 전적으로 의존한다는 점에서는 기존의 정부출연 연구소와 크게 다르지 않지만, 원자력, 표준, 통신, 에너지 등과 같이 특정 분야에서 국가가 필요로 하는 연구를 수행하는 임무중심연구소(mission-oriented institute)라기보다는 기초과학이라는 열린 형태의 문제(open-ended question)를 추구하는 기관이었다. 이처럼 기초과학연구원은 기존의 지식 생태계에 존재하고 있던 눈에 보이지 않는 장벽에 도전하고 이를 허무는 역할을 하게 되었다.

기관의 설립이 새로운 제도의 형성을 수반했다는 점에서, 기초과학연구원(IBS) 설립의 역사적 중요성은 한국과학기술연구소(KIST) 및 한국과학기술원(KAIST)의 경우와 비견될 수 있을 것이다. 1966년 설립된 KIST가 "한국의 현대적 연구체제의 형성"에 핵심역할을 하며 여러 정부출연 연구소의 모태가 되었고, 1971년 대학원을 중심으로 시작한 KAIST가 대학의 연구기능을 강조하는 연구대학의 효시가 되었다면, 기초과학연구원은 이렇게 만들어진 지식 생태계에서 기초과학 연구 및 지원의 새로운 패러다임을 제시한 것이다.

하지만 기초과학연구원 설립의 사회경제적 배경은 크게 달랐다. KIST와 KAIST는 개발도상국이었던 한국이 선진국으로부터 기술을 도입하여 배우고 향상시켜 산업발전을 일으키기 위해 설립되었는데, 이에 반해 IBS는 선진국의 대열에 올라선 한국이 21세기 신산업의 선도자가 되기 위해선 기초과학의 연구역량을 키워야 한다는 문제의식에서 출발했다. 선진국을 모방하고 쫓아가던 추격형 기술발전의 모형에서 벗어나 대학과 연구소에서 만들어진 지식으로 기술혁신을 주도하여 국가경쟁력을 키우려면, 오히려 기술개발과는 거리가 먼 것처럼 보이는 기초과학 분야에서의 역량강화가 중요하다는 인식이 퍼져 있었다.

또한 국가적 과제를 설정하고 추진하는 정치 환경도 크게 바뀐 상태였다. 과거 군부정권 시절에는 마치 백지에 그림을 그리듯 대통령의 의지로 KIST 및 KAIST와 같은 기관을 만들 수 있었지만, 이젠 밑으로부터의 의견 청취와 정치권에서의 논의과정을 거쳐야만 했다. 기초과학의 지원방법과 주체를 두고 대학중심 담론과 정부출연 연구소 담론 사이에 치열한 경쟁이 있었는데, 새로운 기관의 설립을 위해선 이를 뛰어넘어 정치권의 관심을 끌 수 있는 것이 필요했다. 이에 과학도시 담론이 나왔다. 과학과 예술이 어우러져 함께 발전하는 모습을 상정한 이른바 "은하도시" 아이디어는 2007년 대통령 선거를 거치면서 중요한 정치적 의제로 자리 잡았다. 점차 문화도시 성격의 은하도시는 산업혁신의 기능이 강조된 과학비즈니스도시로, 그리고 지역을 엮어 함께 발전하는 형태의 과학비즈니스벨트로 변모해갔고, 행정중심복합도시로 개발 예정되어 있던 세종시의 수정계획과 연계되면서 정치적 급물살을 탔다. 결국 정당과 정파 간 힘겨루기 및 중앙정부와 지방정부의 타협 끝에 새로운 과학도시 건설의 기대는 사라지고 기존의 과학도시 대전에 기초과학연구원이 자리 잡게 된 것이다.

이런 맥락에서 기초과학연구원의 설립은 21세기 한국 사회의 "전략적 선택"이었다. 중앙정부는 노벨상 수상의 꿈과 원천기술 확보의 희망을 키우게 되었고, 지방정부는 대전을 과학도시로 브랜드화하여 국제적인 도시로 도약할 계획을 세우게 되었으며, 과학계는 적어도 일부 분야에서는 세계적 과학자들과 비슷한 규모로 당당히 경쟁할 수 있는 체제를 갖추게 되었다. "사회 속의 기초과학"은 이처럼 다층적으로 표출되었다.

기초과학연구원의 설립은 사실 기초과학을 사회 속에 뿌리내리기 위한 긴 여정의 첫걸음에 불과했다. 본원의 부지매입비와 관련된 중앙정부와 지방정부 사이의 갈등이 그 힘겨운 여정을 예고했다면, 매년 실시되는 정부예산편성과정에서 기초과학연구원의 예산을 처음 계획된 만큼 확보하는 것은 가시밭길을 걷는 것과 같았다. 해마다 재조정되는 정부정책의 우선순위 속에서 기초과학의 필요성과 예산확보의 당위성을 설명하고 이해를 구해야 했다. 또한 과학자들에게도 기초과학연구원의 존재가치를 알려야 했다. 기초과학연구원은 과학자들의, 특히 기초과학연구자들의 기나긴 염원 끝에 만들어진 것이지만, 그 혜택을 직접적으로 받는 사람과 그렇지 않은 자의 관점은 다를 수밖에 없었다. 수월성 있는 "스타급" 연구자를 발굴해 집중 지원하는 것을 목표로 하더라도, 지식 생태계에서의 여러 연구자들이 상생하여 함께 성장할 수 있도록, 즉 기초과학의 저변을 강화하는 데에도 일조를 할 수 있는 방법을 찾기 시작했다. 유망한 포스트닥 레벨의 연구자를 발굴하여 독립적인 연구를 할 수 있도록 지원하는 프로그램이 그 한 예이다.

기초과학연구원이 지식 생태계에 던진 파장은 2013년 생물학연구정보센터(BRIC)의 소리마당 게시판에서 제기되었던 비판에서 확인할 수 있다. 과학기술 연구 인력의 양적 성장이 극심한 연구비 경쟁을 가져오는 것은 다른 선진국에서도 발견되는 일반적인 현상이지만, 이 당시 연구자들의 불만의 화살은 새롭게 등장한 기초과학연구원에 쏠리게 되었다. 대형 과제 중심의 기초과학연구원의 출범으로 소규모의 많은 연구과제들이 상대적으로 피해를 보는 것은 아닌지 의구심이 존재했었다. 사실 기초과학연구원의 예산은 전체 연구개발 예산과는 별개의 항목으로 책정되기 때문에 기초과학연구원이 연구비의 "블랙홀"이라는 주장은 오해에 기인한 것이었지만, 연구단장 이하 중간 단계의 연구자들에 대한 자질과 예산규모에 대한 논란은 피할 수 없었다. 기초과학연구원은 처음부터 수월성, 자율성, 개방성, 창의성 등 과학자 사회에서 보편적으로 받아들여지는 가치를 운영철학으로 삼아, 수월성을 검증받은 연구단장이 자율적으로 연구단을 꾸며 창의적인 연구를 할 수 있도록 했는데, 이것만으로는 사회 속에 기초과학연구원이 자리 잡는 데 부족했었다. 오히려, 투명성, 공정성, 합목적성 등 민주사회의 보편적 가치가 기관 운영에 더 적극적으로 반영되어야 할 필요가 증명된 것이다.

앞으로 펼쳐질 기초과학연구원의 미래는 어떻게 그릴 수 있을까? 그 설립 과정과 5년의 역사를 통해서 배울 수 있는 교훈은 무엇일까? 이 질문들은 본 연구서의 범주를 넘어서는 것이긴 하지만 다음과 같은 것들을 화두로 생각해볼 수 있을 것이다.

첫째, "사회 속의 기초과학"을 뿌리내리는 일이 중요하다. 이를 위해서 연구 분야의 "전략적 선택"은 불가피하다. 즉, 사회가 필요로 하는 주제에 초점을 맞추되 이와 관련된 근본적인 문제의 폭은 가능한 넓게 상정하는 것이 좋다. 또한 연구자들은 보다 "성찰적" 자세를 견지해야 할 것이다. 이는 단순히 투명한 연구단 운영과 연구비 집행을 의미하는 것이 아니다. 본인의 연구가 가져올 사회적 영향, 윤리적 문제 등에 대해 보다 적극적으로 사회와 소통하고 민주주의 가치가 연구방향 설정에 도움이 될 수 있도록 계속 고민해야 할 것이다.

둘째, 기초과학연구원의 활동영역과 운영방식은 변화하는 사회적·지적 환경 속에서 재정의될 수 있겠으나, 초기의 정체성을 잃지 않는 것이 중요하다. 이는 대학 조직 및 기존 정부출연 연구소와의 차별성과 관련 있다. 즉, 기초과학의 지식 생태계에서 기초과학연구원이 담당할 고유한 역할은 무엇인지 계속 고민하고 찾아내는 일이 필요하다. 대학과 연구소 사이에 협력을 이끌어내는 모델을 제공할 수 있겠고, 대학과 연구소가 쉽게 하지 못하는 연구주제를 발굴해 도전할 수 있을 것이다. 또한 해외의 연구 네트워크를 적극 활용하여 국제공동연구를 위한 컨소시엄을 조직하거나 적극적으로 참여할 수도 있다.

셋째, 원장 및 단장의 자율성, 우수한 연구자에 대한 개방성, 연구 성과에 대한 정성적 평가 등 설립 초기에 실시했던 새로운 실험들이 잘 정착할 수 있도록 노력하는 것이 중요하다. 이를 위해 어떤 노력을 할 수 있을까? 먼저 기초과학연구원은 그 누구보다도 엄정하고 공정하며 투명한 운영과 자체 평가를 실시해 나쁜 선례를 만들 만한 소지를 없애고 과학자 사회와 시민사회의 신뢰를 쌓아가는 것이 필요하다. 이와 더불어 정부와 사회는 인내심을 가지고 기초과학연구원이 새로운 전통을 만들어갈 수 있도록 정책적 배려를 해야 할 것이다.

넷째, 조급한 성과주의를 경계해야 할 것이다. 기초과학연구원에 대한 사회적 기대가 큰 만큼 노벨상 수상이나 원천기술 개발과 같은 한두 가지 잣대로 성과를 평가하려는 경향이 나타날 수 있다. 보다 더 중요한 것은 최첨단 연구를 하면서 아무도 도전하지 못했던 새로운 문제를 계속 발굴하고 추구하고 있는지 판단하는 작업일 것이다.

다섯째, 기초과학의 지식 생태계에서 기초과학연구원이 어떤 리더십을 발휘할 수 있을지 고민할 필요가 있다. 이는 기초과학의 Big Science와 Small Science 간의 관계설정의 문제이다. 기초과학연구원은 대형과제의 형태로 기초과학을 지원하고 있지만, 과제의 규모 자체에 대해서는 유연성을 가지는 것이 좋다. 다시 말해, 유망한 소형과제에 대해 장기적으로 지원하고 필요에 따라 적절한 시점에 이를 대형화하는 전략도 생각해볼 수 있다.

이 책은 기초과학연구원의 설립과 성장과정을 중심으로 한국 기초과학정책의 역사를 살펴본 연구서이다. 실제로 이 기관에서 수행되고 있는 다양한 연구에 대한 과학사적 평가와 고찰은 아마도 5년이 지난 10주년 또는 그 이후에나 가능할 것이다. 그때가 되면 기초과학연구원이 국제 학계, 한국 사회, 그리고 대전시에서 그 가치를 드러내는 기관으로 성장해 있으리라 기대한다.

참고문헌

1. 기초과학연구원 관련 자료

1) 기초과학연구원 내부 문건

기초과학연구원 (2011), 「기초과학연구원 전 직원 워크숍 자료 (2011. 12. 21)」

기초과학연구원 (2012), 『기초과학연구원 설립, 운영 기본계획 및 주요 규정』, 대전: 기초과학연구원

기초과학연구원 (2012), 『기초과학연구원 연구단 선정계획 및 운영방안 설명회』, 대전: 기초과학연구원

기초과학연구원 (2012), 「기초과학연구원 중장기 발전계획(안) (2012. 12. 20)」

기초과학연구원 (2012), 「제7차 IBS 발전위원회 회의 결과 (2012. 12. 20)」

기초과학연구원 (2013), 『IBS 건립 기본계획 변경에 따른 기술기획연구』, 대전: 기초과학연구원

기초과학연구원 (2013), 『기초과학연구원 중장기 발전계획 수립을 위한 기획연구』, 대전: 기초과학연구원

기초과학연구원 (2013), 「창조경제 클러스터의 허브 조성(안) (2013. 5. 15)」

기초과학연구원 (2014), 『2013년도 기초과학연구원 성과보고서』, 대전: 기초과학연구원

기초과학연구원 (2016), 「한국형 중이온가속기 설명자료」

기초과학연구원 과학자문위원회 (2012), 「SAB 2차 회의 회의록 (2012. 5. 16)」

기초과학연구원 과학자문위원회 (2012), 「SAB 역할 강화방안 마련을 위한 과학자문위원회(SAB) 워크숍 (2012. 9. 6)」

기초과학연구원 대외협력팀 (2012), 「[보도자료] IBS 연구단장후보 공개 심포지엄 일정확정 (2012. 4. 16)」

기초과학연구원 발전위원회 (2012), 「제4차 발전위원회 회의 (2012. 3. 28)」
기초과학연구원 발전위원회 (2012), 「기초과학연구원 발전위원회 5차 회의 (2012. 4. 23)」
기초과학연구원 보도자료 (2014), 「'IBS - 영국 왕립학회 리서치 컨퍼런스' 개최 (2014. 10. 15)」
기초과학연구원 보도자료 (2014), 「IBS 신규 연구단장 3명 연구 착수 (2014. 12. 16)」
기초과학연구원 보도자료 (2015), 「나노과학·의학 융합해 생명현상 조절·질병 치료 (2015. 4. 30)」
기초과학연구원 보도자료 (2015), 「IBS, 기초의학 분야 연구단 첫 출범 (2015. 7. 2)」
기초과학연구원 보도자료 (2015), 「'IBS - 영국 왕립학회 리서치 컨퍼런스' 영국서 개최 (2015. 9. 11)」
기초과학연구원 보도자료 (2016), 「기초과학연구원 2016년 'IBS 콘퍼런스' 개최 (2016. 7. 15)」
기초과학연구원 설립사무국 (2011), 「기초과학(연)의 연구사업과 기초연구사업 및 출연(연) 일반사업과의 차별성」
기초과학연구원 설립사무국 (2011), 「기초과학연구원의 Site-lab 개념과 고려사항 (2011. 2. 11)」
기초과학연구원 설립사무국 (2011), 「제1차 기초과학연구원 설립위원회 회의록 (2011. 6. 15)」
기초과학연구원 설립사무국 (2011). 「기초과학연구원 설립 WG별 추진과제 및 향후 일정 (2011. 6. 22)」
기초과학연구원 설립사무국 (2011), 「우수 연구자 pool 구축을 위한 기술 분야별 국가과학자 인터뷰 (2011. 6. 28)」
기초과학연구원 설립사무국 (2011), 「기초과학(연) 설립 연구단 운영 WG 2차 회의록 (2011. 7. 7)」
기초과학연구원 설립사무국 (2011), 「설립사무국 운영 WG 주요 업무별 1차 검토 결과 (2011. 7. 7)」
기초과학연구원 설립사무국 (2011), 「기초과학연구원 설립 WG 연구단 운영 분과 3차 회의 워크숍 (2011. 7. 14)」
기초과학연구원 설립사무국 (2011), 「제2차 기초과학(연) 설립위원회 회의록 (2011.

7. 22)」
기초과학연구원 설립사무국 (2011), 「기초과학연구원 설립·운영방안 (2011. 7. 22)」
기초과학연구원 설립사무국 (2011), 「기초과학(연) 연구단 운영 세부업무 검토 (2011. 8 10)」
기초과학연구원 설립사무국 (2011), 「기초과학(연) 연구단 선정·운영방안 (2011. 8. 25)」
기초과학연구원 설립사무국 (2011), 「기초과학(연) 연구단장 선정방안(안) (2011. 8. 25)」
기초과학연구원 설립사무국 (2011), 「제4차 기초과학(연) 설립위원회 회의록 (2011. 9. 16)」
IBS 뉴스레터 (2013), 「기초과학의 가치, 이들에게서 증명된다 (2013년 6월호)」, http://www.ibs.re.kr/newsletter/2013/06/sub_01.html
IBS 뉴스레터 (2013), 「IBS에 대한 오해는 이제 그만 (2013년 6월호)」, http://www.ibs.re.kr/newsletter/2013/06/sub_02.html
IBS 뉴스레터 (2013) 「천상 수학자 오용근 연구단장, "한국 수학, 지금이 기회다" (2013년 7월호)」, http://ibs.e-eyagi.com/2013/07/sub_01.htm
IBS 뉴스레터 (2013), 「새로운 자연현상 찾는게 기초과학… 연구결과 쌓일 때 혁신 가능 (2013년 8월호)」, http://www.ibs.re.kr/newsletter/2013/08/sub_ 01.htm
IBS 뉴스레터 (2013), 「IBS 둘러싼 오해와 진실, 26일 'IBS 연구단 방향에 대한 토론회' 개최 (2013년 9월호)」, http://ibs.e-eyagi.com/2013/09/sub_04.htm
IBS 뉴스센터 (2013), 「[IBS 연구단 방향에 대한 토론회] 발표 및 토론자료 (2013. 10. 4)」, 송충한, 이일하 발표자료 http://www.ibs.re.kr/cop/bbs/BBSMSTR_000000000491/selectBoardArticle.do?nttId=54
IBS 뉴스레터 (2013), 「영양분, 미생물과 면역체계 복합연구는 세계 유일 (2013년 12월호)」, http://ibs.e-eyagi.com/2013/12/sub_01.htm
IBS 뉴스레터 (2014), 「힉스입자 규명… 이제 표준모형 다음 단계를 밝힌다 (2014년 1월호)」, http://www.ibs.re.kr/newsletter/2014/01/sub01.htm
IBS 뉴스레터 (2015), 「DNA 복구 과정 밝혀 암과 노화 수수께끼 푼다 (2015년 2월호)」, http://www.ibs.re.kr/newsletter/2015/02/sub_02.html

IBS Center for Soft and Living Matter (2016), 「학제 간 연구로 일상에서 새로운 지식 발견한다 (2016. 5. 31)」, http://softmatt.ibs.re.kr/bbs/board.php?bo_table=news & wr_id=29
김두철 기초과학연구원 제2대 원장 취임사 (2014. 9. 22) http://www.ibs.re.kr/newsletter/2014/10/sub_02.html

2) 기타 보고서 및 관련 자료

교육과학기술부 외 (2009), 「국제과학비즈니스벨트 종합계획 (2009. 1)」
교육과학기술부 (2010), 「국제과학비즈니스벨트 종합계획(안) (2010. 1. 11)」
교육과학기술부 국제과학비즈니스벨트기획단 (2011), 『미래 기초과학 강국을 위한 새로운 도전: 국제과학비즈니스벨트 2000일의 기록』, 서울: 교육과학기술부
교육과학기술부 (2011), 「국제과학비즈니스벨트 조성사업 추진계획(안) (2011. 5. 16)」
교육과학기술부 (2011), 「2012년도 기초과학연구원 연구사업 신규 연구단 선정계획(안) (2011. 8)」
교육과학기술부 (2011), 「국제과학비즈니스벨트 기본계획 (2012-2017) (2011. 12)」
교육과학기술부 (2011), 「제5회 국제과학비즈니스벨트위원회 회의록 (2011. 12. 2)」
교육과학기술부, 기초과학연구원 보도자료 (2012), 「기초과학연구원 연구단장 10명 선정 (2012. 5. 7)」
교육과학기술부, 기초과학연구원 보도자료 (2012), 「2012년 - 2차 기초과학연구원 연구단장 7명 선정 (2012. 10. 5)」
국제과학비즈니스벨트 기획단 (2011), 「기초과학연구원위원회 워크숍 결과 보고 (2011. 5. 4)」
국제과학비즈니스벨트 기획단 (2011), 「기초과학연구원위원회 워크숍 속기록 (2011. 5. 4)」
국제과학비즈니스벨트 기획단 (2011), 「과학벨트 기초과학연구원위원회 워크숍 속기록 (2011. 5. 4)」
국제과학비즈니스벨트 기획단 (2011), 「제2차 기초과학연구원위원회 회의록 (2011. 5. 12)」

국제과학비즈니스벨트 기획연구단 (2008), 「국제과학비즈니스벨트 기획연구: 제1차 공청회 (2008. 11. 18)」, 발표자료
국회사무처 (2009), 「제282회 교육과학기술위원회회의록 제3호」
국회사무처 (2009), 「제283회 교육과학기술위원회회의록 제2호」
미래창조과학부 (2011. 1. 4 제정, 2011. 4. 5 시행), 「국제과학비즈니스벨트 조성 및 지원에 관한 특별법, 제21조」
미래창조과학부 (2013), 『국제과학비즈니스벨트 기본계획 변경(2012-2017)』, 과천: 미래창조과학부
미래창조과학부 (2013), 『대덕연구개발특구 엑스포 과학공원 개발계획 및 국제과학비즈니스벨트 거점지구(도룡지구) 개발계획』, 과천: 미래창조과학부
미래창조과학부 (2013), 「국제과학비즈니스벨트 부지매입비 확보방안(안) (2013. 6. 2)」
미래창조과학부 (2013), 「중이온가속기 구축사업 기본계획 변경(안) (2013. 9. 27)」
미래창조과학부 (2015), 「국제과학비즈니스벨트 기본계획: 2012-2021 (2015. 8. 26)」
미래창조과학부 (2015), 『기초과학연구원 본원 1차 건립사업』, 과천: 미래창조과학부
미래창조과학부 보도자료 (2013), 「제1회 국제과학비즈니스벨트 포럼 (ISBB 2013) 개최 (2013. 5. 1)」
미래창조과학부 보도자료 (2014), 「IBS 20명 연구단장 연구 착수 (2014. 1. 3)」
심시보, 정유진 (2013), 「도심형 사이언스파크의 부상」, 『R&D InI』 제7호, 121-133쪽
은하도시포럼 (2007), 『행복한 과학 (과학 기술 푸른 혁명)』, 서울: 중앙북스
이명박 (2005), 「행정수도에 관해 저 이명박이 말씀드립니다」, 서울시 홈페이지 게시글
이명박 (2015), 『대통령의 시간 2008-2013』, 서울: 알에이치코리아
전승준 (2007), 「국제과학비즈니스도시의 성공조건」, 『국제과학비즈니스도시 심포지엄 자료집』
제17대 대통령직인수위원회 (2008), 『대통령직인수위원회 백서. 제17대, 성공 그리고 나눔』, 서울: 대통령직인수위원회
테크노베이션파트너스 (2009), 『국제과학비즈니스벨트 기획연구』, 서울: 교육과학기술부
한국개발연구원 (2013), 『2013년도 사업계획 적정성 검토 보고서: 국제과학비즈니

스벨트 조성사업』, 서울: 한국개발연구원
한국과학기술기획평가원 (2009), 『기초과학연구원 건축 개념 및 방향설정』, 서울: 한국과학기술기획평가원
한국과학기술기획평가원 (2011), 「기초과학연구원 Site-lab 설치·운영 방안(안)」
한국과학기술기획평가원 (2011), 「기초과학연구원 설립 실행계획(안) (2011. 5. 30)」
한국과학기술기획평가원 (2011), 「기초과학(연) 이중소속제 도입 방안의 검토 (2011. 2. 22)」
한국과학기술기획평가원 (2012), 『기초과학연구원 건립을 위한 기본계획 수립연구』, 서울: 한국과학기술기획평가원
한국과학기술단체총연합회 (2008), 「국제과학비즈니스벨트 기획연구: 제2차 공청회 (2008. 12. 22)」, 발표자료
한나라당 (2007), 『일류국가 희망공동체 대한민국(한나라당 대선공약집)』, 서울: 북마크
한나라당 일류국가비전위원회 과학기술분과위원회 (2007), 「〈대표공약〉 국제과학기업도시 건설 방안」
홍승우 (2007), 「국제과학비즈니스도시의 꿈」, 국제과학비즈니스도시 심포지엄 자료집
BRIC 커뮤니티 (2013), 「기초과학연구원(IBS 포함) 관련 소리마당 의견을 취합해서 전달했습니다 (2013. 5. 20)」, (ID: BRIC) http://www.ibric.org/myboard/read.php?Board=sori&id=155866)
BRIC 동향 (2013), 「BRIC이 만난 사람들: 기초과학연구원 오세정 원장 – "IBS는 기초과학을 선도하는 세계적인 연구기관이 목표" (2013. 6. 25)」, http://www.ibric.org/myboard/read.php?Board=interview&id=1226&Page=3
BRIC 커뮤니티 (2013), 「IBS로 노벨상의 꿈을… 뿜겠다, 정말! (2013. 8. 29)」 (ID: 일하리~), http://www.ibric.org/myboard/read.php?Board=sori&id=163366
BRIC 커뮤니티 (2013), 「서울대 이일하 교수 BRIC 게시물에서 오해의 소지가 있는 부분을 해명하고자 합니다 (2013. 8. 29)」 (ID: IBS) http://www.ibric.org/myboard/read.php?Board=sori&id=164166&Ksearch=1&FindIt=EXT&FindText=%C0%CC%C0%CF%C7%CF

BRIC 커뮤니티 (2013), 「IBS로 인한 '과학계 민란'을 정리하며… (2013. 9. 5)」, (ID: 일하리~), http://www.ibric.org/myboard/read.php?Board=sori&id=164607

은하도시포럼, 「과학과 예술이 만나는 은하도시포럼」, http://newton.kias.re.kr/LENS-2007-Winter/talkfiles/Milkyway_at_LENS.pdf

「지역경실련 – [대전] 엑스포 과학공원의 "청산명령"에 따른 대전 경실련 (경실련, 2008. 4. 30)」, https://ccej.or.kr/index.php?category=283&document_srl=107648&list_count=100&mid=board_1_3&sort_index=readed_count&order_type=desc

대전시민사회단체연대회의 (2012), 「〈보도자료〉 대전시 엑스포 과학공원 재창조사업 설문조사결과에 대한 우리의 입장: 각종 영향에 대한 검토 없이 여론몰이하는 대전시의 급조 행정 규탄한다! (2012. 8. 30)」

2. 기관사 및 기타 문헌

강박광 (1991), 「기초과학연구지원 센터의 대학연구지원 현황과 계획」, 『생물산업』 제4권 제2호, 2046-2049쪽

경종철 (1990), 「국가발전과 기초과학연구의 진흥」, 『기계와 재료』 제2권 제3호, 5-9쪽

과학기술부 (1989), 「21세기를 지향한 전 국토의 기술지대망(Techno-belt)화 추진을 위한 종합구상(안)」

과학기술처 (1968), 『과학기술개발 장기종합계획』, 서울: 과학기술처

과학기술처 (1987), 『과학기술 연감 1986』, 서울: 과학기술처

과학기술부 (2008), 『과학기술 40년사』, 서울: 과학기술부

교육부 (1949. 12. 31) 「[법률 제86호] 교육법」

국가균형위원회 (2008), 『[참여정부 정책보고서 2-05] 공공기관 지방이전 및 혁신도시 건설』, 대통령자문 정책기획위원회

국토지리정보원 (2015), 『한국지리지 대전광역시』, 서울: 진한엠앤비

국회사무처 (1989), 「국회본회의 회의록. 제147회(18차) (1989. 12. 19)」

국회사무처 (1992), 『국회보 313: 대전 세계박람회의 전망과 과제』

권기헌, 이홍재, 차용진, 김태영 (2006), 「과학기술 경쟁력 제고를 위한 대형연구시

설 투자우선순위 분석」, 『한국정책과학학회보』 제10권 제1호, 101-123쪽
김기희 외 (2015), 『대전 도시정체성 재정립 연구(I)』, 대전: 대전발전연구원
김선길 (1970), 「기초과학연구센터 설립 구상」, 『과학기술』 제3권 제3·4호, 5-9쪽
김시중 (1988), 「대학부설 기초과학연구소의 육성방안」, 『2000년을 향한 국가장기발전을 위한 학술연구 보고서, 과학기술분야 1』 Vol.6, 1-59쪽
김현남 (1988), 「기초과학계 대학원 육성방안」, 『2000년을 향한 국가장기발전을 위한 학술연구 보고서, 과학기술분야 1』 Vol.5, 1-127쪽
민철구, 이춘근 (2000), 「연구중심대학의 효과적 육성방안」, 『정책연구』, 1-146쪽
국토해양부 외 (2009), 「동, 서, 남 해안권 초광역개발 기본구상」
대전세계박람회조직위원회 (1991), 『(정책자료 91-2) 엑스포'93 개별사업추진계획 2권』, 대전: 대전세계박람회조직위원회
대전세계박람회조직위원회 (1993), 『세계를 한곳에 미래를 한눈에: PC통신인들의 엑스포관람기』, 대전: 대전세계박람회조직위원회
대전세계박람회조직위원회 (1993), 『한국의 미래와 대전 엑스포』, 대전: 대전세계박람회조직위원회
민동필 (2004), 『국가 핵 과학 연구체제 구축에 관한 연구』, 서울: 과학기술부
민철구 외 (2007), 『과학기술 정책연구 20년』, 서울: 과학기술정책연구원
박정희 (1974. 2. 26), 「서울대학교 졸업식 치사」, 대통령기록관
연구개발특구진흥재단 (2014), 『대덕연구개발특구 40년사』, 대전: 연구개발특구진흥재단
오명 (2003), 『대전 세계 엑스포, 그 감동과 환희』, 서울: 웅진닷컴
이상철 법제관 (1990), 「기초과학연구진흥원년의 선포 - 기초과학연구진흥법령 (1990. 12. 11)」 KBS 제1라디오
이종욱 외 (1988), 『전국 공동이용 기초과학연구소 설립조사연구』, 서울: 과학기술부
조윤제 (1949), 「교육정책 사견」, 『신천지』, 57쪽
조현대 외 (2013), 『국가대형연구시설의 체계적 구축 및 관리효율화를 위한 실태분석 및 정책제언』, 서울: 과학기술정책연구원
최순달 (1987), 『목적기초연구과제에 대한 심의 및 평가 결과 분석: '87년도 목적기초연구 과제』, 서울: 과학기술부

최순달 (1987), 『한국과학재단 10년사: 1977-1986』, 대전: 한국과학재단
최형섭 (1995), 『불이 꺼지지 않는 연구소』, 서울: 조선일보사
한국과학기술원 (1996), 『고등과학원 설립 및 운영계획 수립을 위한 조사 연구』, 서울: 과학기술처
한국과학재단30년사편찬위원회 (2007), 『한국과학재단 30년사: 1977-2007』, 대전: 한국과학재단
한국기초과학지원연구원 (2008), 『한국기초과학지원연구원 20년사: 1988-2008』, 대전: 한국기초과학지원연구원
한국학술진흥재단 (1989), 『2000년을 향한 국가장기발전을 위한 학술연구 보고서, 과학 기술 분야 1-2』, 서울: 한국학술진흥재단
행정안전부 (2008), 『2008년 지방공기업 경영진단보고서』, 서울: 행정안전부
「국가기록원 기록정보콘텐츠 - 과학기술 - 과학기술발전 장기계획」,
http://www.archives.go.kr/next/search/listSubjectDescription.do?id=000057
「국가기록원 기록정보콘텐츠 - 국토및지역개발 - 산업단지조성 - 공업용지조성사업」,
http://www.archives.go.kr/next/search/listSubjectDescription.do?id=001351

3. 인터뷰

김성수, 대통령비서실 행정관, 2015. 9. 23. 청와대 연풍문
김영환, 구능회, IBS 건설기획팀, 2016. 2. 2. KAIST 과학기술정책대학원 회의실
김영환, 구능회, IBS 건설기획팀, 2016. 3. 9. KAIST 과학기술정책대학원 회의실
김원기, IBS 경영지원본부 본부장, 2015. 7. 16. 기초과학연구원
문창용, 대전광역시 산업정책과장, 2016. 6. 15. 대전시청
박지호, 대전광역시 기획홍보과 혁신기획담당 사무관, 2016. 6. 15. 대전시청
박수동, IBS 연구지원팀, 2015. 7. 15. 기초과학연구원
손병호, 한국과학기술기획평가원(KISTEP) 정책기획본부 본부장, 2015. 10. 30. 한국과학기술기획평가원
심시보, IBS 대외협력실 실장, 2016. 5. 24. 기초과학연구원

양성광, 국립중앙과학관장, 2015. 10. 23. 청와대 연풍문
용홍택, 미래창조과학부 미래인재정책국 국장, 2015. 9. 23. 국립외교원
이정기, IBS 사업지원부 부장, 2015. 8. 5. 기초과학연구원
전석남, 미래창조과학부 국제과학비즈니스벨트 기반조성과 주무관, 2015. 9. 23. 미래창조과학부
전승준, 고려대학교 화학과 교수, 2015. 9. 14. 고려대학교
정경택, IBS 정책위원, 2015. 9. 25. 기초과학연구원
정경택, IBS 정책위원, 2015. 10. 26. 기초과학연구원
정경택, IBS 정책위원, 2016. 10. 10. 서면 인터뷰
조경옥, 민관합동 창조경제추진단 서기관, 2015. 10. 23. 서울 광화문
최효진, 연구평가팀, 2016. 1. 29. 기초과학연구원
편경범, 동북아역사재단, 2015. 10. 27. 예림 출판문화센터
편경범, 동북아역사재단, 2016. 2. 4. 예림 출판문화센터
하태정, 과학기술정책연구원(STEPI) 산업혁신연구본부 연구위원, 2015. 9. 25. 과학기술정책연구원
허대녕, IBS 전략정책팀 팀장, 2015. 7. 22. 기초과학연구원
허대녕, IBS 전략정책팀 팀장, 2016. 4. 21. 기초과학연구원
IBS 간담회 (구본철, 김대인, 박수동, 심시보, 이정기, 허대녕), 2015. 11. 10. 전민동 챠오
김소연, IBS 전략정책팀, 2015. 11. 10. 기초과학연구원

4. 신문자료

Nature (2012. 5. 17), 「South Korean research centre seeks place at the top」
Nature (2016. 6. 1), 「Why South Korea is the world's biggest investor in research」
경향신문 (1976. 9. 16), 「서울에 온 KIST 산파역 美 호니그박사 "세계적으로 주목받는 성공의 모델"」
경향신문 (1976. 9. 16), 「해외두뇌 유치 큰 수확」

경향신문 (1981. 10. 30), 「「科學立國(과학립국)」으로 제2도약」
경향신문 (1982. 1. 30), 「모방시대서 창조시대로」
경향신문 (1982. 7. 22), 「과학기술 선진화의 조건」
경향신문 (1984. 4. 9), 「기술도시건설 검토」
경향신문 (1987. 4. 19), 「기술자립을 말한다… 22돌 과학의날 좌담: "기초과학투자 아프리카 수준도 안 돼요"」
경향신문 (1987. 6. 16), 「기초과학연 설립 싸고 공방」
경향신문 (1989. 1. 9), 「새해엔… (4) 조완규 서울대총장 사제 「불신의 벽」부터 헐어야」
경향신문 (1989. 3. 15), 「"학내 분규는 민주화 길목의 산고"」
경향신문 (1989. 4. 5), 「무력증 대학연구실 "투자요법" 선언」
경향신문 (1989. 4. 18), 「대학은 어디로」
경향신문 (1991. 8. 10), 「퇴임하는 조완규 서울대총장 건강한 사회가 대학 안정 요건」
경향신문 (1993. 3. 3), 「'93 대전 엑스포 (1) D-156 "한빛" 아래 웅자 드러내는 '테크노피아'」
경향신문 (1993. 7. 29), 「소설가 송영 관람기 미리 보는 엑스포 〈上〉 D-9 첨단도시 장난감 도시… "환상의 도시"」
경향신문 (2009. 9. 21), 「정운찬, 세종시 논전 '행정적 비효율'」
과학과 기술 (1998), 「뉴스와 인물 2 – 고등과학원원장 김정욱 박사 – 세계적 석학교수주축 기초과학 집중 (3월호)」, 20-21쪽
과학과 기술 (2002), 「과총 뉴스: 제35회 과학의 날 기념식 (5월호)」
굿모닝충청 (2013. 7. 3), 「대전시-미래부 드디어…」
금강일보 (2012. 1. 17), 「2015년 대전 엑스포 공원에 롯데월드 들어선다」
뉴스충청인 (2012. 7. 10), 「대전시, 롯데월드 복합테마파크 제안 설명회 개최」
뉴시스 (2013. 6. 27), 「IBS 3차 연구단장 김영덕, 김성기, 염한웅 교수 선정」
뉴시스 (2016. 6. 30), 「기초과학연구원, 본원 기공식… '세계 10대 연구기관 도약 추진'」
대덕넷 (2012. 11. 20), 「기초과학연구원의 첫 시험 "한국 연구생태계 바꾼다"」
대전경제 (2013. 6. 10), 「염 시장 "과학벨트부지 축소 불가…" 4대원칙 제시」

대전일보 (2009. 10. 23), 「박근혜 "세종시 원안 +α 돼야"」
대학신문 (1963. 6. 10), 「부족한 연구비, 마비되는 기능」
더사이언스 (2012. 12. 30), 「기초과학 중심지 될까, 또 하나의 출연연 될까」
동아사이언스 (2010. 1. 12), 「과학비즈니스벨트 후폭풍은?」
동아사이언스 (2015. 10. 21), 「[과학사 명장면] 고비용 때문에 중단된 초전도 슈퍼가속기, 거대 과학의 붕괴?」
동아일보 (1984. 9. 25), 「첨단산업 「복제」만 할 것인가」
동아일보 (1987. 6. 25), 「과학산업 중점 육성」
동아일보 (1987. 8. 15), 「조완규 서울대총장 학생 교수 정당한 요구 수용」
동아일보 (1988. 2. 15), 「기초연구 다져야 「과학선진국」 된다」
동아일보 (1988. 6. 16), 「과학기술 행정체계」
동아일보 (1988. 6. 23), 「「과학기술 문맹국회」 언제까지 가나」
동아일보 (1988. 8. 15), 「핵심기술 외국의존 벗어나야」
동아일보 (1989. 2. 23), 「과학정책 「뿌리」가 없다」
동아일보 (1989. 4. 11), 「"기초과학 다져야 기술자립"」
동아일보 (1989. 12. 11), 「과기정책 부처 간 중복 많다」
동아일보 (1990. 7. 15), 「서명원 전 문교장관 "대학이 「민주화 홍역」 치르고 있다"」
동아일보 (1997. 7. 19), 「국가발전위한 과학기술인 결의대회」
동아일보 (1998. 1. 24), 「IMF 여파 불꺼진 실험실」
동아일보 (2006. 12. 13), 「[과학세상/민동필] 미래 한국 밝힐 '은하도시'」
동아일보 (2008. 4. 28), 「[대전/충남] 대전 엑스포 공원 15년 만에 문닫을 위기」
동아일보 (2009. 9. 4), 「정운찬, '세종시 원안 수정해 추진해야'」
동아일보 (2011. 2. 7), 「['뜨거운 감자' 과학벨트] 과학벨트 산파역들 '정치권 다툼에 누더기 우려' 개탄"」
동아일보 (2013. 7. 10), 「[대전/충남][충북] "과학벨트 수정 안 누가 내놨나" 대전-충북 시끌」
디지털타임스 (2008. 3. 4), 「[미래여는 과학비즈니스벨트] 과학비즈니스벨트 조성시 파급효과는」
디지털타임스 (2010. 12. 31), 「[DT선정 국내10대뉴스] 세종시 수정안 부결, 정운찬

총리 불명예 퇴진」
디지털타임스 (2012. 1. 2), 「기초과학연구원 출범, … 국가 R&D 생태계 바뀐다」
디지털타임스 (2013. 12. 18), 「[발언대] 과학계, 소통이 필요한 이유」
디트뉴스24 (2009. 9. 3), 「"충청총리" 계보 이은 정운찬, 관건은 '세종시'」
디트뉴스24 (2012. 12. 6), 「민노총 "엑스포 재창조 사업에 '과학이 없다'"」
디트뉴스24 (2013. 3. 15), 「"놀이동산은 안 된다" 롯데파크 용도폐기 직면」
매일건설신문 (2012. 11. 28), 「박근혜 "과학벨트는 차질없이 진행"」
매일경제 (1976. 2. 9), 「설립 10周 맞은 KIST(上) 매머드연구소로 성장」
매일경제 (1976. 2. 11), 「자랑스러운 두뇌창고」
매일경제 (1984. 8. 27), 「첨단시대 리드할 기술도시로」
매일경제 (1984. 11. 22), 「대덕단지 생활여건 미비, 연구 분위기 조성 안 돼」
매일경제 (1985. 4. 25), 「대학 기초과학연 예산·시설 크게 부족」
매일경제 (1986. 7. 31), 「가속기과학연구소 내년 설립」
매일경제 (1987. 7. 6), 「안세희 연대총장 "민주화 밑거름되길"」
매일경제 (1988. 4. 29), 「신 산업지도(I) 전국 곳곳에 테크너 폴리스」
매일경제 (1988. 5. 31), 「「기술혁신과 바람직한 행정체제」 심포지엄 과기처 部(부)로 개편 급선무」
매일경제 (1989. 4. 20), 「科學立國(과학립국) 22년…현주소 (상) 과학행정」
매일경제 (1989. 6. 19), 「대학별 전문연구센터 육성」
매일경제 (1993. 1. 1), 「미리가본 대전 엑스포 100여 국 참가 사상 최대 '과기축전'」
매일경제 (1998. 11. 30), 「고급연구인력 8000명 실직」
매일경제 (1999. 9. 14), 「잡무 많아 연구할 시간 없다: 서울대 교수 2명, 이대교수 1명 대학에 사표」
매일경제 (2012. 9. 13), 「[매경의 창] 막스플랑크硏의 효율적 평가제도」
사이언스온 (2013. 8. 29), 「기초과학연구원 '블랙홀'에, 기초과학 연구비 씨가 마른다」
사이언스온 (2013. 9. 24), 「기초과학 비교 모델, 막스플랑크 연구소에 관한 몇 가지 오해」
서울신문 (2012. 5. 7), 「IBS 연구단 문제 없나」
서울신문 (2013. 8. 30), 「"연구비 몰아주면 노벨상 타나" 서울대교수 브릭 게시글 파장」

서울신문 (2015. 1. 28), 「기초과학연구원 건립 앞두고 대전시 vs 미래부 불협화음」
세계일보 (2009. 9. 6), 「10개 혁신도시 '저탄소 녹색도시'로」
세계일보 (2009. 12. 2), 「[초광역 4대벨트 개발 구상] 동, 서, 남 해안권 개발 어떻게」
신동아 (2009. 10), 「'화제집중 총리후보' 정운찬의 비밀 스토리」
신동아 (2010. 1. 29), 「문건에 나타난 'MB 세종시'의 불편한 진실」,
아시아경제 (2012. 7. 10), 「롯데, 잠실 롯데월드 6배 '테마파크' 대전에 짓는다」
아시아경제 (2015. 3. 23), 「아깝더라도 버릴 것 들」
아이뉴스24 (2012. 5. 7), 「기초과학연구원, 1차 연구단장 10명 선정」
연합뉴스 (1990. 6. 29), 「과학기술행정체제 재검토 시급」
연합뉴스 (1990. 10. 18), 「〈정가낙수〉 우리도 노벨상 수상국이 돼야」
연합뉴스 (1992. 1. 10), 「과학특집 가속기」
연합뉴스 (1994. 1. 3), 「〈과기처산하 정부출연기관 신년설계〉」
연합뉴스 (1995. 6. 12), 「내년 목표 '고등과학원' 설립 본격 추진」
연합뉴스 (1995. 9. 14), 「〈초점〉 고등과학원 내년 설립전망 밝아」
연합뉴스 (1995. 9. 14), 「김대통령 과학기술회관 개관식 참석(종합)」
연합뉴스 (2006. 10. 23), 「이명박 "'과학도시' 건설 추진"」
연합뉴스 (2009. 11. 4), 「'세종시 로드맵'…박근혜, 충청민심 설득 관건」
연합뉴스 (2010. 1. 11), 「과학벨트 핵 '중이온가속기' 문답풀이」
연합뉴스 (2011. 4. 6), 「"국제과학비즈니스벨트 추진일지"」
연합뉴스 (2011. 5. 16), 「'은하도시'에서 '과학벨트'까지」
연합뉴스 (2013. 6. 13), 「대전시 "4대 원칙 수용 시 IBS 엑스포 공원 입주 가능"」
연합뉴스 (2016. 6. 30), 「대전 유성구서 기초과학연구원 본원 기공식」
이코노미스트(2006. 7), 「과학과 예술이 만나는 도시 건설」
전자신문 (2012. 10. 30), 「이론물리, 수학 분야 육성 나서」
전자신문 (2014. 11. 20), 「후속 관리 안 되는 정권형 연구사업…WCI 사업 외국인 떠나고, 예산 축소되고」
주간조선 (2010. 11. 22) 제2132호, 「핵물리학자가 국회 앞에서 왜 1인시위를 벌였나?」
중도일보 (2016. 1. 16), 「정운찬과 세종시 수정안, 그리고 MB의 회고」
중앙일보 (1997. 3. 20), 「〈이 현장이 문제〉 대전 엑스포 공원 갈수록 적자 눈덩이」

중앙일보 (2006. 9. 16), 「꿈의 '과학+예술' 연구 도시 생긴다」
중앙일보 (2015. 3. 31), 「약속 안지키는 미래부… '파렴치한 것인가? 무능한 것인가?'」
프레시안 (2009. 11. 16), 「MB '세종시 원안추진' 약속 없었다고?」
한국일보 (2002. 9. 13), 「이공계 유학생에 국비지원 방침: 국내大 수준저하 우려」
한겨레 (1989. 1. 12), 「자기몫 찾기 목소리 커진다 (7) 개량주의 탈벗고 민주화 일꾼으로」
한겨레 (1989. 8. 3), 「'과기처 축소안' 반대 성명 과학기술단체총연합회」
한겨레 (1990. 4. 26), 「-타계한 조병하 물리학박사- 국내 토착·민족과학 40년간 지켜 명성, 소립자 물리학 개척자… 권위주의 배격」
한겨레 (1991. 4. 9), 「선진국 비장의 신기술 각축장 기대 - '꿈의 과학축제' 대전 세계박람회 12일 기공식」
한겨레 (1992. 6. 6), 「대학 기초과학 분야 정부 투자확대 '말뿐'」
한겨레 (1993. 4. 29), 「대전 엑스포 앞으로 1백일… 마무리작업 한창 인공도시에 세계첨단과학 속속」
한겨레 (2011. 5. 9), 「[수첩] 과학벨트의 정치를 돌아보며」
한겨레 (2015. 1. 26), 「대전 사이언스콤플렉스 백지화 여론 확산」
한겨레 (2015. 4. 1), 「'대전 엑스포 재창조 사업' 공익소송 한다」
한겨레 (2015. 6. 16), 「대전 사이언스콤플렉스 500억 사업 본격화」
한국경제매거진 (2011. 6. 8), 「"창조적 지식국가 이제부터가 시작이죠": 과학벨트 산파역 민동필 기초기술연구회 이사장」
한국경제 (2012. 5. 1), 「해외 석학 500명 5년 안에 영입」
헤럴드경제 (2016. 10. 20), 「'선언'으로 끝나버린 노벨상 3000명 양성 프로젝트」
헤럴드경제 (2016. 10. 20), 「말만 요란했던 노벨과학상 프로젝트」
헬로디디 (2014. 9. 22), 「김두철 원장, "성장단계 IBS, 이제 제 역할해야"」
헬로디디 (2016. 1. 5), 「"'*IBS Initiative*'로 국가 과학 퀀텀점프 이끌 것"」

5. 논문 및 단행본

Ben-David, Joseph (1971), *The Scientist's Role in Society: A Comparative Study*, Eaglewood Cliffs: Prentice-Hall

Cohen, H. Floris (1994), *The Scientific Revolution: A Historiographical Inquiry*, Chicago: University of Chicago Press

Daniel J. Kevles (1997), "Big Science and Big Politics in the United States: Reflections on the Death of the SSC and the Life of the Human Genome Project," *Historical Studies in the Physical and Biological Sciences* 27, pp. 269-297

Etzkowiz, Henry, Andrew Webster, Peter Healey, ed. (1998), *Capitalizing Knowledge*, Albany: SUNY Press

Geiger, Roger L. (1986), T*o Advance Knowledge: The Growth of American Research Universities, 1900-1940*, London: Oxford University Press

Guston, David H. (1996), "Principal-Agent Theory and the Structure of Science Policy," *Science and Public Policy* 23, pp. 229-240

Hahn, Roger (1971), *The Anatomy of a Scientific Institution: The Paris Academy of Sciences, 1666-1803*, Berkeley: University of California Press

House of Lords Select Committee on Science and Technology (2000), *Science and Society* Irvine, John and Ben Martin (1984), Foresight in Science: Picking the Winners, London: F. Pinter

Jasanoff, Sheila (2006), *States of Knowledge: The Co-Production of Science and the Social Order*, London and New York: Routledge

Kim Dong-Won and Stuart W. Leslie (1998), "Winning Markets or Winning Nobel Prizes? Kaist and the Challenges of Late Industrialization," *Osiris* 13, pp. 154-185.

Polanyi, Michael (1962), "The Republic of Science: Its Political and Economic Theory," *Minerva* 1, pp. 54-73

Latour, Bruno and Steve Woolgar (1986), *Laboratory Life: The Construction of Scientific Facts*, 2nd ed., Princeton: Princeton University Press

Latour, Bruno (1987), *Science in Action: How to Follow Scientists and Engineers through Society*, Cambridge: Harvard University Press

MASIS Expert Group (2009), *Challenging Futures of Science in Society: Trends and Cutting Edge Issues*, European Commission

Merton, Robert (1973), *The Sociology of Science: Theoretical and Empirical Investigations*, Chicago: University of Chicago Press

Rosenberg, Charles (1997), "Toward an Ecology of Knowledge: On Discipline, Context, and History," in *No Other Gods: On Science and American Social Thought*, Baltimore: Johns Hopkins University Press

Royal Society of London (1985), *The Public Understanding of Science*, London: The Royal Society

Shapin, Steven and Simon Schaffer (1985), *Leviathan and the Air-Pump: Hobbes, Boyle, and the Experimental Life*, Princeton: Princeton University Press

Slaughter, Sheila and Larry L. Leslie (1999), *Academic Capitalism: Politics, Policies, and the Entrepreneurial University*, Baltimore: Johns Hopkins University Press.

Stokes, Donald E. (1997), *Pasteur's Quadrant: Basic Science and Technological Innovation*, Washington, D.C.: Brookings Institution Press

강기천 (2014), 「한국과학재단의 설립과 대학의 기초연구: 1962-1989」, 서울대학교 석사논문

김근배 (1990), 「한국과학기술연구소 설립과정에 관한 연구—미국의 원조와 그 영향을 중심으로」, 『한국과학사학회지』 제12권 1호, 44-70쪽

김동광 (2004), 「과학기술대중화와 시민참여—전매된 과학대중화와 국가주의」, 『2004년 한국과학기술학회 전기학술대회 발표집』

문만용 (2010), 『한국의 현대적 연구체제의 형성』, 서울: 선인

박범순 (2013), 「역사 속의 인스티튜션 빌더」, 『과학사 학회』 35, 105-129쪽

박범순, 김소영 (2015), 『과학기술정책: 이론과 쟁점』, 파주: 한울아카데미

박희제 (2006), 「과학기술자에 대한 이미지와 이공계 위기론: 이공계 기피 현상에 대한 재조명」, 『2006년도 한국사회학회 전기사회학대회』, 281-283쪽

박희제 (2006), 「한국 대학에서의 과학연구의 성격과 변화: 1980년대 이후 연구개발비 흐름을 중심으로」, 『사회이론』 통권 제30호, 213-244쪽

송성수 (2007), 「한국의 과학기술장기종합계획에 관한 내용 분석」, 『정책자료』, 1-77쪽

송위진 외 (2003), 『한국 과학자사회의 특성분석』, 서울: 과학기술정책연구원

신향숙 (2015), 「제5공화국의 과학 기술 정책과 박정희 시대 유산의 변용: 기술 드라이브 정책과 기술 진흥 확대회의를 중심으로」, 『한국과학사학회지』 제37권 제3호, 519-553쪽

오제연 (2013), 「전인적 지도자 양성에서 고급 기술인력 양성으로—해방 이후 1970년대까지 대학의 위상 변화」, 『역사비평』, 36-64쪽

이영희 (2002), 「'이공계 위기' 담론에 대해 다시 생각한다」, 『교육비평』 8, 75-79쪽

임경순 (2010), 「박태준과 과학기술」, 『과학기술학연구』 제10권 제2호, 37-76쪽

정수진 (2010), 「기록의 발견 : 대한민국 경제성장의 원동력 산업단지 개발」, 『기록인(IN)』 제10호, 104-109쪽

정세환, 설성수 (2010), 「한국의 기초과학연구 발전의 시대구분과 발전요인 도출」, 『한국기술혁신학회지』 제13권 제3호, 587-616쪽

한경희 (2004), 「이공계 위기의 재해석과 엔지니어의 자기성찰」, 『한국사회학』 38(4), 73-99쪽

6. 주요 칼럼/오피니언/사설 목록 (조선, 동아, 한겨레, 경향, 대덕넷)
- 시간 순으로 배열 -

동아일보 (2007. 12. 27), 「인수위 국가경쟁력特委를 주목하는 이유」, 35면

한겨레 (2008. 2. 6), 「경쟁과 복지의 균형잡힌 국정청사진 마련해야」, 19면

오재응, 경향신문 (2008. 2. 15), 「'이공계 비전' 구체적 제시를"」, 33면

오철우, 한겨레 (2009. 3. 8), 「'기초과학' 두 가지 뜻」, 22면

최순자, 대덕넷 (2009. 3. 12), 「과학기술 강국의 꿈」

조선일보 (2009. 12. 1), 「세종시가 국제과학비즈니스벨트로 성공하려면」, 39면

조선일보 (2009. 12. 3), 「세종시만 신경 쓰다 혁신도시, 기업도시 건드릴라」, 39면

한겨레 (2009. 12. 3), 「과대 포장된 안으로 국민 판단 흐리려 해서야」, 27면
조선일보 (2009. 12. 12), 「328개 법안 중 하나도 처리 못한 국회 教科委 사정」, 31면
이준승, 조선일보 (2010. 1. 20), 「국제과학도시, 더 이상 표류 안 돼」, 33면
오세정, 동아일보 (2010. 2. 3), 「정치에 휘둘리는 과학기술」, 34면
박성현, 조선일보 (2010. 4. 9), 「'과학도시 건설' 더 이상 미룰 수 없다」, 37면
이영백, 동아일보 (2010. 6. 21), 「'과학비즈니스벨트' 정치흥정 말라」, 35면
조선일보 (2010. 6. 23), 「'노무현 대못' 앞에 무릎 꿇고 만 이명박 정권」, 35면
이인선, 조선일보 (2010. 10. 7), 「국제과학비즈니스벨트의 성공 조건」, 33면
손병호, 조선일보 (2010. 10. 8), 「우리는 언제쯤 과학분야 노벨상 받을까」, 33면
정길생, 조선일보 (2010. 11. 18), 「과학비즈니스벨트법 언제까지 방치할 건가」, 35면
조선일보 (2011. 1. 20), 「과학벨트 입지 선정, 과학계 의견부터 먼저 물으라」, 35면
동아일보 (2011. 1. 20), 「'표몰이용 대선공약' 후유증 앓는 과학벨트」, 35면
동아일보 (2011. 1. 24), 「한나라당과 청와대, 시도지사의 쓴소리 들으라」, 35면
조명래, 경향신문 (2011. 1. 24), 「'기만의 과학벨트'가 되어선 안된다」, 31면
한겨레 (2011. 2. 2), 「대통령의 과학벨트 공약 파기, 너무 무책임하다」, 27면
이석봉, 대덕넷 (2011. 2. 6), 「現職 대통령의 과학계에 대한 賢問」
조선일보 (2011. 2. 11), 「'지역개발 공약 금지法'이라도 만들라」, 31면
최기련, 경향신문 (2011. 2. 15), 「과학벨트 추진은 중지되어야 한다」, 35면
한민구, 동아일보 (2011. 2. 22), 「과학벨트는 지역정치벨트 아니다」, 30면
김낭기, 조선일보 (2011. 2. 22), 「'우리나라'는 어디 가고 '우리 지역'만 남았나」, 35면
조동욱, 경향신문 (2011. 3. 1), 「'과학벨트'로 지역 갈등 부추기는 정부」, 33면
김대중, 조선일보 (2011. 3. 8), 「記者의 세 가지 터부(taboo)」, 34면
유동국, 한겨레 (2011. 3. 9), 「과학벨트, 왜 분산형이 효과적인가」, 33면
이상희, 조선일보 (2011. 4. 7), 「과학 비즈니스 벨트, '정치 벨트' 안 돼야」, 35면
조선일보 (2011. 4. 8), 「지역 民心 수습용 과학벨트 쪼개기는 나라 망친다」. 31면
경향신문 (2011. 4. 8), 「이번에는 정략적 '과학벨트 나눠먹기'인가」, 31면
한겨레 (2011. 4. 8), 「과학벨트 쪼개서 '정치벨트' 만들려 하나」, 31면
김종구, 한겨레 (2011. 4. 11), 「과학벨트와 방폐장」, 30면
허두영, 동아일보 (2011. 4. 21), 「세계 과학자를 위한 '볼링장'」, 30면

조명래, 경향신문 (2011. 4. 28), 「과학벨트, 법적 선정만이 능사 아니다」, 30면
오철우, 한겨레 (2011. 5. 9), 「'과학벨트의 정치'를 돌아보며」, 30면
이재영, 조선일보 (2011. 5. 13), 「과학비즈니스벨트 사업에 즈음하여」, 대구 16면
경향신문 (2011. 5. 16), 「'과학' 대신 '정치'로 변질된 과학벨트」, 31면
한겨레 (2011. 5. 16), 「국책사업 난맥상 절정 이룬 과학벨트 입지 선정」, 35면
경향신문 (2011. 5. 17), 「폭발한 지역 갈등, 실종된 정부」, 35면
한겨레 (2011. 5. 17), 「'삼각벨트'된 과학벨트, 소기의 성과 내려면」, 31면
이덕환, 동아일보 (2011. 5. 17), 「과학벨트, 이젠 과학을 담자」, 35면
이영완, 조선일보 (2011. 5. 18), 「과학자가 빠진 과학벨트」, 34면
최막중, 동아일보 (2011. 5. 18), 「지방, 국책사업에만 매달리지 말라」, 31면
박두식, 조선일보 (2011. 5. 18), 「국회의원, 도지사, 장군들이 示威하는 나라」, 34면
오세정, 조선일보 (2011. 5. 23), 「과학비즈니스벨트, 이제부터 시작이다」, 34면
신희섭, 동아일보 (2011. 5. 23), 「기초과학연구원이 풀어야 할 숙제」, 31면
이근영, 한겨레 (2011. 5. 27), 「과학, 과학자, 정치」, 30면
이광형, 동아일보 (2011. 6. 3), 「우수 인력 없는 과학벨트는 모래성인데…」, 29면.
송성수, 대덕넷 (2011. 6. 28), 「축소되는 지역 과학기술정책」
송성수, 대덕넷 (2011. 8. 30), 「과학비즈니스벨트에 거는 기대」
홍성욱, 동아일보 (2011. 10. 22), 「예술이 과학에 주는 혜택」, 26면
허두영, 동아일보 (2011. 11. 14), 「악어는 머리를 돌리지 못한다」, 34면
박성현, 동아일보 (2011. 11. 30), 「기초과학연구원 출범에 거는 기대」, 31면
백성기, 조선일보 (2012. 1. 21), 「새 역할 맡게 된 정부출연 연구기관」, 31면
김성수, 조선일보 (2012. 1. 28), 「출연硏 통합, 자율성과 효율성 조화 이뤄야」, 27면
조명래, 동아일보 (2012. 2. 7), 「세종시 '첫 단추'가 중요하다」, 31면
김형기, 조선일보 (2012. 5. 9), 「기초과학 투자」, 38면
김승환, 조선일보 (2012. 7. 12), 「'추격형 R&D'를 넘어 '창조형 R&D'로」, 34면
조선일보 (2012. 7. 18), 「與野, 대선 때까지 '신공항'의 '신'자도 꺼내지 마라」, 31면
김승환, 조선일보 (2012. 10. 18), 「노벨과학상으로 가는 王道는 없다」, 38면
더크 밴 니커크, 조선일보 (2012. 12. 3), 「한국인 첫 노벨의학상을 꿈꾸며」, 33면
이영완, 조선일보 (2013. 1. 10), 「선정 취소된 '국가과학자'」, 34면

경향신문 (2013. 7. 5), 「과학벨트 수정, 제2의 세종시 수정되려는가」, 31면
김우재, 한겨레 (2013. 9. 24), 「임계다양성」, 34면
이덕환, 조선일보 (2013. 12. 9), 「이어도를 지킨 건 과학기술이었다」, 38면
이창영, 한겨레 (2014. 1. 28), 「기초 과학기술 연구 투자 이대로는 안 된다」, 33면
허두영, 동아일보 (2014. 5. 23), 「가습기연구소와 중이염연구소」, 34면
김우재, 한겨레 (2014. 6. 3), 「사이언스 마피아」, 34면
이영완, 조선일보 (2014. 6. 26), 「기억을 移植(이식)하는 칩; 아내 얼굴을 모자로 착각한 남자… 神經세포 손상돼 기억 소멸된 탓」, 29면
조장희, 조선일보 (2014. 9. 17), 「기초과학연구원이 失敗作 안 되려면」, 39면
이광진, 한겨레 (2015. 1. 30), 「엑스포 과학공원, 대기업에 내줄텐가」, 11면
조장희, 조선일보 (2015. 6. 17), 「대학도 '빅 사이언스(거대시설 기반 과학연구)'에 투자해야」, 35면
이영완, 조선일보 (2015. 9. 4), 「한국 科學에 초를 친 외국인 연구자」, 31면

감사의 글

과학연구를 본업으로 하는 기관에서 홍보물 수준을 넘어선 역사 연구를 지원하는 것은 흔치 않은 일입니다. 이런 기회를 주신 기초과학연구원의 김두철 원장님께 감사를 드립니다. 연구 초기부터 아낌없는 조언을 해주시고 마지막 단계에서 원고를 꼼꼼하게 검토해주신 정경택 정책위원님, 심시보 대외협력실 실장님께도 고마움을 전하고 싶습니다. 그리고 5주년 기념 대담에서 기초과학연구원 설립에 대한 기억과 경험, 통찰을 공유해주신 오세정 국회의원님과 유명희 KIST 책임연구원님께 감사드립니다.

기초과학연구원의 설립 이전 시기에 대한 1차 사료 수집으로 어려움을 겪고 있을 때 인터뷰에 응해주시고 귀중한 자료와 정보를 제공해주신 동북아역사재단 편경범 선생님, 고려대 전승준 교수님, 미래부 미래인재정책국 용홍택 국장님, 김성수 대통령비서실 행정관님, 양성광 국립중앙과학관 관장님, KISTEP 손병호 정책기획본부 본부장님, STEPI 하태정 산업혁신본부 연구위원님께 감사드립니다. 그리고 전석남 미래창조과학부 국제과학비즈니스벨트 기반조성과 주무관, 조경옥 민관합동 창조경제추진단 서기관님으로부터 자료수집의 도움을 받았습니다.

기초과학연구원의 철학을 구현하고자 고민하고, 실제로 운영해나가고 있는 주체라고 할 수 있는 기초과학연구원 내의 많은 분들로부터 도움을 받았습니다. 개인 소장 자료와 정보들을 아낌없이 내어주신 김원기 경영지원본부장님, 이정기 사업지원부 부장님, 허대녕 전략정책팀장님, 연구지원팀 박수동 선생님께 감사드립니다. 그리고 자료수집에 많은 도움을 주신 대외협력실 김대인 선생님, 전략정책팀 구본철, 김소연, 배대웅 선생님, 연구평가팀 최효진 선생님, 건설기획팀 김영환, 구능회 선생님께도 감사드립니다. 기초과학연구원의 본원 건설에 대해 인터뷰와 자료로 도움을 주신 대전광역시 문창용 산업정책과장님, 박지호 혁신기획담당 사무관님께도 감사드립니다.

이 책의 일부 내용은 2016년 싱가포르에서 개최된 기술사학회(SHOT 2016)의 "Technology for City, City for Technology" 세션에서 발표되었는데, 함께 세션을 구성하고 조언을 해주신 미국 존스홉킨스대학교의 Stuart W. Leslie 교수님, 영국 웨스트민스터대학교의 Simon Joss 교수님, 영국 King's College London의 Robert Cowley 박사님께 감사드립니다.

그리고 이 책이 나오기까지 옆에서 성원을 해주고 지적 자극의 원천이 되어준 카이스트 과학기술정책대학원의 김소영, 이윤정, 전치형, 최문정, Grant Fisher 교수님들과 대학원생들에게 깊은 감사를 드립니다. "사회 속의 과학"에 대한 문제의식은 한국 사회의 과학정책에 대해 이들과 함께 고민하고 토론하는 과정에서 나왔습니다. 또한 방대한 양의 자료수집 및 정리, 그리고 편집 작업에 큰 도움을 준 카이스트 과학기술정책학 부전공프로그램의 김준규, 김하정, 전준하, 조정훈 학생들에게도 고마움을 표하고 싶습니다.

이 프로젝트에 관심을 가지고 기획부터 편집과 교정까지 도움을 주신 한울엠플러스(주)의 윤순현 차장과 배유진 팀장에게도 감사드립니다. 마지막으로 이 책에 있는 해석과 견해 및 오류는 전적으로 저자들의 것임을 밝힙니다.

부록 ①

주요 연혁

2006년 9월	• 사단법인 '과학과 예술이 만나는 은하도시포럼' 출범
2007년 11월	• 한나라당 이명박 후보, 3대 공약 중 하나로 '국제과학비즈니스벨트 조성' 발표
2007년 12월	• 이명박 후보 대통령 당선, 대통령직 인수위원회 설립 • 인수위 내 '국제과학비즈니스벨트 TF' 구성(팀장 민동필 교수)
2008년 3월	• 교과부 내 '국제과학비즈니스벨트추진단 TF' 구성(1개월간 활동 후 해체)
2008년 4-11월	• 교과부 '국제과학비즈니스벨트팀' 및 소관부서에서 프로젝트 운영
2008년 11월	• '국제과학비즈니스벨트 추진지원단' 출범 및 '국제과학비즈니스벨트 전문위원회' 설치 [오세정(위원장), 김건, 이원영, 최순자, 전길자, 정창식, 송낙경, 김계수, 서태성, 최막중] • 과학벨트의 대형연구시설로 중이온가속기 설치 결정, 입지 논의는 부재
2009년 1월	• '국제과학비즈니스벨트 종합계획(안)' 확정(국가과학기술위원회 본회의, 1월 13일)
2009년 2월	• '국제과학비즈니스벨트 특별법' 국회 제출(2월 12일) • 법안 장기간 표류, 4월 임시회, 7월 상임위원회까지 진전 없음
2010년 1월	• 세종시 발전방안(세종시 수정안) 발표 • 국제과학비즈니스벨트를 세종시 수정안과 연계하는 방안이 고려됨
2010년 6월	• '세종시 수정안' 부결(6월 29일 국회 본회의), 과학벨트 거점지구 입지 논의 원점 회귀
2010년 12월 8일	• 과학비즈니스벨트 특별법 통과(12월 8일, 이듬해 1월 4일 공포)
2011년 4월 5일	• 국제과학비즈니스벨트 특별법 및 동법 시행령 시행(4월 5일) • 과학벨트추진지원단, '국제과학비즈니스벨트기획단'으로 확대
2011년 4월 7일	• 과학벨트위원회 구성 및 제 1회 과학벨트위원회 개최(위원장 이주호 교과부 장관, 부위원장 김상주 한국학술원 회장, 관계부처 차관 6인 및 위촉위원 13인) • 산하 2개 분과위원회[입지평가위원회, 기초과학(연)위원회] 설치 • 설립위원회 설치, 기초과학(연)위원회 위원 중 5명이 설립위원을 겸임[오세정(위원장), 문길주, 서판길, 이경수, 김수봉]
2011년 4월 13일	• 제1차 기초과학(연)위원회 개최(추진계획 및 기본원칙 확립) • 제2회 과학벨트위원회 개최, 3대 추진방향 확정(가속기와 IBS 통합 배치, IBS 연구단 50개 연구원 내부 및 외부에 설치)
2011년 4월 29일	• 기초과학연구원 포럼 개최, 연구원 설립·운영방안에 과학기술계 의견 수렴 위한 논의
2011년 5월 4일	• 기초과학연구원 워크숍 진행(첫 해 25개 정도의 연구단 선정 목표, 이중소속제 필요성 제기)
2011년 5월 12일	• 제2차 기초과학(연)위원회[연구원 기본철학(수월성·개방성·자율성·창의성] 확정 • 연구분야는 순수기초 장기 중대형·융합연구, 대형 장비기반 연구로 • 본원과 캠퍼스 연구단 및 국내외 대학·연구기관의 외부 연구단을 설치)
2011년 5월 16일	• 제3회 과학벨트위원회 개최('국제과학비즈니스벨트 조성사업 추진계획' 확정

	• 신동·둔곡지구에 IBS·중이온가속기 설치, IBS 설립 준비체계 구축 [작업반(WG) 구성·운영]
2011년 6월 8일	• 제3차 기초과학(연)위원회 개최 - IBS 설립 추진계획 및 원장 선임계획 수립
2011년 6월 10일-11월	• 설립사무국 설치·운영 · 초기 구성원: 구본철, 박수동, 허대녕 등 KISTEP 연구진 6인 · 총괄기획팀, 연구조직팀, 연구단운영, 건설팀 3개 팀 운영설립위원회 구성·운영(6월 10일-11월) · 연구원 설립 실무 총괄, 이사회 설립 이전 역할 대행, 정관 마련, 규정 제정
2011년 8-9월	• 지역토론회 개최 – 대전(8/4), 대구(8/11), 부산(8/25), 광주(8/30), 경남(9/27)
2011년 9월	• 제4차 기초과학(연)위원회 개최 – '기초과학연구원 설립, 운영 기본계획' 확정[본 회의 이후 기초과학(연)위원회 해산]
2011년 11월 21일	• 기초과학연구원 설립(오세정 원장 취임)
2011년 11월 25일	• '국제과학비즈니스벨트 기본계획(안)'에 대한 공청회 실시
2011년 12월	• '국제과학비즈니스벨트 기본계획' 수립
2012년 1월	• 기초과학연구원 제1차 연구단장 선정 공고 게재
2012년 3월	• '국제과학비즈니스벨트 기본계획' 첫 시행계획 수립 • 기초과학연구원 제1차 연구단선정평가위원회 개최
2012년 4월 27일	• 2012-1차 IBS Symposium(8개 심포지엄 개최)
2012년 5월	• 1차 연구단장 선정을 위한 과학자문위원회 회의 개최 • 기초과학연구원 개원식 • 과학자문위원회(연구 분야 포트폴리오 구성) • 기초과학연구원 건립을 위한 기본계획 수립 연구(KISTEP 수행)
2012년 6월	• 기초과학지원연구원 부설 국가수리과학연구소를 기초과학연구원으로 이관
2012년 6월 14일	• 미국 Fermilab과의 MOU 체결(9년)
2012년 6월 19일	• 독일 GSI과의 MOU 체결(5년)
2012년 7-8월	• 연구단장 선정 · 인지 및 사회성 연구단 신설(신희섭 단장) · 시냅스 뇌질환 연구단 신설(김은준 단장) · 나노 물질 및 화학 반응 연구단 신설(유룡 단장) · 면역 미생물 공생 연구단 신설(찰스 서 단장) · 복잡계 자기조립 연구단 신설(김기문 단장) · 기하학 수리물리 연구단 신설(오용근 단장) · RNA 연구단 신설(김빛내리 단장) · 강상관계 물질 연구단 신설(노태원 단장) · 나노입자 연구단 신설(현택환 단장)
2012년 7월	• 기초과학연구원과 서울대 간의 MOU 체결
2012년 8월 20일	• 국내 과학기술연합대학원 대학교와의 MOU 체결(8년)
2012년 8월 23일-9월 15일	• 2012-2차 IBS Symposium(9개 심포지엄 개최)
2012년 10월 16일	• 일본 RNC과의 MOU 체결(4년)
2012년 11월 23일	• 캐나다 TRIUMF과의 MOU 체결(6년)
2012년 11월 27일	• 국내 한국원자력연구원 MOU 체결(8년)

	• 중국 IMP과의 MOU 체결(5년)
2012년 12월	• 연구단장 선정 · 분자활성 촉매반응 연구단 신설(장석복 단장) · 식물 노화, 수명 연구단 신설(남홍길 단장) · 초강력 레이저과학 연구단 신설(남창희 단장) · 나노구조물리 연구단 신설(이영희 단장) • '중장기 발전계획(2013-2030) 수립을 위한 기획연구 수행'
2013년 2월	• 장순홍 대통령직 인수위원 인수위 현장방문(IBS 엑스포 입주안 제기) • '기초과학연구원 5개년 계획(2013-2017)' 수립 계획 확정
2013년 2월 14일-3월 21일	• 2012-3차 IBS Symposium(6개 심포지엄 개최)
2013년 4-5월	• 발전위원회, 과학벨트 정책자문위원회 '기초과학연구원 5개년 계획' 초안 검토
2013년 4월 2일	• '미래창조과학단지 조성 토론회' 개최(박성효 의원 주최)
2013년 4월 23일	• 미래창조과학부 최문기 장관, 기초과학연구원 방문
2013년 4월 25일	• 오세정 원장, 염홍철 대전시장과의 회의['글로벌 사이언스파크 조성(안)' 제공]
2013년 5월 8일	• 기초과학연구원-미래창조과학부 조찬 회의('창조경제 클러스터와 엑스포 글로벌 사이언스파크 조성' 보고서 제공)
2013년 6-7월	• 연구단장 선정 · 원자제어 저차원 전자계 연구단(염한웅 단장) · 지하실험 연구단 신설(김영덕 단장) · 뇌과학 이미징 연구단(김성기 단장)
2013년 6월 7일	• 미래창조과학부, 대전시에 IBS 엑스포 공원 이전 관련 정식 공문 전달
2013년 6월 9일	• 대전시 IBS 엑스포 공원 이전 관련 기자 브리핑
2013년 6월 13일	• 대전시, 4대원칙 전제로 미래부 안 수용 발표
2013년 6월 28일	• 과학벨트위원회, '국제과학비즈니스벨트 거점지구 확대 및 기본계획 일부 변경(안)' 작성(미래창조과학부, 대전시-기초과학연구원-대전마케팅공사 간 MOU 체결을 부가 조건으로 의결)
2013년 7월 1일-8월 8일	• 2013년 1차 IBS Symposium(9개 심포지엄 개최)
2013년 7월 3일	• '과학벨트 기본계획 (2012-2017)' 변경 • '국제과학비즈니스벨트 거점지구 조성 및 대덕연구개발특구의 창조경제 전진기지 조성을 위한 업무 협약서' 협약 체결(최문기 미래창조과학부 장관, 오세정 기초과학연구원 원장, 염홍철 대전시장, 채훈 대전마케팅공사 사장 참석)
2013년 7월 11일	• 엑스포 공원 개발계획 수립 추진 및 실무 협의회 구성
2013년 8월 22일	• 대전시 제안 IBS 부지경계 검토
2013년 8월 29일	• "BRIC 논란" 발발(BRIC 커뮤니티 게시판, 이일하 교수 글 개제)
2013년 8월 30일	• '과학벨트 기본계획 (2012-2017)' 변경 • 기존 거점지구 활용 계획, 중이온가속기 부지매입비 국고 지원
2013년 9월 26일	• IBS 연구단 운영 방향에 대한 토론회
2013년 10-11월	• 연구단장 선정 · 액시온 및 극한상호작용 연구단(야니스 세메르치디스 단장) · 순수물리이론 연구단(최기운 단장) · 다차원 탄소재료 연구단(로드니 루오프 단장)

2013년 11월	• '기초과학연구원 5개년 계획(안)' 확정
2013년 11월 27-28일	• 제1회 IBS Research Conference
2013년 12월	• 'IBS 기본계획 건립 기본계획 변경에 따른 기술기획 연구' 수행
2013년 12월 9일	• IBS 연구단 운영발전 방안 공청회
2013년 12월 16일	• '국제과학비즈니스벨트 기본계획' 변경(본원 부지 이전: 둔곡지구 → 도룡지구)
2013년 12월 19일	• 기초과학연구원 5개년 계획 수립
2014년 1월	• 첨단연성물질 연구단 신설(스티브 그래닉 단장) • 기재부(KDI) 과학벨트 조성사업 적절성 검토 완료
2014년 1월 6일	• 중국 IHEP와의 MOU 체결(5년)
2014년 1월 14일	• 국내 한국원자력연구원-한국원자력의학원-국가핵융합연구소-포항가속기연구소와의 MOU 체결
2014년 1월 23일-2월 21일	• 2014년 1차 IBS Symposium(4개 심포지엄 개최)
2014년 2월 24일	• IBS 연구장비 통합관리시스템(TREE) 구축
2014년 3월	• 유전체 교정 연구단 신설(김진수 단장)
2014년 3월 28일	• 국내 대구경북과학기술원과의 MOU 체결(계속)
2014년 4월 7일	• 미국 CCHF와의 MOU 체결(5년)
2014년 4월 9일	• IBS, 연구평가에 대한 패널 토론회 개최
2014년 4월 10일	• IBS 연구단장, "2014 지혜나눔강연" 강연자로 초청
2014년 4월 12-13일	• IBS, 과학의 달 - 과학체험 부스 운영
2014년 4월 16일	• 상상력 포럼 D 개최
2014년 5월 9일	• 기초과학연구원 건립 기본계획 확정 - 본원, 캠퍼스, 중이온가속기 포함
2014년 5월 12일	• 국제기구 CERN과의 MOU 체결(계속)
2014년 5월 14일	• 국내 서울대, 한국수력원자력과의 MOU 체결(계속)
2014년 5월 26일	• IBS 부연구단장 모집 공고
2014년 6월	• IBS 연구단 운영방안 설명회 개최(전국 4개 지역 순회) • 국제과학비즈니스벨트의 글로벌 정주환경 조성을 위한 2차 심포지엄
2014년 6월 2일	• 이탈리아 INFN과의 MOU 체결(5년)
2014년 7월 9일	• 과학벨트 거점지구 그린벨트 해제 결정고시(국토교통부)
2014년 7월 25일-8월 5일	• 2014년 2차 IBS Symposium(2개 심포지엄 개최)
2014년 8월 27일	• IBS, "AMoRE 국제 워크숍 동안 대중을 위한 특강 – 중성미자 질량 측정을 위해 깊은 지하로 가기" 대중강연 개최
2014년 9월	• IBS 본원 현상설계 당선작 선정 • 제2대 김두철 원장 취임
2014년 9월 1일	• IBS School, UST 현판식 개최 • 일본 ILE와의 MOU 체결(5년)
2014년 9월 13일-11월 13일	• 도서관 속 과학강의(총 8회 개최 예정)
2014년 9월 19일	• 엑스포 과학공원 철거 계획 확정
2014년 11월 20일	• 제2회 IBS Research Conference

2014년 11월 21일	• "과학벨트 희망비전 선포식" 개최
2014년 11월 28일	• 대전광역시와의 MOU 체결(계속)
2014년 12월	• 연구단장 선정 · 복잡계 이론물리 연구단(세르게이 플라흐) · 유전체 항상성 연구단(명경재) · 분자 분광학 및 동력학 연구단(조민행)
2014년 12월 23일	• 국내 한국파스퇴르연구소와의 MOU 체결(3년)
2015년 1월 28일-10월 29일	• 2015년 IBS Symposium(7개 심포지엄 개최)
2015년 2월 1일	• 러시아 INR과의 MOU 체결(5년)
2015년 3월 23일	• 국내 이화여대 단백질 인터페이스 조절 의약연구센터와의 MOU 체결(3년)
2015년 4월 8일	• 국내 한국 CMS 실험 연구팀과의 MOU 체결(5년)
2015년 4월 30일	• 국내 연세대와의 MOU 체결(계속)
2015년 5월 27일	• 제1회 유전체항상성연구단 국제 심포지엄 개최
2015년 6월 4일	• 국내 서강대학교 C1가스 리파이너리 사업단과의 MOU 체결(계속)
2015년 6월 16일	• 포르투갈 GoLP, IPFN과의 MOU 체결(5년)
2015년 7월	• 혈관 연구단 신설(고규영 단장)
2015년 7월 20일	• 국내 나노융합기술원과의 MOU 체결(3년)
2015년 7월 22일	• 러시아 BINP와의 MOU 체결(5년)
2015년 7월 24일	• IBS 복잡계 이론물리 연구단 개원 기념 심포지엄 개최
2015년 8월 20일	• 국내 한국천문연구원과의 MOU 체결(5년)
2015년 8월 26일	• '국제과학비즈니스벨트 기본계획 변경 (2012-2021)'
2015년 8월 22일-11월 21일	• 도서관 속 과학강의(총 7회 개최 예정)
2015년 9월 10일	• IBS-성균관대 몰입형 집단연구공간 N 센터 준공식
2015년 9월 14-15일	• IBS-영국 왕립학회 Research Conference
2015년 9월 21일	• 독일 MPG와의 MOU 체결(5년)
2015년 9월 30일	• 미국 Cornell University와의 MOU 체결(3년)
2015년 10월 15일	• '과학벨트 거점지구 조성을 위한 실행 협약' 체결(미래창조과학부, 대전광역시, 특허청, 대전마케팅공사, 한국특허정보원, 연구개발특구진흥재단, 특허정보진흥센터)
2015년 11월 10일	• 중국 BICMR과의 MOU 체결(3년)
2015년 11월 18-19일	• 2015년 IBS Research Conference
2015년 11월 25일	• 일본 RIKEN과의 MOU 체결(5년)
2015년 11월 30일	• 루마니아 IFIN-HH와의 MOU 체결(계속)
2015년 12월	• 나노의학 연구단 신설(천진우 단장)
2016년 1월 28일-7월 28일	• 2016년 IBS Symposium(3개 심포지엄 개최)
2016년 2월 11일	• 국제기구 TESLA Technology Collaboration과의 MOU 체결(계속)
2016년 2월 23일	• 국내 한국과학기술정보연구원과의 MOU체결(계속) • 국내 고등과학원과의 MOU 체결(계속)

	• 국내 이화여대 PPI기반 섬유화 질환 제어 연구 센터와의 MOU체결(계속)
2016년 3월 7일	• 영국 Queen's University of Belfast와의 MOU 체결(5년)
2016년 3월 10일	• 스페인 IFT와의 MOU 체결(2년)
2016년 4월 1일	• 대만 NCTS와의 MOU 체결(3년)
2016년 4월 11일	• 미국 Lawrence Berkeley National Laboratory와의 MOU 체결(5년)
2016년 4월 23일-11월 12일	• "도서관 속 과학강의" 개최(총 7회 개최 예정)
2016년 5월	• 2016 Nature Index(2015년 1-12월 기준) 약진, 국내 연구기관 1위
2016년 5월 10일	• 대중강연 마이클 터너, "아인슈타인의 놀라운 우주"(IBS 지하실험 연구단 주관)
2016년 5월 19일	• IBS 분자 분광학 및 동력단 연구단(고려대, 단장 조민행) 개소식
2016년 6월	• 기초과학연구원 본원 건립 기공식
2016년 6월 1일	• 미국 Brookhaven National Laboratory와의 MOU 체결(5년)
2016년 6월 17일	• 국내 대전광역시립미술관과의 MOU 체결(계속)
2016년 6월 22일	• 일본 OIST와의 MOU 체결(3년)
2016년 7월	• 순수물리이론 연구단 공동연구단장 임명(이수종 단장)
2016년 7월-	• IBS YSF(영 사이언티스트 펠로십) 공개모집 • IBS Conference(2016년 8회에 걸쳐 개최 예정)
2016년 7월 28일	• IBS, Nature 선정 글로벌 기초과학 '라이징 스타'
2016년 9월 9일	• IBS-연세대 대형연구센터 'Y-IBS관' 착공식
2016년 11월	• IBS 설립 5주년 기념식(예정)

부록 ②

중이온가속기 주요 연혁

2009년 1월	• '국제과학비즈니스벨트 종합계획 확정'(중이온가속기 설치 결정)
2009년 3월	• 중이온가속기 구축계획 수립 연구(-2010.6)
2010년	• 중이온가속기 개념설계(-2011.2)
2011년 2월	• 중이온가속기 개념설계(CDR) 완료
2011년 7월	• 개념설계 내용 및 사업방향에 대한 국제 자문(-2011.10)
2011년 9월	• 중이온가속기 구축사업 사업단장 선정(-2011.12)
2011년 12월	• 중이온가속기 구축사업 기본계획 수립
2011년 12월	• 중이온가속기 건설구축사업단 구성, 운영 착수(사업단장 임명)
2012년 1월	• 중이온가속기 구축사업 기본계획 수립
2012년 5월	• Baseline Design Summary_초안 마련 제1회 RISP 기술자문위원회(TAC) 개최
2012년 6월	• 1단계 1차년도 실적보고 및 2차년도 사업착수
2012년 7월	• 제1회 RISP 총괄자문위원회(IAC) 개최
2012년 8월	• 한미 가속기 협력센터 설치(Fermilab in USA)
2012년 9월	• 중이온가속기 시스템 요구사항 및 마일스톤 수립
2012년 10월	• 한국형 중이온가속기 이름 선정: RAON('즐거운'의 순우리말)
2012년 12월	• 제1회 국제입자가속기학교(KoPAS) 개최
2013년 5월	• 1단계 2차년도 실적보고 및 3차년도 사업 착수 • 제2회 RISP 기술자문위원회(TAC) 개최
2013년 6월	• 중이온가속기(RAON) 상세설계(TDR) 완료
2013년 7월	• 제2회 RISP 총괄자문위원회(IAC) 개최
2013년 9월	• '중이온가속기 구축사업 기본계획' 변경(1차)
2013년 10월	• 제1회 RISP 국제활용자문위원회(PAC) 개최
2013년 11월	• 제17회 국제가속기 및 빔 이용 컨퍼런스(ICABU) 개최
2014년 5월	• '기초과학연구원(중이온가속기) 건립 기본계획' 확정
2014년 7월	• '중이온가속기 시설건설 사업 추진계획' 확정
2014년 8월	• 제2회 국제가속기학교(KoPAS) 개최
2014년 10월	• '중이온가속기 건설구축사업단'으로 명칭 변경
2014년 11월	• 제18회 국제가속기 및 빔 이용 컨퍼런스(ICABU) 개최 • 제2회 RISP 국제활용자문위원회(PAC) 개최 • 중이온가속기 시설건설 사업 설계 공모 당선작 선정
2014년 12월	• 중이온가속기 시설건설 사업 기본설계 착수
2015년 1월	• 제2대 사업단장 선임
2015년 5월	• '중이온가속기 구축사업 기본계획' 변경(2차)

2015년 7월	• 제3회 국제입자가속기학교(KoPAS) 개최
2015년 12월	• 중이온가속기 시설건설 사업 기본설계 완료
2016년 10월	• 중이온가속기 시설건설 사업 실시설계 착수
2017년 6월	• 중이온가속기 부지 인수 완료(예정)
2017년 9월	• 중이온가속기 시설건설 사업 실시설계 적격 심의 완료(예정)
2017년 10월	• 건물시공 착수(예정)
2020년 12월	• 중이온가속기 건물 시공 완료(예정) • RAON 설치 완료(예정)

부록 ③
연구단 소개

1. 본원 연구단

인지 및 사회성 연구단(Center for Cognition and Sociality)은 2012년 5월 기초과학연구원 초대 연구단장 10명 중 1명으로 신희섭 KIST 뇌과학연구소장이 선임되면서 출범했다. 본 연구단은 주로 뇌에서 일어나는 현상, 즉 사람의 의식 조절을 비롯한 기억, 감정, 의사결정 메커니즘을 연구하는 데 그중에서도 특히 사회적 행동의 관점에서 해석하기 위해 분자단계부터 행동분석 단계에 이르는 다학제적이고 광범위한 노력을 기울이고 있다.

인지 및 사회성 연구단의 관심분야는 시상과 의식 및 정서 조절, 사회적 상호작용과 뇌 분석, 신경과 암세포의 신호전달 등 다양하고 넓은 범주에 분포하고 있어 43명에 이르는 연구진 역시 5개의 그룹으로 나뉘어 연구를 수행하고 있다. Shin Group(통합적 접근 연구), Bio-Imaging Group(체내 및 체외 생명현상 분석 연구), Mouse Genetics Group(실험용 쥐 유전학 연구), Physiology Group(생리학 연구), Primate Group(영장류 연구)이 바로 그들이다.

Shin Group(혹은 Shin Lab)을 필두로 한 인지 및 사회성 연구단은 의식과 무의식 조절, 감정과 인지, 그리고 사회성 등 여러 뇌과학적이고 사회적인 현상들을 대상으로, 주로 신경학적 메커니즘을 분석하는 데에 집중하고 있다.

인지 및 사회성 연구단 단장 신희섭	
1983	Ph.D., Cornell University
1978-1985	슬로안-케터링 연구소 박사후 연구원, 선임연구원
1985-1991	MIT 생물학과 조교수, Whitehead 연구소 책임연구원
1991-2001	POSTECH 생명과학과 부교수, 교수
2001-2012	KIST 책임연구원
2011-2012	KIST 신경과학센터 석좌연구원

의식과 무의식을 조절하는 핵심 요소는 바로 시상-피질 회로인데, 해당 회로의 다른 뇌 부분들과 어떻게 상호작용을 하여 의식 기능을 수행하는지에 대한 연구를 진행 중이다. 더 나아가 이 상호작용이 공포 감정 및 정서에도 영향을 미친다는 사실을 발견했는데, 이는 외상 후 스트레스 장애 등 인지 장애 치료의 이론적 배경을 제공할 것으로 기대된다. 생쥐를 이용한 동물실험을 통해 다양하고 복잡한 행동 연구를 진행하여 사회적 행동을 유도 및 분석하고, 그 기저에 있는 분자생물학 및 신경학적 기전을 밝히는 연구 역시 본 연구단의 연구영역이다.

이에 더해 허원도 그룹리더가 이끄는 Bio-Imaging Group은 신경학적 메커니즘을 분석하는 데에 있어 필요한 세포들의 복잡한 신호전달체계를 시각화, 제어 및 규명하는 연구를 하고 있다. 본 연구단 자체적으로 개발한 독창적인 바이오영상 및 바이오센서 기술, 단백질 및 세포제어 기술들을 주요 연구기법으로 사용한다. 연구단이 운영하는 KAIST 캠퍼스 내 KI빌딩에서 Bio-Imaging Center는 다양한 생명현상을 관찰할 수 있는 여러 현미경을 비롯한 연구 장비를 구축하고 있는데, 해당 시설은 본 연구단 소속이 아닌 연구진도 신청하면 자유롭게 이용할 수 있다.

초대 연구단 중 하나인 인지 및 사회성 연구단은 총 16건의 연구논문을 출간했고, 또 특허 1건을 출원한 바 있다. 본 연구단의 신희섭 연구단장은 정부 선정 제1호 국가과학자로 임명될 만큼 명망 있는 과학자로, 2014년 기초과학연구원 원장 직무대행을 맡은 적도 있다. 그뿐만 아니라 신 단장을 비롯해 김이준 연구위원, Charles-Francois Vincent Latchoumane 연구위원은 IBS School의 교원으로서 기초과학연구원과 UST에서 젊은 신경과학자들이 경력을 쌓고 학자로서의 꿈을 실현할 수 있도록 돕고 있다.

지하실험 연구단(Center for Underground Physics)은 그 이름에서 쉽게 유추할 수 있듯 지하실험실을 구축하고 그곳에서의 실험을 통해 우주의 기원과 구조에 관한 근원적인 의문을 푸는 것을 연구목적으로 삼고 있다. 우주의 기원과 역사, 구조를 알기 위해서는 우주의 96%를 구성하는 암흑물질과 암흑에너지에 대한 연구가 필수적이다. 지하실험 연구단은 해당 분야 연구에 대한 실험을 설계, 구성하고 수행하며, 그에 필요한 기술을 개발하기 위해 2013년 7월 기초과학연구원 물리 분야 본원 연구단으로 선정되었고, 단장에 김영덕 세종대 교수가 선임되었다.

지하실험 연구단은 크게 두 가지 실험을 진행하고 있다. KIMS(Korean Invisible Mass Search) 실험과 AMoRE(Advanced Mo-based Rare process Experiment)가 바로 그것들이다. 암흑물질과 중성미자 특성상 지하 깊은 곳에서 실험하기가 용이하기 때문에 본 연구단은 강원도 양양의 양수발전소 내 지하시설(Y2L)에서 실험을 진행 중이며, 또한 삼척 두타산에도 지하실험실을 하나 추가로 마련 중이다. 실험을 위해서는 이론적 연구와 이용 기기 개발 등 여러 과정을 종합적으로 진행해야 하기 때문에 37명 정도의 많은 연구 인력들이 그룹(4개) 혹은 팀(5개)으로 나뉘어 활동하고 있다.

지하실험 연구단 단장 김영덕	
1991	Ph.D., Michigan State University
1992-1995	일본 고에너지가속기연구기구(KEK) JSPS 연구원
1995-1998	서울대 브레인풀 연구원
1998-현재	세종대 물리학과 교수
2005-2006	콜롬비아 대학교 방문연구교수
2012-2013	로렌스리버모어 연구소 방문연구원

KIMS 실험은 암흑물질의 유력한 후보로 지목되고 있는 WIMP(Weakly Interacting Massive Particle)의 존재를 직접적으로 검증하고, 여태 전혀 밝혀져 있지 않는 암흑물질의 질량 등 여러 성질을 측정하기 위한 과정이다. 이를 위해서 방사능을 매우 적게 방출하는 CsI(요오드화세슘) 결정체가 암흑물질과 반응(핵 충돌)할 때 내뿜는 방사능을 조사할 분해능 높은 저온검출기가 필요하다. 지하실험 연구단은 해당 실험을 진행함과 동시에 보다 성능이 좋은 저온검출기를 개발하는 데 힘쓰고 있다.

한편 AMoRE는 중성미자의 절대 질량 크기와 그 성질, 또 중성미자가 이른바 Majorana 입자인지 여부를 판단하기 위한 중성미자 미방출 이중베타붕괴 실험이다. 중성미자의 질량과 성질은 우주의 입자-반입자 비대칭성을 이해하기 위해 제시된 Leptogenesis 이론 검증을 위해 필요하다. 연구단은 본 실험을 통해 중성미자 유효질량의 한계를 30meV(밀리전자볼트) 수준으로 낮추고자 한다.

연구단 출범 이후 김영덕 연구단장을 포함한 연구진은 그동안 12개의 논문을 발표한 바 있으며, 연구단의 명예연구위원인 Stephan Olsen 박사는 2016 파노프스키 상을 수상하기도 했다. 지하실험 연구단의 능력이 그만큼 출중하다는 뜻이다. 또한 김 단장과 함께 김용함 그룹리더, 박향규 연구위원은 UST 산하 IBS School에서 KIMS 실험 및 AMoRE 실험에 관심이 있는 후학들을 가르치고 있다.

순수물리이론 연구단(Center for Theoretical Physics of the Universe)은 현대물리학의 과제들과 그 너머의 순수물리이론을 연구하기 위해 2014년 1월 최기운 KAIST 물리학 교수를 단장으로 물리 분야 본원 연구단으로 출범했다. 표준모형이나 일반상대성이론은 현대 입자물리학과 우주론의 기반이 되어왔고, 우리는 우주의 물리적 현상들을 이들을 통해 많이 설명할 수 있었다. 그러나 현대물리학의 목표는 거기에 그치지 않고 그들을 뛰어넘는 보다 기초적이고 강력한 이론을 세우는 데에 있다. 연구단이 출범한지 2년이 지난 2016년 1월 현재 최기운 단장을 포함 총 20명으로 구성된 연구진이 우주와 자연현상을 근본적이고 광범위한 차원에서 이해하기 위해 힘쓰고 있다.

2013년 힉스 입자의 존재가 확인됨으로써 표준모형은 거의 완성단계에 다다랐다. 그러나 암흑물질의 존재와 우주에서의 물질-반물질의 불균형(비대칭), 전약력 대칭성 깨짐 등 표준모형과 우주론을 비롯한 현대물리학으로 여전히 설명할 수 없는 부분이 남아 있는 것이 사실이다. 해당 부분은 TeV(테라전자볼트) 에너지 차원에서의 새로운 물리학—대통일장 이론이나 끈 이론과 같은—이론을 필요로 한다. 순수물리이론 연구단은 보다 구체적으로 전약력 대칭성 깨짐의 동역학적 근원과 표준모형 변수의 계층적 구조의 원인을 연구함으로써 입자물리학이 보다 진일보하도록 돕고 있다. 입자물리학 연구와 연계하여, 우주론의 과제인 암흑물질의 성질과 초기 우주에서의 물리현상을

순수물리이론 연구단 단장 최기운 입자이론 및 우주론 그룹 (Particle Theory and Cosmology Group)	
1986	Ph.D., 서울대
1986-1987	하버드대학교 박사후 연구원
1990-1992	U.C. 샌디에이고 박사후 연구원
1992-1994	충북대 연구교수
1994-2013	KAIST 조교수, 부교수, 교수

설명하기 위한 연구도 진행 중이며, 물리학의 최종 과제인 "모든 것의 이론"("The Theory of Everything")을 도출해내는 것을 목표로 하고 있다.

최기운 단장은 입자물리학을 전공하여 '초대칭 깨짐'에 대한 새로운 이론을 발견, 초대칭 입자의 패턴을 규명하여 국가과학자로 임명되고 한국과학상을 수상하는 등 해당 분야에서 세계 학계의 주목을 받은 바 있다. 최 단장을 비롯한 순수물리연구단 연구진은 지난 2년간 총 16개의 논문을 발표하여 뛰어난 연구능력을 보이고 있다. 그뿐만 아니라 최 단장과 Kenji Kadota 연구위원은 UST 산하 IBS School에서 순수물리이론 연구단의 연구 분야를 전공하고자 하는 학생들을 가르치고 있기도 하다.

순수물리이론 연구단의 공동연구단장으로 2016년 이수종 연구단장이 부임하였다. 이수종 연구단장이 이끄는 양자장, 중력 및 끈이론 연구진은 양자장 이론, 중력 및 끈이론 분야에서 새로운 현상을 발견하고 미시세계에 보다 근원적으로 다가가고자 흥미로운 연구들을 진행하고 있다. 2016년 1차년도 연구를 시작하는 양자장, 중력 및 끈이론 그룹은 높은 스핀 중력, 일반기하구

순수물리이론 연구단 단장 이수종 양자장, 중력 및 끈이론 그룹 (Fields, Gravity and Strings Group)	
1988	Ph.D., CALTECH
1993-현재	서울대 교수
1996-현재	스탠퍼드대학교 객원교수
2001-현재	파리6대학교 및 푸앙카레연구소 초빙교수
2006-현재	유럽연합 EU-FP 연구지원 심사전문위원단

조, 양자장이론의 비섭동 영역, 이중장이론 등의 주제에서 제기된 현안 문제를 해결하는 데 연구목표를 두고 있다. 이를 위하여 국내외 우수연구진에게 창의적 개방연구환경과 다중공동연구마당을 제공하고 나아가 지적 동기로 발현된 순수연구를 통하여 아시아에 위치한 최초의 독창적 독보적 연구단으로 정착하고자 하고 있다.

유전체교정 연구단(Center for Genome Engineering)은 본원 융합연구 분야 연구단으로 2014년 3월 김진수 서울대 교수가 연구단장으로 선임되었다. 지난 3년간 생명과학/생명공학 분야에서 가장 관심을 많이 받고 있고, 또 가장 급속하게 발전을 하고 있는 연구주제를 꼽으라고 한다면 단연 크리스퍼(CRISPR/Cas9) 유전자가위(이하 RGEN)일 것이다. 그 중심에 김진수 연구단장이 이끌고 있는 유전체교정 연구단이 있다. 이름에서 알 수 있다시피 본 연구단은 인간이나 동식물의 줄기세포 및 체세포의 유전체 교정 연구를 수행하는데, 이를 위해 필요한 유전자가위 효소에 대한 연구 역시 진행

유전체교정 연구단 단장 김진수	
1994	Ph.D., University of Wisconsin-Madison
1997-1999	삼성생명과학연구소 책임연구원
1999-2005	㈜툴젠 CEO 및 CSO
2005-2016	서울대 화학부 조교수, 부교수, 교수

하며, 더 나아가 이 유전체공학 기술을 활용하여 특정 유전자의 기능을 규명하고 유전질환과 관련된 유전자를 발굴하고 있다.

RGEN은 ZFN(징크핑거), TALEN(탈렌) 유전자가위에 이은 3세대 유전자가위로 평가받고 있는데, 앞선 두 세대의 유전자가위보다 만들기가 쉽고 가격이 싸서 각광을 받고 있다. RGEN을 포함한 유전자가위는 DNA를 인식하고 자르는 효소로, 세포 내 유전체의 원하는 부분을 자르고 교정하는 유전체교정 기술에 있어 필수적인 도구다. 유전체교정 연구단은 RGEN을 비롯한 여러 유전자가위를 개발하고 발전시키는 동시에 이 중 가장 유망한 RGEN 기술을 줄기세포 및 체세포에 이용, 유전질환을 치료하는 방법에 대해 연구하고 있다. 이는 유전질환의 원인이 되는 돌연변이 유전자를 교정하여 난치성 질환을 원천적으로 치료할 수 있다는 점에서 특별하다. 그뿐만 아니라 유전체교정 기술을 다양한 동식물에 활용하면 GMO 논란의 여지가 적은 고부가가치 가축 및 농작물을 개발할 수도 있다.

이처럼 유전체교정 연구는 의학 분야뿐만 아니라 농·축업 분야 등 여러 응용이 가능한 만큼, 본 연구단의 연구진은 서울, 대전, 판교 등에 위치한 4개의 서로 다른 그룹에 소속되어 다양한 연구를 진행하고 있다. 김진수 연구단장을 포함해 총 42명의 연구인력은 지난 약 2년간 총 18개의 논문을 발표하여 학계에서 해당 분야 연구를 이끌고 있다. 또한 김 단장을 포함 김상규 연구위원과 구태영 연구위원은 IBS School에서 후학을 양성하는 UST의 교원으로 역할을 다하고 있다.

복잡계 이론물리 연구단(Center for Theoretical Physics of Complex Systems)은 기초과학연구원은 뉴질랜드 매시대학교 Sergej Flach(세르게이 플라흐) 교수를 단장으로 2014년 12월 출범했다. 본원의 5개 연구단 중 세 번째 물리 분야 연구단으로 선정된 복잡계 이론물리 연구단은 그래핀, 메타물질, 초전도체 등 최근 각광받는 신소재에서 나타나는 비선형, 양자 다체 현상의 원리를 밝히고 이를 제어하기 위해 여러 접근방법을 연구하고 있다. 2016년 1월 현재 세르게이 플라흐 단장을 포함, 그 절반은 외국인인 16명의 연구원들이 총 3개 연구팀으로 나뉘어 연구를 수행하고 있는데, 세르게이 플라흐 단장을 중심으로 하는 복잡계 응집물질 연구팀, 박희철 박사가 이끌고 있는 양자 다체 상호작용 및 이동 연구팀, 그리고 올해 새롭게 꾸려진 Ivan Savenko 박사의 나노구조 상 빛-물질 상호작용 연구팀이 구성되어 있다.

그래핀과 나노튜브를 비롯한 여러 신소재에 대한 이해도를 높이고 그 응용을 효과적으로 하기 위해서는 나노미터 수준의 차원에서 일어나는 다양한 현상을 관측하고, 이를 설명할 수 있는 이론적 개념을 밝히는 것이 중요하다. 이는 주로 물리학 분야의 일로서, 복잡계 통계물리, 비평형계 물리학, 계산물리학 등에서 관심을 가지고 있다. 복잡계 이론물리 연구단은 엑시톤-폴라리톤 응축, 초전도 네트워크, 양자점 네트워크, 극저온 원자 기체, 광도파로 네트워크, 위상론, Frustration, 플랫 밴드 물리학, 파노 공명 나노스케일 디바이스, 인공 게이지장, 양자 래치트(quantum ratchets), 다체 국소화(many body localization) 상호작용과정의 무질서, 인공 준결정, 적분불가능성, 결정론적 카오스, 아놀드 확산, 캄이론(KAM), 양자적 결맞음과 결흩어짐(coherence and

복잡계 이론물리 연구단 단장 세르게이 플라흐	
1989	Ph.D., 드레스덴 공대(TU Dresden)
1994-1997	Research Associate, 막스플랑크 복잡계물리연구소(MPI-PKS)
1997-2012	Head Visitors Program, 막스플랑크 복잡계물리연구소(MPI-PKS)
2012-현재	New Zealand Institute for Advanced Study, Professor for Theoretical Physics and Complex Systems

decoherence), 양자 확률(적) 동역학, 유한 시스템, 표적화된 에너지 전이, 나노 구조체의 수송현상, 비선형 나노광학, 위상 절연체 등의 폭 넓은 연구 분야를 서로 연계하여 연구하는 것을 목표로 하고 있는데, 현재는 주로 앞서 언급한 3개 연구팀이 각자 관심을 가지고 있는 응집물질이론, 양자 다체 현상, 빛-물질 상호작용에 보다 연구능력을 집중하고 있다.

약 1년간의 짧은 연구단 역사에도 불구하고, 복잡계 이론물리 연구단은 벌써 9개의 연구논문을 발표했고 4개의 예비논문(preprint)을 써내어 앞으로 어떤 연구 성과를 더 낼 것인지 기대하게 만들고 있다. 그뿐만 아니라 본 연구단은 외국인 연구단장을 선임한 만큼 보다 글로벌 교류에 연구단 운영 초점을 맞추고 있다. 다른 기초과학연구원 본원 연구단들과 마찬가지로, 세르게이 플라흐 단장과 Gentaro Watanabe 연구위원은 UST의 IBS School 교원으로서 복잡계 이론물리 분야에서의 후학 양성에도 힘쓰고 있다.

2. 캠퍼스 연구단

시냅스 뇌질환 연구단(Center for Synaptic Brain Dysfunctions)은 2012년 생명과학분야 캠퍼스 연구단으로 선정된 이후 KAIST 김은준 연구단장과 정민환 그룹리더를 필두로 시냅스와 관련된 정신작용의 이해를 위한 연구를 계속하고 있다. 정신작용의 이해는 인류에게 주어진 최대의 도전 과제 중 하나로, 이 정신작용의 기본 단위가 바로 시냅스이다. 시냅스에 대한 연구는 전 세계적으로 활발히 이루어지고 있으며 그 경쟁이 매우 치열하지만, 시냅스 단백질과 각종 뇌질환 사이의 관계에 대해서는 정확히 밝혀진 바는 많지 않다. 또한, 자폐, 주의력 결핍 등의 질환의 치료를 위해서도 관련 분야의 연구는 반드시 필요하다고 할 수 있다.

김은준 단장이 이끄는 연구그룹은 뇌질환 관련 약물 개발 및 난제해결 가능성을 높이고, 나아가 인간의 사고와 행동의 본질을 이해하여 인류 행복 증진에 기여하기 위한 연구를 진행하고 있다. 이를 위한 접근 방법으로 시냅스

시냅스 뇌질환 연구단 단장 김은준(KAIST 캠퍼스 연구단)	
1994	Ph.D., Michigan State University
1997-2000	부산대 약학과 전임강사, 조교수
2000-현재	KAIST 생명과학과 조교수, 부교수, 교수
2003-현재	시냅스생성창의연구단, 단장
2011-현재	KAIST 석좌교수

접착 단백질의 연구, 시냅스 신호 핵심단백질 연구, 자폐 및 ADHD(주의력 결핍 과잉행동장애) 연구, 환자유래 신경세포 연구 등 다양한 실험적 접근을 계속하고 있다. 정민환 그룹리더가 이끄는 연구그룹은 의사결정 및 일화적 기억의 뇌신경 메커니즘을 중점적으로 연구하고 있다. 특히, 수천 개씩의 시냅스들을 통해 영향을 주고받는 신경세포들로 이루어진 고차원 복잡계라고 할 수 있는 뇌의 작동원리를 파악하기 위해 의사결정, 사건 기억, 그리고 시간 지각의 뇌신경 메커니즘을 설치류 동물모델을 이용해 연구하고 있다.

본 연구단은 2015년까지 총 25개의 논문을 발표하는 등 활발히 연구 활동을 진행 중이며, 2015년 1월에는 자폐증에서 나타나는 사회성 결여의 원인을 규명하는 뛰어난 연구 성과로 학계의 주목을 받기도 했다. 앞으로 본 연구단은 그동안 축적된 세계적인 선도 연구역량을 밑거름 삼아 시냅스 관련 핵심 기전을 규명함으로써 세계 정신질환 연구를 선도하고, 나아가 인류의 발전에 기여하고자 한다.

나노물질 및 화학반응 연구단(Center for Nanomaterials and Chemical Reactions)은 KAIST 유룡 단장 이하 104인 규모의 연구단으로 미래에 인류가 직면하게 될 환경 및 에너지 문제들에 대한 궁극적인 해결책을 찾기 위한 연구를 진행하고 있다. 현재 인류가 겪고 있는 환경 문제를 궁극적으로 해결하기 위한 방안은 원료 소비 및 오염 물질 발생을 최소화함과 동시에 원하는 물질을 높은 수율로 얻어내는 화학 공정의 발견이다. 촉매는 이러한 접근 방법에서 핵심적인 역할을 담당한다. 특히 분리가 쉽고 재사용이 가능하며 녹색화학 및 재생 에너지원 개척에의 중요한 해결책으로 제시되고 있는 불균일계 촉매에 관한 연구를 활발히 진행하고 있다. 나노입자나 나노다공체 같은 나노구조 물질들은 대표적인 불균일계 촉매이며, 이들은 최근 기술의 개발로 인해 더욱 발전하고 있다. 본 연구단은 기초 화학의 연구를 통하여 나노구조의 근본적 형성 원리를 탐구하고 이를 바탕으로 고효율 나

나노물질 및 화학반응 연구단 단장 유룡(KAIST 캠퍼스 연구단)	
1985	Ph.D., Stanford University
1986-현재	KAIST 화학과 조교수, 부교수, 교수
2001-2007	국가지정 창의연구단 기능성나노물질연구단 단장
2007-현재	국가과학자 연구지원 사업단 기능성나노물질연구단 단장
2008-현재	KAIST 특훈교수

노 반응 촉매를 찾아 궁극적으로는 녹색 화학 반응의 이해 및 제어를 통해 에너지와 환경 문제에 대처할 수 있는 해결 방안을 추구하려 한다.

나노물질 및 화학반응 연구단의 주 연구 내용은 나노촉매 설계 및 합성 연구, 나노소재 조립 및 혼성화 연구, 나노구조 특성화 연구, 화학반응 제어 및 메커니즘 연구, 표면화학반응 연구 등으로 이를 위해 크게 네 개의 연구그룹을 운영하고 있다.

유룡 단장의 연구그룹(Group 1)은 나노물질 디자인 및 합성과 나노촉매에 의한 화학 반응 개발에 관해 연구하고 있다. 이효철 부연구단장과 연구그룹(Group 2)은 용액상의 시간분해 구조동역학(time-resolved structural dynamics in solution)을 주제로 연구한다. 박정영 그룹리더와 연구그룹(Group 3)은 촉매 활동과 안정성 향상을 위한 모델 시스템, 에너지 소산과 전환 등에 대한 연구를, 이정용 그룹리더와 연구그룹(Group 4)은 화학 및 물리반응의 실시간 원자 이미징, 나노물질의 원자스케일 이미징 등의 연구를 중점으로 하고 있다.

2015년까지 본 연구단은 총 151개의 논문을 발표, 10개의 특허를 출원하는 등 뛰어난 연구 성과를 입증했으며 향후 세계 최고 수준의 학술 성과와 인류의 삶을 향상시킬 수 있는 과학기술에 이바지하기 위해 노력하고 있다.

면역 미생물 공생 연구단(Academy of Immunology and Microbiology)은 POSTECH의 찰스 서(Charles Surh) 단장을 중심으로 한 생명과학분야 캠퍼스 연구단으로, 세계 유일의 영양분·미생물-면역체계 복합연구를 진행하고 있다. 56인의 연구원으로 이루어진 본 연구단은 자가면역질환의 정복을 목표로 연구하고 있다. 특히 지금까지의 면역연구는 세균과 바이러스에 대한 보호기능에 집중되었으나 찰스 서 단장은 후천적 알러지와 같이 체내에 들어온 특정 성분이 면역체계에 문제를 일으키는 원인을 규명하기 위한 연구를 계속하고 있다. 외부의 병원체로부터 우리 몸을 지켜주는 인체의 면역체계는 매우 잘 제어되어야만 하는 섬세한 시스템이다. 또한 효과적인 면역을 위해서는 다양한 종류의 세포들로 이루어진 복잡한 시스템이 필요하

면역 미생물 공생 연구단 단장 찰스 서(POSTECH 캠퍼스 연구단)	
1989	Ph.D., University of California, Davis
1993-1998	조교수, 스크립스 연구소(미) 면역학 분과
1998-2005	부교수, 스크립스 연구소(미) 면역학 분과
2005-2008	종신 재직 부교수, 스크립스 연구소(미) 면역학 분과
2008-현재	교수, 스크립스 연구소(미) 면역학 분과
2012-현재	교수, POSTECH 융합생명공학부

다. 면역을 담당하는 면역 세포 또한 매우 전문화된 기능을 가지고 있는 세포로 병원체로부터 우리 몸을 보호해주지만 아직 이 세포에 대해 밝혀지지 않은 부분이 많이 존재한다. 본 연구단은 이런 아직 밝혀지지 않은 근본적인 면역 메커니즘과 면역 세포의 활동 및 제어 등에 대한 연구를 실시하고 있다.

이를 위해 찰스 서 단장과 임신혁 그룹리더는 두 가지의 큰 목적을 가지고 연구하고 있다. 첫째로는 면역 체계의 적절한 개발을 촉진하는 요소들을 찾아내는 것, 둘째로는 다량의 외부 항원과 면역체계가 공존할 수 있는 메커니즘을 발견하는 것이다. 이러한 2개의 메커니즘을 이해함으로써 다양한 종류의 만성 질환들에 대한 대처법을 찾아낼 것으로 기대된다. 이를 위해 본 연구단은 세계적 희귀시설인 무균, 무항원쥐 배양시설을 갖추고 있으며 이를 바탕으로 국제적인 연구 성과를 거둘 수 있도록 노력하고 있다. 본 연구단은 지금까지 6개의 새로운 논문을 발표하고 전남대와의 공동연구로 기관지천식에 완치 효과를 보이는 새로운 치료법을 개발, 국내외 원천특허를 확보하는 등 활발한 연구 활동을 이어가고 있다.

복잡계 자기조립 연구단(Center for self-assembly & Complexity)은 POSTECH의 김기문 단장 외 57인으로 이루어진 기초과학연구원 화학분야 캠퍼스 연구단이다. 본 연구단은 자기조립, 특히 지금까지의 제한된 환경에서의 자기조립이 아닌 보다 복잡한 환경에서의 자기조립에 대한 연구에 초점을 맞추고 있다. 이러한 연구로 만들어진 자기조립체는 암을 조기에 진단하거나 치료하는 것, 태양에너지를 이용하여 수소와 같은 청정에너지를 생산 및 저장할 수 있는 매체를 개발하는 일 등에 사용될 수 있다.

복잡계 자기조립은 크게 Complexity and Emergence, Molecular Network Systems, Emergent Materials 등의 세 가지 연구 분야로 이루어져 있다. 이를 위해 김기문 단장이 이끄는 그룹의 자기조립 및 복잡성 연구, 김원종 그룹리더와 연구그룹의 생물학적 적용 연구, 이영민 그룹리더와 연구그룹의 이론

복잡계 자기조립 연구단 단장 김기문(POSTECH 캠퍼스 연구단)	
1986	Ph.D., Stanford University
1988-현재	POSTECH 화학과 조교수, 부교수, 교수
1997-현재	지능초분자 연구단(창의적연구진흥과제/도약과제) 단장
2007-2009	홍덕석좌교수
2009-현재	포스텍펠로우(Distinguished University Professor)
	첨단재료과학부(WCU project) 주임교수

화학 연구, 이은성 주니어 그룹리더와 연구그룹의 Emergent Material 연구 등의 그룹 연구가 진행되고 있다.

복잡계 자기조립 연구단은 과학 지식의 개발 및 기본 기술의 확장, 차세대 기초 과학 연구 리더의 육성, 과학 지식의 상업화를 위한 플랫폼, 지식 생산의 글로벌 네트워크 허브라는 기초과학연구원의 네 가지 목표 하에 연구 활동을 진행하고 있다. 본 연구단은 2014년 이후 총 48개의 논문을 발표하는 성과를 거두었다. 또한 새로운 나노·마이크로 물질의 합성법 개발, DNA 나노구조체를 이용한 고효율 항암치료 기술 개발, 일산화탄소 응집 기술 개발 등 여러 분야에 걸친 기술 개발에서도 그 성과를 보이고 있다. 본 연구단은 '자기조립의 한계에 도전한다'는 연구단의 목표에 맞게 자기조립에 대한 보다 깊은 이해를 통하여 생명의 화학적 근원과 같은 근본적인 문제의 이해에 다가가기 위해 노력하고 있다.

기하학 수리물리 연구단(Center for Geometry and Physics)은 2012년 기초과학연구원 캠퍼스 연구단으로 선정되었으며 POSTECH 오용근 단장을 중심으로 한 기초과학연구원 유일의 수학분야 연구단이다. 본 연구단은 순수수학과 이론물리의 상호작용이 중요시되는 세계적 학문 흐름을 반영하여 순수수학인 사교기하학과 대수기하학, 수리물리분야의 핵심인 양자장/끈이론을 융합하는 연구를 진행하고 있다. 단장 외 40인의 연구원으로 구성된 본 연구단은 내부 구성원 전체의 유기적인 상호교류 활성화를 중요한 목표로 꼽고 있다. 이를 위해 우수한 인적 교류와 연구방향 및 아이디어의 교환이 상시 이루어질 수 있는 연구 환경을 조성하기 위해 노력하고 있다. 그뿐만 아니라 국내외 기성 수학자뿐만 아니라 젊은 수학자들과의 학문적 교류를 통한 공동연구의 장을 마련하고 있다.

기하학 수리물리 연구단 단장 오용근(POSTECH 캠퍼스 연구단)	
1988	Ph.D., University of California
1991-2013	위스콘신대학교 수학과 조교수, 부교수, 교수
1998-2000	고등과학원 전임교수
2000-2008	고등과학원 비전임교수
2010-2012	POSTECH 석학교수
2013-현재	POSTECH 교수

주요 연구 목표는 사교 대수 위상수학 연구, 해밀톤 동역학과 동역학계 연구, Birational Geometry 연구, 양자장론의 수학적 구성 연구, 거울대칭이론 연구 등이며 이를 위해 오용근 단장, 박재석 그룹리더, 박지훈 그룹리더, Calin Lazaroiu 그룹리더가 각각 연구그룹을 이끌고 있으며 15개의 논문을 발표했다. 본 연구단은 단순 융복합 연구를 넘어 새로운 수학분야를 창조하고 전 세계 수학계가 주목하는 역동적인 연구단이 되는 것을 목표로 한다.

분자활성 촉매반응 연구단(Center for Catalytic Hydrocarbon functionalizations)은 2012년 기초과학연구원의 화학분야 캠퍼스 연구단으로 선정되었으며 KAIST 장석복 단장 이하 25인으로 구성되어 있다. 본 연구단은 새로운 촉매 반응의 개발 및 메커니즘 규명을 주요 연구 주제로 설정하여 연구하고 있다. 특히 반응성이 낮은 탄화수소의 탄소-수소결합을 전이금속 촉매를 이용하여 활성화시키고 이를 유기화학 반응이나 전합성에 응용하는 연구를 진행하고 있다. 탄화수소는 자연에 대량으로 존재하고 있으나 온화한 조건에서는 그 반응성이 낮아 유기합성이나 화학공정의 원료물질로 이용

분자활성 촉매반응 연구단 단장 장석복(KAIST 캠퍼스 연구단)	
1996	Ph.D., Harvard University
1996-1998	캘리포니아 공과대학교 박사후 과정
1998-2002	이화여대 조교수
2002-현재	KAIST 부교수, 교수
2008-2011	KAIST 화학과 학과장

되기 어렵다. 그러므로 이를 극복할 수 있는 효과적이고 선택적인 촉매시스템의 개발은 필수적이라고 할 수 있다. 이를 통해 천연물의 전합성에 적용이 가능하며 궁극적으로는 제약산업 및 재료화학 분야에 적용시킬 수 있는 강력한 화학반응 수단으로 사용될 것으로 기대되고 있다.

주 연구 주제로는 탄화수소의 C-H Bond Activation Pathway 규명, 선택적이며 온화한 탄화수소 활성화 촉매반응 시스템에 대한 연구, Hydrocarbon으로부터 Value-Added Chemical Feedstock의 제조 프로세스에 대한 연구, Biomass Conversion 연구 등이 있으며 특히 KAIST 홍승우 그룹리더의 연구그룹은 신약 개발 분야에서 빠르게 변형되는 내성 메커니즘을 극복할 수 있는 강력한 유기반응 수단을 제시함으로써 기존의 신약 개발 방법에서 탈피할 수 있는 혁신적인 방안을 제시하기 위한 연구를 진행하고 있다.

본 연구단은 2012년 이후 총 16개의 논문을 발표하며 활발한 연구를 진행 중에 있다. 최종적으로는 화석연료를 기반으로 하는 기존의 화학 원료사업에서 탈피할 수 있는 혁신적인 과학-기술적 진보를 이루는 것이 목표이다.

식물 노화·수명 연구단(Center for Plant Aging Research)은 2012년 기초과학연구원 생명과학분야 캠퍼스 연구단으로 선정되었으며 DGIST 남홍길 단장 이하 40인의 연구원이 노화 및 수명조절에의 새로운 패러다임을 제시하는 것을 목표로 연구를 진행하고 있다. 식물은 인류를 포함한 지구상의 모든 생물체의 생존에 필요한 중요한 생태적 지위를 가지고 있으며 이러한 식물의 노화 및 죽음은 매우 중요한 자연 현상이다. 그러나 식물의 생애 주기전략에 대한 분자 메커니즘의 이해는 거의 이루어지지 않고 있다.

본 연구단의 연구로 해결하고자 하는 주요 질문들은 식물이 어떻게 일정 시간을 인식하여 노화와 수명을 결정하는가, 환경은 식물의 노화와 수명에 어떤 영향을 미치는가, 노화와 수명 결정에는 어떤 생체 회로가 활용되며, 그 특성은 무엇인가, 이러한 죽음의 회로는 어떻게 진화했는가 등이다. 최종적

식물 노화·수명 연구단 단장 남홍길(DGIST 캠퍼스 연구단)	
1985	Ph.D., University of North Carolina
1988-2012	POSTECH 생명과학과 조교수, 부교수, 교수
2003-2005	POSTECH 생명과학과 주임교수
2004-2010	국가 핵심 연구센터(시스템바이오다이나믹스 연구센터) 센터장
2010-2012	POSTECH 홍덕석좌교수
2012-현재	DGIST 시스템 바이올로지 교수(DGIST fellow professor)

으로는 식물의 노화 과정을 생애주기와 연계된 다양한 단계에서의 연구 결과를 생체 네트워크의 시간적·공간적 다이나믹스의 관점, 복잡계 생물학의 관점에서 제공하는 것이 목표이다. 이를 위해 Computational and Big Data Biology, Phenome, 분자 영상, 화학 유전학, 시스템 유전학 등의 시스템적 접근 방법을 통해 노화와 노화를 가져오는 생애주기 결정 과정에 대한 분자적 메커니즘 및 이에 대한 진화적 의미를 밝히고자 한다. 또한 식물의 형태와 생리적, 분자적 분석을 자동화시킨 시스템, 일체형 식물 시스템 분석 장치, 고해상도 및 라이브 이미징 현미경, 3차원 분석 현미경 등 차세대 연구 기법 등을 도입 및 운영하고 있다.

본 연구단은 2013년부터 54개의 논문을 발표하며 활발한 연구 활동은 계속하고 있으며 이러한 연구를 통해 궁극적으로 노화 및 발달 단계에 대한 해석에 중요한 기반 지식을 제공하고 식물 생명현상의 세계적인 혁신 패러다임 제공에 기여를 하고자 한다. 또한 산업 경제적 측면에서는 바이오매스, 바이오 에너지 및 식량 증산을 위한 새로운 도구와 방법론을 제시할 수 있을 것으로 기대되고 있다.

초강력 레이저과학 연구단(Center for Relativistic Laser Science)은 기초과학연구원의 GIST 캠퍼스 연구단으로 2012년 12월에 발족했다. GIST가 보유한 펨토초(1000조분의 1초) 레이저 시설은 세계 최고 수준으로, 2012년까지 극초단광양자빔 사업으로 30펨토초의 1.5페타와트(1015W)레이저가 개발되었다. 이 초고출력 레이저는 최근의 비약적인 기술 발전으로 인해 크기도 소형화되어 대학 규모의 대형 실험실에서 구현이 가능하다. 이에 더하여, 국내 펨토초 레이저 연구의 선구자인 남창희 교수가 2012년 12월 연구단장을 맡으면서 KAIST에서 GIST로 자리를 옮겼다. 남창희 단장은 1989년부터 KAIST 교수로 재직했으며, 2010년에는 대한민국학술원상을 수상했다. 또한 미국 물리학회 및 광학회의 펠로우로 선정되는 등 세계적인 레이저 분야 석학으로 꼽힌다.

초강력 레이저과학 연구단은 1.5페타와트 레이저 시설을 기반으로 초강력 레이저 펄스와 물질의 상호작용을 탐구하며 이를 응용하는 연구를 수행하고 있으며, 2016년 1월 현재 연구단은 남창희 단장과 2인의 그룹리더를 포함한 교수 3인, 연구위원 15인, 일반연구원 7인, 대학원생 7인, 기술원 및 행정원 8

초강력 레이저과학 연구단 단장 남창희(GIST 캠퍼스 연구단)	
1988	Ph.D., Princeton University
1989-2012	KAIST 물리학과 조교수, 부교수, 교수
2009-현재	결맞는 엑스선 연구단(교과부 창의연구단) 단장
2012-현재	GIST 교수

인으로 구성되어 있다.

연구 분야는 크게 다섯 가지로, 초고출력 레이저, 고밀도 레이저-플라즈마, 저밀도 레이저-플라즈마, 레이저-플라즈마 이론, 그리고 아토초 과학이다. 잘 알려진 연구성과로는 2015년 5월에 발표된, 다양한 전자궤도를 사진을 찍듯 관찰할 수 있게 하는 2차원 분자 다중 전자궤도 관측기술 개발이 있다. 전자궤도를 관측하는 것은 원자와 분자의 결합 및 분해시에 전자들의 상호작용을 파악하는 것으로, 이를 통해 정밀한 화학반응 과정과 그 원리를 이해할 수 있다. 연구단은 초고속 펨토초 레이저로 다양한 전자궤도에서 나오는 주파수를 분석해 초고속·초정밀로 화학반응 과정을 알 수 있게 되었다고 설명했다. 기초과학연구원 캠퍼스 연구단으로 선정된 이후 초강력 레이저과학 연구단은 현재 총 20편의 논문을 발표했다.

원자제어 저차원 전자계 연구단(Center for Artificial Low Dimensional Electronic Systems) 은 기초과학연구원의 POSTECH 캠퍼스 연구단으로 2013년 6월에 발족했다. 이 연구단의 전신은 2003-2012년에 연세대/POSTECH에서 활동했던 창의연구단 원자선 원자막 연구단과 이를 계승하여 2012-2013년 POSTECH에서 활동했던 창의연구단 저차원 전자 대칭성 연구단이다. 두 연구단은 국내의 표면 및 나노물리학 분야를 선도했으며 국제적으로도 원자선 연구 분야를 개척해왔다. 현재 POSTECH 교수로 재직 중인 염한웅 단장 또한 연세대 교수로 재직하던 때부터 원자선 연구로 언론에도 여러 번 보도되었으며, 최근에는 2015년도 제15회 한국과학상 수상자로 선정되었다. 연구단은 염한웅 단장을 포함한 교수진 8명, 연구위원 10명, 연수인력(학생) 35명 및 행정팀 6명으로 구성되어 있다.

연구단의 목표는 현대 응집물질물리학의 핵심 대상이자 미해결의 핵심 난제인 저차원 전자계의 물성을 새로운 물질과 새로운 방법론으로 풀어가는 것이다. 새로운 물질이란 결정고체 표면 위의 금속원자들이 성장과정 중에

원자제어 저차원 전자계 연구단 단장 염한웅(POSTECH 캠퍼스 연구단)	
1996	Ph.D., Tohoku University
1999-2000	일본 도쿄대학교 전임강사
2000-2010	연세대 조교수, 부교수, 교수
2009-2012	POSTECH 원자선원자막연구단 단장
2010-현재	POSTECH 교수
2012-현재	POSTECH 저차원전자대칭서연구단 단장

자발적으로, 또는 인위적으로 형성하는 저차원 구조체들을 뜻한다. 또한, 새로운 방법론이란 1980년대 이후 급속하게 발전해온 주사터널현미경(STM)에 기반한 분광학과 각분해광전자분광을 의미한다. 이러한 실험방법들은 최근 꿈의 나노물질로 알려진 그래핀(Graphene) 및 위상절연체와 같은 새로운 저차원전자계를 연구하는 가장 중요한 실험방법이다.

최근의 주요한 연구 성과로는 전자를 하나씩 보내는 원자선을 발견한 것으로, 2015년 10월경 주요 국내 언론에도 보도되었다. 한꺼번에 많은 전자를 흘려보내는 일반 도체전선과 달리 인듐원자선의 원리를 이용하여 단 하나의 전자로 1비트의 정보를 처리하는 단전자 소자를 구현할 수 있다. 이를 통해 지금까지 수십 개의 전자가 수행하던 작업을 전자 하나가 대신할 수 있으며, 전자 하나를 회로의 스위치로 만들 수 있는 실마리가 된다. 연구팀은 "이는 마치 무빙워크가 움직이면서 위에 가만히 서 있는 탑승자를 이동시키는 것과 같은 모습"이라고 설명했다. 2013년 이후 원자제어 저차원 전자계 연구단은 총 46편의 논문을 발표했다.

액시온 및 극한상호작용 연구단(Center for Axion and Precision Physics Research)은 기초과학연구원의 KAIST 캠퍼스 연구단으로 2013년 10월에 발족했다. 연구단은 암흑물질 액시온(Dark-Matter Axion)의 존재를 탐색하는 것을 목표로 하는데, 이는 우리 우주의 물질-반물질 비대칭(Matter-Anti-Matter Asymmetry)의 신비와 암흑물질(Dark Matter)의 본질에 대한 탐구를 위한 기초연구가 된다. 세부 연구 분야는 양성자 전기쌍극자 모멘트 실험, 액시온 암흑물질 연구, 양성자 전기쌍극자 모멘트 실험 등으로 나누어진다.

연구단 단장인 Yannis K. Semertzidis(야니스 세메르치디스) 교수는 최초의 외국인 기초과학연구원 연구단장으로 기초과학연구원과의 1년간의 계약협

액시온 및 극한상호작용 연구단 단장 야니스 세메르치디스(KAIST 캠퍼스 연구단)	
1989	Ph.D., University of Rochester
1990-1992	로체스터대학교 연구원
1992-현재	브룩헤이븐 국립연구소 연구원, 선임연구원, 종신연구원
1993-1995	CERN 입자물리실험부문 선임연구원
2005-현재	미국물리학회 석학회원
2013-현재	KAIST 물리학과 교수

상 끝에 국내에서 연구하게 되었으며, 연구단장이 되기 직전에는 미국 브룩헤이븐 국립연구소에서 근무했다. 연구단은 2016년 1월 현재 단장 이하 연구위원 20인, 일반연구원 4인, 대학원생 9인, 학부생 3인, 기술원 1인 및 행정원 5인으로 구성되어 있다. 최근 KAIST 내의 기초과학연구원 연구단을 위한 연구건물 완공 시기가 연기되어 액시온 및 극한상호작용 연구단도 거대물리 연구에 필요한 무진동 시설을 아직 갖추지 못했고, 2015년부터 KAIST 문지캠퍼스에 무진동 시설 구축을 위한 공사에 들어가는 등의 난항을 겪었다. 연구단은 발족 이후 지금까지 총 30편의 논문을 발표했다.

다차원 탄소재료 연구단 (Center for Multidimensional Carbon Materials)은 기초과학연구원의 UNIST 캠퍼스 연구단으로 2013 년 11월에 발족했다. 다차원 탄소재료와 관련 물질들은 우수한 물리적, 전기적 특성을 지닐 것으로 예측되어 첨단 신소재로 각광받고 있다. 연구단의 주요한 연구 분야는 탄소나노재료 합성 및 물성 연구, 새로운 탄소 동소체의 설계 및 합성 연구, sp^2-sp^3 하이브리드 구조 화합물 연구 및 이차원 헤테로구조 연구 등이다. 연구단장이자 UNIST 특훈교수인 Rodney S. Ruoff(로드니 루오프) 단장은 기초과학연구원 연구단장으로 부임하기 전에는 미국 텍사스 오스틴대학교에 재직했으며, 기초과학연구원에서 2009년부터 수차례에 걸쳐 계약협상을 시도한 적이 있다. 연구단장 부임 이후에도 2014년에 데이비드 턴불 상을 수상했고 2015년에는 h-인덱스 100을 돌파하는 등 우수한 성과를 내고 있다. 연구단은 로드니 루오프 단장, 그룹리더 Christopher W. Bielawski 등 총 36인으로 구성되어 있다.

최근 알려진 주요 성과로는 2015년 11월 한일 연구진이 합동으로 처음 규명한 나노주름 그래핀 반도체의 특성에 대한 것이다. 그래핀 표면에 나노주름을 만들면 다른 물질을 첨가하지 않고도 반도체 성질을 유도할 수 있다는 사실이 처음으로 밝혀진 것이다. 그래핀은 탄소원자가 6각형 벌집구조로 결

다차원 탄소재료 연구단 단장 로드니 루오프(UNIST 캠퍼스 연구단)	
1988	Ph.D., University of Illinois-Urbana
1997-2000	워싱턴대학교(Washington University) 부교수
2000-2007	노스웨스턴대학교(Northwestern University) 석좌교수
2007-2013	텍사스 오스틴대학교(University of Texas at Austin) 석좌교수
2013-현재	UNIST 자연과학부 특훈교수

합한 2차원 전도성 물질로 전기적·물리적 성질이 우수해 차세대 전자소자 물질로 주목받고 있는데, 연구진은 나노주름 구조 내에서 전자가 양자화되면서 움직임이 제한되는 1차원 전자구속효과가 생겨 한 장의 그래핀 내에서도 도체-반도체-도체 형태의 접합구조를 만들 수 있다며 전자 손실이 없고 전도 속도를 끌어올린 그래핀 소재의 차세대 반도체 개발을 앞당길 수 있을 것이라고 설명했다. 또한 다차원 탄소재료 연구단은 발족 후 총 12개의 논문을 발표했다.

첨단연성물질 연구단(Center for Soft and Living Matter)은 기초과학연구원의 UNIST 캠퍼스 연구단으로 2014년 1월에 발족했다. 연성물질 연구는 지구 상에 존재하는 모든 부드러운 물질을 연구함으로써 응용 범위가 넓은데, 생체연성물질의 원리를 이해함으로써 유전학적으로 개발된 나노약물이 건강에 미치는 영향, 기후변화와 수질 정화에서 에너지 확보에 이르

첨단연성물질 연구단 단장 스티브 그래닉(UNIST 캠퍼스 연구단)	
1982	Ph.D., University of Wisconsin-Madison
	콜레주 드 프랑스 박사후 과정
1985-현재	일리노이대학교 조교수, 부교수, 교수
1992-현재	미국 물리학회 석학회원
2006	미국 물리학회 고분자물리 부문 의장
2010	중국과학한림원 선임 국제 과학자
2014-현재	UNIST 자연과학부 특훈교수

는 환경문제 등의 사회적인 요구를 뒷받침할 수 있고, 한편으로는 액정, 합성수지, 막 시스템, 단백질 정량 및 생명공학 등의 산업에서 그 원리들을 이용할 수 있게 된다. 첨단연성물질 연구단에서는 비평형 및 능동적 시스템에 대한 연구, 평형 상태에서의 자기조립을 통한 동적 구조물에 대한 연구, 광을 이용한 이미징 시스템 개발 및 연성물질과의 상호작용 연구, 연성물질에 대한 이론 및 계산 연구 등을 수행하고 있다. 연구단은 스티브 그래닉(Steve Granick) 연구단장과 그룹리더 Bartosz Andrzej Grzybowski, Tsvi Tlusty, 조윤경 등 총 38명으로 구성되어 있으며, 스티브 그래닉 연구단장은 UNIST 화학과 특훈교수로 임명되기도 했다.

최근의 주요한 연구 성과로는 세포 내 물질이동이 동물의 움직임과 비슷한 패턴으로 이루어지는 것을 발견한 것으로, 2015년 5월경 주요 언론에 보도되었다. 이 패턴은 '레비 워크'라고 불리는 동물의 먹이 탐색 과정으로, 한 지역에서 불규칙하게 움직이다가 먼 거리를 이동할 때는 그 방향을 향해 지속적으로 움직이는 것으로, 동물의 지능이 전제되어 있다. 연구진은 세포 속 배달부 역할을 하는 분자 모터가 특별한 기억이나 지능이 없어도 물질을 정해진 목적지에 정확히 전달하는 레비 워크 패턴을 발견했으며 또한 분자모터의 레비 워크 패턴을 인위적으로 재현하는 데도 성공해 물질이동의 효율적인 경로를 찾고 전달할 수 있는 새로운 물질전달 시스템 개발이 가능하다고 설명했다. 현재까지 첨단연성물질 연구단은 총 18편의 논문을 발표했다.

유전체 항상성 연구단(Center for Genomic Integrity)은 기초과학연구원의 UNIST 캠퍼스 연구단으로 2014년 12월에 발족했다. 유전체 항상성이란 유전체가 손상을 입었을 때 세포가 그것을 스스로 복구해내는 것을 말한다. DNA는 유전체 중에서도 가장 중요하며 근본적인 구성 요소로 유전정보를 결정하는데, DNA에 손상이 생기면 돌연변이나 세포 사멸 등의 치명적인 결과로 이어질 수 있다. 따라서 세포는 DNA의 손상을 인식, 복구하여 유전정보를 보존하는 과정을 가지며 DNA의 손상이 여러 가지 종류이므로

유전체 항상성 연구단 단장 명경재(UNIST 캠퍼스 연구단)	
1992-2002	루드위그 암연구소 Postdoctoral Fellow
1999	Ph.D., Brown University
2002-2009	미국 국립보건원 유전체연구소 Section Head, 영년직책임연구원
2009-2014	미국 국립보건원 유전체연구소 종신책임연구원
2014-현재	UNIST 생명과학부 특훈교수

DNA 복구 과정도 다양한 기전으로 이루어진다. 연구단은 현재 명경재 단장(UNIST 생명과학부 특훈교수)을 중심으로 연구위원 6인, 박사후 연구원 5인, 대학원생 2인, 연구지원 10인, 행정원 2인으로 이루어져 있다. 연구단장인 명경재 교수는 이 DNA 복구와 게놈 안정성 분야의 석학으로, 2002년 미국 국립보건원 인간유전체연구소(NHGRI)의 연구원으로 들어가 2009년부터 종신연구원으로 활동했다.

유전체 항상성 연구단의 주된 목적은 분자생물학, 세포생물학, 동물모델을 이용하여 DNA 복구 과정들을 세부적 분자적 수준에서 연구하고, 그 과정을 화학 물질로 조절하는 방법을 개발해내는 것을 연구하는 것이며, 궁극적으로 동물의 DNA 복제기작과 손상복구의 과정을 밝히고 암, 노화, 그리고 진화 등 현재 인류의 최대 관심사에 답을 제시할 수 있을 것이라고 기대하고 있다. 세부적인 연구 주제로는 DNA 손상 복구 및 복제 및 재조합 과정의 분자기전 탐구, DNA 손상 복구 이상과 유전적 질병의 상호관계 탐구, 세포 내·외부적 요인이나 합성물질에 의한 DNA 손상복구 변화 및 임상적용 가능성 탐구, DNA 구조와 손상복구와의 상호관계 탐구 등이 있다.

혈관 연구단(Center for Vascular Research)은 기초과학연구원의 KAIST 캠퍼스 연구단으로 2015년 7월에 발족했다. 인간의 혈관 중에서도 모세혈관은 혈관 면적의 대부분을 차지하고 있으며, 분포하는 장기에 따라 고유한 구조와 기능을 가지고 있는데 이에 대한 조절기전, 병리작용 그리고 맞춤형 재생에 대한 관심이 최근 들어 높아져 많은 연구자들이 큰 진전을 보였지만 여전히 많은 부분들이 미지의 영역으로 남아 있다. 따라서 기초과학연구원 혈관 연구단은 보다 더 근본적이고 도전적인 연구로 이 분야에서 기존 개념을 뛰어넘는 괄목할 만한 성과를 이끌어내고자 한다. 이를 통해 장기별로 독특한 구조와 기능을 가진 모세혈관과 림프관이 생성 및 유지되는 기전을 파악, 질병 상황에서의 변화 양상을 알 수 있게 될 것을 기대하고 있으

혈관 연구단 단장 고규영(KAIST 캠퍼스 연구단)	
1991	Ph.D., 전북대 의과대학
1995-2001	전북대 의과대학 조교수, 부교수
2001-2003	POSTECH 부교수
2003-2010	KAIST 교수
2011-현재	KAIST 특훈교수

며, 이러한 성과들은 혈관 및 림프관의 맞춤형 재생치료를 디자인, 실행하기 위한 밑거름일 뿐만 아니라 새로운 심장근 줄기세포의 발견과 적용은 심장근 재생 치료에 혁신을 가져올 것으로 전망된다. 궁극적으로 심혈관계와 밀접하게 연관된 주요 난치성 질환들인 암, 망막병증, 혈관병증 및 심부전 등의 원인파악, 치료설정 수립에 새로운 이정표를 제시하려는 것이다.

KAIST 의과학대학원에 자리 잡은 혈관 연구단은 고규영 단장(KAIST 의과학대학원 특훈교수) 이하 연구위원 6인, 대학원생 13인, 기술원 2인, 행정원 1인으로 구성되어 있다. 신생 연구단으로써 연구단 자체의 성과는 아직 미진하나, 단장 고규영 교수는 20년 이상 이 분야를 연구해온 국내 석학이다. 의대 출신의 기초의학자라는 독특한 이력을 가진 그는 2007년 분쉬 의학상, 2011년 8월 이 달의 과학기술자상, 2012년 아산의학상 등을 수상했으며 노벨상에 근접한 연구를 하는 국내 과학자로서 언론에 지속적으로 언급되어왔다.

3. 외부 연구단

RNA 연구단(Center for RNA Research)은 지난 2012년 기초과학연구원 외부 연구단으로 선정되었으며, 서울대 생명과학부 김빛내리 교수가 단장으로 있다. 주로 비암호화 RNA(ncRNA)와 마이크로 RNA(miRNA)로 유전자를 조절하는 방법을 연구한다.

본 연구단에서는 RNA를 연구하는 데 직접적으로 연관되어 있는 생화학과 분자생물학, 유전학뿐만 아니라 생물물리학과 생물정보학까지 종합적인 학문 분야를 바탕으로 RNA에 대해 연구한다. 현재 생화학팀, 구조생물학팀, 생물정보학팀, 단백질학팀의 네 연구팀으로 이루어져 있으며, 앞으로 세포신호팀이 신설될 예정이다. 2016년 1월 현재 김빛내리 연구단장을 비롯해 각 연구팀을 이끌고 있는 4명의 연구위원과 10명의 박사후 연구원, 10명의 대학원생이 함께 연구를 진행하고 있다.

RNA 연구단에서 관심을 가지고 있는 분야는 크게 두 가지로 나뉘어진다.

RNA 연구단 단장 김빛내리(서울대 외부 연구단)	
1998	Ph.D., 서울대
1999-2001	University of Pennsylvania 박사후 연구원
2004-2013	서울대 생명과학부 조교수, 부교수
2010-현재	서울대 중견석좌교수
2013-현재	서울대 생명과학부 교수

ncRNA와, 메신저 RNA(mRNA)에 결합해 단백질 합성을 조절하는 miRNA에 대한 연구다. 본 연구단에서는 ncRNA의 결합 단백질을 동정하고, 새로운 ncRNA를 분류해 그 작용 기전을 연구함과 함께 RNA의 결합 단백질을 동정해 그 기능을 규명하는 일을 한다. 또한, miRNA를 조절하는 기전과 진화 과정, miRNA를 조절하는 단백질의 구조를 규명하는 연구도 함께 진행한다.

miRNA는 세포발생과 분화, 분열, 사멸 등의 과정에서 중요한 역할을 할 뿐더러 암 발생에서도 중요한 역할을 한다고 알려져 있다. 따라서 이 연구단에서 진행하는 miRNA에 대한 연구는 질병을 치료하는 데 도움을 줄 수 있고, 유전자 조절 기술은 앞으로의 RNA 연구 분야의 발전에 기여할 수 있으며 장기적으로는 줄기세포 공학 분야의 새로운 길을 열 수 있다.

본 연구단에서는 지난 2003년부터 현재까지 총 63건의 논문, 2건의 특허, 3건의 단행본을 출판했다.

강상관계물질연구단(Center for Correlated Electron System)은 서울대 노태원 단장을 중심으로 박제근, 김창영 부연구단장이 함께 연구단을 이끌어가고 있다. 세계의 연구진들은 새로운 인공 산화물의 계면에서 새로운 전자상을 발견하기 위해 여러 가지 매개변수를 변화시키면서 연구하고 있는데, 본 연구단에서는 이런 매개변수에 스핀궤도 결합, 변형률 구배, 불량 통제의 세 가지 통제 매개변수를 포함시켜 연구를 진행하고 있다. 이 연구는 응집물리 분야에 새로운 패러다임을 제시할 수 있으며, 새로운 전자 구조물과 그린 에너지 기술 디자인에 활용될 수 있다.

현재 8명의 Advisor professor, 3명의 Team leader, 7명의 박사후 연구원과 13명의 대학원생이 연구단에 속해 있다. 기초과학연구원 외부 연구단에 선정된 2012년 이후 54건의 논문을 출판했고, 국제특허 13건을 포함해 총 19건의 특허를 보유 중이다.

강상관계물질연구단 단장 노태원(서울대 외부 연구단)	
1986	Ph.D., Ohio State University
1989- 현재	서울대 자연과학대학 물리학과 조교수, 부교수, 교수
1999-현재	한국물리학회 재무실무이사, 총무실무이사, 부회장
2000-2009	서울대 산화물전자공학연구단(창의연구단) 단장
2010-2012	서울대 기능성계면연구단(국가과학자) 단장

나노입자연구단(Center for Nanoparticle Research)은 2012년 서울대의 기초과학연구원 외부 연구단으로 선정되어 현택환 단장을 중심으로 나노 분야의 선도적인 연구를 행하고 있다. 나노 입자는 보통의 물질과는 다른 독특한 전기적·광학적·자기적·화학적 성질을 보인다. 이런 성질은 나노 입자의 크기와 모양 등의 요인으로 결정되는데, 이 성질은 향후 생명과학과 의학뿐만 아니라 에너지, 정보 기술 등 다양한 분야에 응용될 가능성이 커 나노 입자를 합성하는 공정이나 대량 생산 기술의 확보가 더욱 중요하다.

본 연구단에서는 나노 입자를 화학적으로 합성하고, 입자의 물리적·화학적 특성을 규명함과 함께 나노 입자가 형성되는 기작에 대해 탐구해 나노 입자 형성 원리와 성질을 밝히는 연구에 집중하고 있다. 또한, 나노 입자를 이용한 다기능성 나노 구조물을 만들어 이를 병 진단과 치료에 사용하거나, 전기화학 소재나 촉매로 이용하는 연구도 진행하고 있다.

본 연구단은 현택환 단장과 6명의 교수진이 함께 이끌어나가고 있으며, 연

나노입자연구단 단장 현택환(서울대 외부 연구단)	
1996	Ph.D., University of Illinois
1996-1997	미국 노스웨스턴대학교 박사후 연구원
1997-현재	서울대학교 부교수, 조교수, 교수
2002-2010	산화물나노결정연구단(창의적연구진흥사업) 단장
2010-현재	미국화학회지 부편집장
2011-현재	서울대학교 중견석좌교수

구분야 또한 에너지 물질 디자인에서부터 태양 전지까지 다양하다. 기초과학연구원 외부 연구단으로 선정된 2012년 이후 330여 건의 논문을 발표했으며, 60여 건의 특허 또한 보유하고 있다.

나노구조물리연구단(Center for Integrated Nanostructure Physics)은 2012년 성균관대의 기초과학연구원 외부 연구단으로 선정되었다. 본 연구단은 이영희 단장과 함께 김정용 그룹리더, 이효영 부연구단장이 연구단을 이끌어나가며 현재 10명의 Cooperative Professors, 19명의 Research Fellows, 박사과정 학생 47명, 석사과정 19명이 연구단에 속해 있다.

나노구조물리연구단에서는 저차원 하이브리드 복합구조의 새로운 다기능적 특성을 발굴하고, 나노 물질을 측정할 때의 감도와 해상도를 높이는 것과 동시에 다양한 기능을 수행할 수 있는 다기능 나노 스코피를 개발한다. 이런 연구를 위해 총 5개의 그룹으로 나뉘어서 연구를 진행하는데, 각 그룹에서

나노구조물리연구단 단장 이영희(성균관대 외부 연구단)	
1986	Ph.D., Kent State University
1987-2001	전북대 교수
2000-2005	창의연구사업 기획위원
2001-현재	성균관대 물리학과 교수
2008-현재	WCU 사업단(에너지과학과) 사업단장

이뤄지는 연구는 컴퓨터 모델링에서부터 그래핀 합성까지 다양한 분야에서 이뤄지고 있다.

첫 번째 그룹에서는 하이브리드 나노 구조물을 합성하고, 새로운 성질을 측정하는 연구를 진행한다. 이 연구는 그래핀 등에 응용될 수 있으며 유연하게 휘어지는 전지를 만드는 데도 쓰일 수 있다. 두 번째 그룹에서는 나노 구조물을 TEM을 이용해 성질을 분석하는 연구를 한다. 세 번째 그룹에서는 광열전효과에 대한 연구를 중점적으로, 네 번째 그룹에서는 나노 광학 분야에 집중해 연구를 진행한다. 마지막 다섯 번째 그룹에서는 컴퓨터를 이용한 모델링을 한다.

21세기의 중요한 키워드 중 하나인 '나노 물질'을 다루는 이러한 연구는 언론에서도 많이 다뤄지고 있다. 현재까지 총 185건의 논문을 발표했고, 탄소 나노튜브와 그래핀 등에 관련된 4건의 특허도 보유하고 있다.

뇌 과학이미징연구단(Center for Neuroscience Imaging Research)에서는 뉴로 이미징 기술과 함께 뇌의 구조와 기능의 상관관계, 행동과 신경 회로망의 상관관계 등의 생리학적 기전을 규명하기 위해 다학제적 접근으로 연구를 진행한다.

현재 김성기 단장을 중심으로 18명의 교수진과 5명의 박사후 연구원, 박사과정 학생 10명과 석사과정 학생 24명이 연구단을 구성하고 있으며, 총 5개의 그룹으로 나뉘어져 각 분야의 연구를 수행 중이다. 각각의 그룹에서는 신경 물리학과 신경화학, 뇌 신경혈류 기전 연구, 인간의 인지기능 지도 작성 연구, 인지 신경회로 연구, 계산 신경화학에 대한 내용을 주로 연구한다.

이렇듯 다학제적으로 뇌 연구를 수행하기 위해 MRI, 다광자 공초점 현미

뇌과학이미징연구단 단장 김성기(성균관대 외부 연구단)	
1988	Ph.D., Washington University
1989-1991	미국 워싱턴대학교(시애틀) Postdoctoral Fellow
1994-2002	미국 미네소타대학교 교수
2002-2015	미국 피츠버그대학교 교수
2006-2013	미국 피츠버그대학교, Multimodel Neuroimaging Training Program, Co-director
2009-2015	미국 피츠버그대학교, Paul C. Lauterbur Chair in Imaging Research
2013-현재	성균관대학교 석학교수

경, 전기생리학 레코딩 시스템 등의 실험 장비를 보유하고 있으며 현재까지 총 30건의 국제 논문과 1건의 특허를 보유했다. 홈페이지에는 9건의 국제 학회 발표도 함께 소개되어 있다.

분자 분광학 및 동력학 연구단(Center for Molecular Spectroscopy and Dynamics) 에서는 높은 시간, 공간 분해능을 갖는 새로운 분광학과 이미징 방법을 개발해 화학 반응과 생물학적으로 중요한 분자 시스템에 응용하는 연구를 수행하고 있다.

조민행 고려대 교수를 단장으로 11명의 Research Fellow와 5명의 Collaborator, 2명의 Commission task Project leader가 연구를 주도하고 있으며 10명의 학생들이 함께 연구를 진행하고 있다.

본 연구단에서는 시분해 분자 분광학과 분자 동역학, 계산 화학의 방법을 연구하는 데 초점을 맞춘 연구를 진행함과 동시에, 분자 이미징 기술을 개발해 이를 생체 분자에 응용하는 연구도 함께 진행 중이다. 이런 연구를 통해

분자 분광학 및 동력학 연구단 조민행 단장(고려대 외부 연구단)	
1993	Ph.D., University of Chicago
1996-현재	고려대 조교수, 부교수, 교수
2000-2009	고려대 다차원분광학연구센터 센터장
2004-2005	University of Calfornia-Berkeley, 객원교수
2005-2008	현대-기아 자연과학 석좌교수

얻어낸 물질과 빛의 상호 작용 원리에 대한 이해를 바탕으로, 생명 현상과 에너지 및 환경 문제 해결에 중요한 역할을 담당할 신소재와 기능성 재료의 특성을 규명하는 데 필요한 분광학적 방법론을 개발할 수 있어 그 기대가 크다.

기초과학연구원 외부 연구단으로 선정된 이후 발표된 26건을 포함해 총 234건의 논문을 발표했으며 1건의 특허도 함께 보유 중이다.

나노의학연구단(Center for Nanomedicine)은 2015년 기초과학연구원 외부 연구단으로 지정되었으며 연세대 천진우 교수가 단장으로 있다. 현재 3명의 교수, 4명의 박사후 연구원과 18명의 학생이 함께 연구단을 구성하고 있다.

나노의학연구단에서 이뤄지고 있는 연구의 궁극적인 목표는 혁신적인 나노 물질을 설계, 합성하고 이러한 구조물을 생명에 적용하는 새로운 분야의 과학을 이끌어내는 것이다. 이런 목표를 위해 본 연구단에서는 나노 물질 디자인 그룹, 나노 바이오 인터페이싱 그룹, 나노 바이오 시스템 그룹으로 나뉘

나노의학연구단 단장 천진우(연세대 외부 연구단)	
1993	Ph.D., University of Illinois
1998-2002	KAIST 조교수, 부교수
2002-현재	연세대 화학과 교수
2008-현재	연세대 Horace G. Underwood 특훈교수
2010-현재	창의적 연구지원사업 진화나노입자연구단 단장

어 각각의 연구를 수행한다. 각 그룹에서는 ① 프로그래밍이 가능한 지능형 나노 물질 디자인·개발 연구, ② 정밀한 계측이 가능한 나노 바이오 이미징 기술 연구, 나노 물질과 바이오 간의 상호작용에 대한 연구, ③ 나노 과학을 이용한 생명 현상 관찰 및 응용 연구 등 다양한 연구를 수행하고 있다. 3개의 그룹은 유기적으로 협력하며 단일 세포 수준에서 생명의 근본 원리를 찾아낼 수 있는 나노 물질을 디자인하고, 이를 이용해 고감도의 정확하고 효율적인 진단과 치료가 가능한 무독성 물질을 개발하기 위해 매진 중이다.

본 연구단에서 이뤄지고 있는 위와 같은 연구는 향후 암 치료에 응용되거나, 의료 영상 장비, 뇌과학 등에 활용될 가능성이 높다. 2015년 7건을 포함해 120건의 연구 논문을 발표한 상태다.

부록 ④

5주년 기념 특별 대담

기초과학연구원 5년의 회고와 전망

기초과학연구원(IBS) 설립 5주년을 맞아 그동안 조언자이자 주요 결정자의 입장에서 IBS 설립과 운영에 다각적이고 입체적으로 참여해온 오세정 의원(IBS 설립준비위원장, 초대원장), 유명희 KIST 책임연구원(당시 청와대 미래전략기획관), 김두철 IBS 원장과 함께 그간의 회고와 전망에 대해 이야기해 보았다. 대담은 박범순 KAIST 과학기술정책대학원 교수가 이끌었다.

- "세계 일류 과학자 모으자는 '은하도시 구상'이 IBS 설립으로 이어져"
- "우수한 대학 인력의 참여와 시너지 효과를 위해 캠퍼스 연구단 탄생"
- "IBS 예산 사용 정부관료 통제 받으면 단기성과 압박 피할 길 없어"
- "하이 리스크 하이 리턴… 초심대로 IBS 자율성 보장하고 기다려줘야"

기초과학연구원의 설립 배경

박범순: IBS의 설립은 한국 과학사에서 중요한 사건이라고 할 수 있겠습니다. 오늘 이 자리에서는 설립의 배경부터, 즉 2005년 은하도시 아이디어의 등장부터 지금까지 약 10여 년에 걸친 여정을 논의하면 좋겠습니다.

유명희 KIST 책임연구원 (전 청와대 미래전략기획관)

유명희: 말씀하신 대로 IBS의 뿌리와 취지는 세계 일류 과학자들이 모여 자유롭게 토론하는 은하도시 구상에서 시작되었는데 이는 '은하수 프로젝트'를 거치면서 산업·교육 등의 내용이 더해져 더욱 확대되고 구체화되었습니다.

2008년 10월 만들어진 과학벨트추진지원단은 토론회, 정부출연연구소 간담회, 전문가 세미나, 공청회 등 의견수렴을 했고, 2009년 1월 국가과학기술위원회는 이들 추진지원단이 제출한 종합계획을 심의·확정해 곧바로 다음 달 국회에 특별법안을 제출했습니다. 하지만 IBS 설립은 법제화 과정에서 정부의 세종시 이전(안) 등과 맞물려 정치권과 지역의 이해관계가 첨예하게 결부되면서 상당 기간 표류할 수밖에 없었습니다.

이명박 대통령은 임기 중반에 "이제는 패스트팔로워(fast-follower)로는 성장의 한계에 다다랐다, 기초과학 발전이 필요하다"는 생각을 갖고 있었습니다. 그래서 국가과학기술위원회와 함께 기초과학 발전에 대해 진지하게 고민을 했지요. 기초과학을 하는 저를 미래전략기획관으로 임명한 것도 그 같은 관심의 일환이었습니다.

지금 생각해보면, 우여곡절 끝에 2010년 말 국회에서 과학벨트 특별법이 통과된 것은 우리나라 기초과학으로서는 정말 큰 행운이었다고 밖에 표현할 수 없을 듯합니다. 당시 다음 해 예산안이 국회를 통과할 때 예산부수법안을 제외하면 서울대 설립·운영에 관한 법(서울대법인화법), 국가과학기술위원회를 상설 행정위원회로 권한을 강화하는 과학기술기본법(개정)과 과학벨트 특별법 3개 법안만이 국회를 통과했습니다. 공교롭게도 교육과 과학기술 관련 법만 통과가 된 것이지요. 제가 청와대에 들어갔을 때는 세종시 수정안이 부결된 직후로 과학벨트는 자칫 추진하지 못할 수도 있는 분위기였는데 연말에 갑자기 법이 통과되면서 부지런히 계획을 짜기 시작했던 게 지금도 생생하게 기억납니다.

오세정: 이전에 최형섭 장관이 쓰신 『불이 꺼지지 않는 연구소』를 읽으면서 최 장관께서 "지금은 산업화가 더 중요하지만 결국 우리나라에도 미국의 벨 연구소와 같은 기초과학 연구소가 있어야 한다"고 말씀하신 것을 인상 깊게 보고 있었습니다. KIST가 설립된 것이 1966년입니다. IBS 설립이 논의되는 것을 보면서 "50년이 지나니 될 게 되는구나" 하는 생각을 했었지요.

IBS 설립에 관한 구상에 참여하며 제가 특히 관심을 가졌던 것은 "자율성"입니다. 자율성은 IBS의 미래를 둘러싼 가장 큰 이슈였지요. 국민의 예산으로 운영되는 만큼 민간연구소인 벨 연구소만큼의 자율성을 얻기는 어려웠지만 저는 최대한 정부의 입김을 줄이는 방안을 찾는데 주력했습니다. 특별법(안) 제정 당시 가장 중요한 예산 부분에서 정부부처 승인이 아니라 보고만으로도 자유롭게 쓸 수 있도록 하자는 의견을 제시했지요. IBS가 예산 사용에 있어서 정부의 간섭을 받게 되면 단기적 성과에 대한 압박을 피할 수 없을 거라고 본 것입니다. 하지만 국회를 통과하면서 이 의견이 반영되지 못하고 원래의 정부(안)대로 다시 돌아가버린 게 지금도 아쉽습니다.

두 번째 이슈는 "국제화"였습니다. IBS가 설립 취지대로 세계적인 기초과

오세정 국회의원 (IBS 초대원장)

학 연구기관이 되기 위해서는 무엇보다 우수한 과학자, 특히 활발히 연구하는 해외의 유명 석학들의 참여가 필수적이었습니다. 그런 분들이 와서 우리나라의 기초과학 체질을 바꾸는 데 기여하고 후진을 양성할 수 있어야 한다고 생각했지요. 그러려면 좋은 정주여건, 또 파격적인 대우를 해야 한다는 것을 설득하기 위해 노력했습니다.

대학 및 기존 연구소와의 연계

박범순: IBS의 초기 구상단계에서는 미국 NIH처럼 본원 연구단(intramural program)과 대학 중심의 외부 연구단(extramural program)으로 이원화된 구조가 논의되었는데, 2010년 특별법 통과 후 본격적으로 설립을 준비하던 시기의 문헌을 보면 "캠퍼스 연구단"이란 개념이 새로 등장합니다. 이것은 기초과학의 지역균형 발전과 예산확보에 기여한 측면도 크지만, 다른 한편으로

는 IBS가 복잡한 구조를 가지게 된 원인이기도 합니다. 캠퍼스 연구단 개념이 등장한 배경, 그리고 앞으로 대학과의 연계를 보다 효율적으로 활성화하는 방안에 대한 고민에 대해 듣고 싶습니다.

유명희: IBS 구상에서 특이한 점은 KAIST, GIST, DGIST 등 과기특성화대학과의 연계였습니다. 실행계획을 세우면서 당시 교육과학기술부 장관과 가장 많은 의견을 나눈 부분 중 하나가 대학의 우수 인력을 어떻게 참여시킬까 하는 것이었습니다. 우리나라의 과학기술정책이 출연연 중심으로 되어 있었지만 기초연구 분야의 우수 인력은 대학에도 많이 있다는 사실, 그리고 어떻게 하면 대학의 우수인력들이 IBS에 많이 참여하여 시너지 효과를 낼 수 있을지를 고민해야 했지요. IBS와 과기특성화대학 간 연계 안은 그 같은 논의 끝에 마련되었습니다.

여기에는 또 하나 지역 간 균형발전에 관한 고민도 녹아 있는데요. 본래 과학벨트라는 취지에 맞도록 본원과 중이온가속기가 들어설 대전·충청권뿐만 아니라 과기특성화대학이 있는 대구와 광주, 울산 등을 연결함으로써 R&D 벨트가 형성되고 아울러 R&D 예산도 더 확대될 수 있는 계기가 되었습니다.

오세정: 설립위원회가 캠퍼스 연구단이란 아이디어를 찾은 것은 IBS에 한국에서 가장 훌륭한 기초과학자들이 참여해야 한다는 대명제 때문입니다. 그런데 IBS가 정부출연연구소 구조로 운영된다면 대학에 있는 우수 기초과학자들이 올 것인가 생각할 때 부정적이라는 견해가 많았습니다. 연구원보다 교수를 더 선호하는 우리나라 학계의 분위기 때문입니다. IBS는 막스플랑크 연구소의 구조를 염두에 두고 있었지만 연구원들이 교수보다 높은 지위라고 생각하는 독일의 분위기와 달리 한국은 반대의 문화이지요. 또한 대학은 학생들이 계속 유입되는 구조이기 때문에 시스템적으로 큰 강점이 있습

김두철 IBS 원장

니다. 그래서 IBS가 대학과 어떻게 연계점을 찾아야 할지를 고민하다 찾은 해법이 캠퍼스 연구단이기도 합니다.

유명희: 오 의원님 말씀대로 학생들이 계속 유입되는 구조, 젊은 연구자가 왔다가 떠나는 시스템이 바로 대학원입니다. 요즘은 기업에서도 대학에 실험실을 만들고 직원도 파견하는 것처럼 대학은 대학만이 가진 역동성이 있습니다. 김두철 원장님도 고민이시겠지만 좋은 연구자를 IBS로 오게 하는 메리트 중에 하나가 보수보다도 학생을 받을 수 있게 하는 것 아닐까 싶은데요.

김두철: 네. 관련해서 UST와 연계하여 IBS School을 운영하고 있고, KAIST와는 인적교류의 장벽을 낮춰 교수가 양쪽을 겸임할 수 있도록 하는 방안을 모색 중입니다.

박범순: 김두철 원장님은 IBS에 오시기 전 고등과학원에 계셨는데요. 고등과학원도 기초과학을 진흥해보자며 프린스턴 대학 부속 기관인 Institute for Advanced Study의 모델을 본떠 야심차게 시작한 것으로 알고 있습니다. 그런 고등과학원과 IBS의 차이점은 무엇인지요?

김두철: IBS 같은 기초과학 연구기관을 만들 만한 여건이 아닐 때 소규모로 수학이나 이론물리처럼 돈 안 드는 분야에서 한번 해보자고 세운 게 고등과학원입니다. 이론이 먼저 앞서 나가면서 다른 분야를 끌고 나가자는 취지로 작게 시작한 것이지요. 하지만 외환위기를 맞으며 당초 계획보다 한참 축소 운영되었습니다.

하지만 KAIST에 소속이 된 점 등은 지금도 참고할 만합니다. 대학에 속하다 보니 자유로운 학문 분위기 등의 장점이 있었습니다. 또 연구원들에게 교수 직함을 부여한 점도 과학자들에게 현실적인 유인요소였습니다. 이는 현재 IBS 구성원들도 아쉬워하는 부분이지요. 고등과학원처럼 교수라는 직함을 부여한다면 더 좋은 인재들을 끌어모을 수 있을 것이라는 생각도 듭니다.

유명희: 우수 학생을 놓고 벌이는 경쟁이나 공간 사용 문제 등 현재 KAIST와 IBS 간에 발생하는 지엽적인 갈등도 큰 틀의 리더십으로 해결해나가면 서로에게 좋은 점이 될 것입니다.

기초과학 R&D 생태계에서 IBS 설립의 의미

박범순: 보다 큰 틀로서 기초과학 R&D 생태계의 관점에서 IBS의 의의와 역할은 무엇이라고 생각하시는지요?

유명희: 자율성과 창의성은 그간 정부 예산에 의존할 수밖에 없는 우리나라 R&D 구조의 오랜 숙제였습니다. 이미 1990년대부터도 이런 문제인식이 있었지만 정부에서도 해결하지 못하고 계속 미루기만 해왔던 것이지요. 근본적인 문제를 해결하기 위해서는 다양한 이해관계자들의 충돌을 감당해야 하는 만큼 손대기 어려운 문제였습니다. IBS 설립은 그런 우리나라 R&D 구조를 자율과 창의로 이끌어보자고 시작한 큰 도전인 만큼 그에 걸맞은 재량이 구성원들에게 주어져야 할 것입니다.

박범순: 관련하여 IBS가 우리나라 기초과학 전체를 좋은 방향으로 이끌기 위해서는 원장의 역할이 특히 중요할 것으로 보이는데요? 원장의 지위와 권한에 대해 말씀해주시겠습니까?

오세정: 저는 초대 원장이고 연구원을 새로 만들어가는 입장이다 보니 상대적으로 해보고 싶은 것들을 많이 해볼 수 있었습니다. 또한 당시는 예산을 배정하는 관료사회에서도 IBS의 설립 취지에 대해 이해하고 용인하는 분위기였습니다. 하지만 최근 들어 재량권이 점점 축소되고 약속된 예산도 본래의 취지대로 쓰지 못하는 경향이 있는 듯합니다.

IBS의 당초 취지처럼 '자율성'과 '창의성'에 입각해 기관이 운영될 수 있도록 해 줄 필요가 있습니다. 막스플랑크 연구소처럼 알아서 예산을 운용할 수 있도록 맡겨야지요. 그러자면 리더가 책임감 있게 문제를 풀어갈 것이라는 믿음을 가져야 합니다. 기초과학이 발전하기 위해 가장 중요한 것이 자율성과 창의성이라는 것은 누구나 다 알고 있는 사실입니다. 그래서 우리나라 과학기술의 체질을 변화시켜 보자고 시작한 것이 IBS 아닙니까? 그렇다면 하다못해 IBS만이라도 원래의 목표대로 자율성을 주고 과연 어떻게 되는지를 진득하게 지켜볼 필요가 있지요.

한국은 지금 패스트팔로워로서 한계를 맞고 있습니다. 현재의 상황을 그대로 유지해서는 아무것도 안 되는 한계점, 즉 여러 가지로 데드락에 걸려 있는 상황이지요. 이럴 때는 실수가 있더라도 과감히 바꾸고 시도해봐야 합니다.

유명희: 네 맞습니다. IBS의 경우는 특히 '하이리스크 하이리턴(high risk high return)'을 기억해야 할 곳이지요.

김두철: 두 분의 말씀을 듣다 보니 IBS 설립 취지에 대해 다시금 생각해보게 됩니다. 두 분의 당초 기대만큼 전적인 자율성은 주어지지 못했지만, 그래도 우리나라의 여건에서 IBS가 만들어질 수 있었다는 것은 기적에 가까운 일이라고 믿습니다. 국내의 연구자들 대부분이 IBS가 설립된다는 소식을 들으며 가장 먼저 떠올렸던 건 "이제 우리도 기초과학 강국이 되겠구나"란 기대감이었습니다. 이해관계를 떠나서 말이지요. 설립 당시 조금 아쉬웠던 부분이라면 이런 획기적인 기관을 운영하기 위해서 필요한 준비 기간이 좀 짧았다는 것입니다. 그래서 저는 지난 5년과 앞으로의 시간들이 그 훌륭한 뼈대에 걸맞은 내실을 채워가는 과정이라 생각합니다.

연구비의 적정성과 연구자의 책임감

박범순: IBS가 취지대로 한국 기초과학의 자율성, 창의성을 이끄는 견인차가 되기 위해서는 무엇보다 기초과학계의 지지가 필요할 것으로 보입니다. 하지만 한편에서는 한정된 R&D 예산의 블랙홀이라며 공평히 나누자는 목소리도 높은데요?

유명희: 일반 기초과학 연구자들의 상실감이 클 수 있다는 점은 알고 있지만, 이것은 분명히 해둘 필요가 있는데요. IBS가 처음 어떻게 시작했는지, 그

예산이 어디서 나오는 것인지를 잊어버리고 있습니다. IBS에 투입되는 예산은 기존 R&D 예산과는 다른 별도의 트랙으로 마련된 것입니다. 하지만 이런 부분을 간과한 채 전체 기초과학 예산을 IBS가 다 가져간다는 논리로 비판하는 것은 문제가 있습니다.

이와 별개로 IBS의 연구비 규모에 관련한 논의는 필요할 것으로 보입니다. 연구분야와 특성에 따라 연구단의 연구비도 달라져야 할 것입니다. 예산 규모가 크면 클수록 관리도 해야 하고 여러 가지 부수적인 어려움이 따를 수밖에 없습니다. IBS 연구단장들도 무조건 연구비를 많이 확보하려 하기보다는 본인과 연구단에 맞는 적정선을 생각해볼 때가 되었습니다. 미래전략기획관 시절 연구단장들과 간담회를 한 적이 있습니다. 그때 제가 특히 당부 드렸던 게 노블리스 오블리주입니다. 1997년 외환위기로 힘든 시기를 거쳤던 우리 경제사정을 설명드리고 정말 소중한 국민 세금을 모아서 드리는 것이니 꼭 잘 써달라는 당부를 드렸지요. 자율성을 얻기 위해서는 연구원 각자가 부단히 노력해서 신뢰를 쌓아야 할 부분이 있습니다. 그렇게 한 단계 한 단계 IBS에 대한 오해를 줄이고 좋은 평판을 쌓아가는 과정이 필요할 듯합니다. 상대적으로 큰 재원이 투입되는 만큼 연구단과 연구자 각자의 도덕성과 청렴성이 높아야 한다는 것이지요.

오세정: 초대원장 때 연구비 관리에 대해 많이 신경 쓴 것도 같은 맥락이었습니다. 연구비가 실제로 연구에만 쓰일 수 있도록 회의비 같은 항목을 과감히 없앤 것도 그 때문이었습니다. IBS 연구자들에게 지속적으로 "필요한 만큼만 쓰라" 주문하고 때론 남는 예산을 반납도 하면서 기재부 등으로부터 좋은 평가도 받았습니다. 하지만 연구자들이 정부 예산집행 구조의 한계를 따라가기 위해 필요악이 발생하기도 하는 것으로 알고 있습니다. 예를 들어 어떻게든 받은 것을 다 써야 다음 예산확보에 유리하다는 생각은 바뀌어야 할 것입니다. 그렇게 되기 위해서는 연구자 자신이 연구비 사용에 대해 제일

잘 알고 있는 만큼 정부가 관리하려 하지 말고 연구자에게 맡겨 주는 것이 바람직함을 인식할 필요가 있습니다.

이것도 결국 연구단장들의 양심을 믿어야 하는 부분이기도 합니다. 어찌 되었든 IBS는 연구단장에게 큰 자율과 책임을 주는 조직입니다. 100억 원 가량의 큰돈을 연구자에게 맡긴다는 것은 그 만큼 연구자를 믿는다는 뜻이니 그에 걸맞게 연구자 스스로가 책임감과 사명감을 가져야 합니다.

연구단장 선정과 전략

오세정: 그런 점에서 연구단장 선정에 대해 잡음이 없었던 점이 참 다행입니다. 만약에 기초과학계가 인정하지 못 하는 연구단장이 한 사람이라도 있었다면 그야말로 큰 혼선이 있었을 것입니다. 이 같은 문제를 피하기 위해서는 연구단장을 선정하는 선정위원회 위원부터 잘 뽑는 것이 큰 미션이었습니다. 외부 압력이나 청탁으로부터 자유롭기 위해선 선정위원회의 역할이 무엇보다 중요했으니까요. 또한 국제적으로 IBS가 인정받고 유수의 석학들이 관심을 갖도록 만들기 위해서라도 외국인 선정위원을 절반 이상 뽑아야 한다고 강하게 설득했습니다. 세계적으로 권위 있는 석학들이 선정에 참여하다 보니 선정평가위원회를 한 번 개최할 때마다 기존에 우리나라에서 이루어지던 평가와는 비교할 수 없이 큰돈이 들어갔는데 관료들은 잘 이해하지 못했습니다. 그래서 총액 1000억 원 대 프로젝트를 잘 하기 위해서는 꼭 필요하다고 설득했지요. 결과적으로 보면 잘 한 생각이기도 합니다. 누구나 인정할 수밖에 없는 외국 석학들이 공정하고 면밀한 심층평가를 통해 연구단장들을 선임하니 누구도 그 결과를 인정할 수밖에 없는 분위기가 조성되었습니다. IBS의 탄생에 기여한다는 생각에 해외 선정위원들의 의욕도 대단해서 저 또한 그 엄정하고 깐깐한 선정 작업에 놀라기도 했지요.

박범순: 그렇다면 김두철 원장님, 최근 연구단장 선정의 경향성은 이전과 비교해 변화가 있는지요?

김두철: 절반 정도의 연구단장을 뽑을 때까지의 선정 기조가 분야를 막론하고 세계 최고의 우수 연구자를 유치하자는 것이었다면, 최근에는 일정 부분 분야별 안배를 고려하면서 선정 작업을 계속해나가는 방향을 고민하고 있습니다. 기초과학의 사회적 영향력을 고려할 단계가 되었다는 말씀이지요. 일례로 제가 취임할 당시 없었던 지구과학 분야의 연구단장이 최근 선정되었습니다. 또한 현재 수학 분야 연구단이 하나뿐인데 개인적인 견해로는 향후 4차 산업과 관련한 확률론, 수치해석 등과 관련하여 수학 분야의 연구단이 추가로 필요하다고 생각됩니다.

오세정: IBS가 국책연구소인 만큼 앞으로의 연구단과 연구단장 선정에는 이런 전략적인 고려가 필요할 것으로 여겨집니다.

유명희: 외부 연구단과 본원 연구단에 대한 접근방식이 좀 달라야 할 필요가 있습니다. 현재 사람 중심으로 이뤄지는 연구단장 선정에서 계획적인 연구단장 선정으로도 한 발 나아가야 한다고 봅니다. 본원 연구단 자체는 기초과학 연구에서 꼭 필요한 분야 혹은 플랫폼 기술인데 대학에서는 구축하기 어려운 기술에 대한 전략적인 접근도 가능하겠지요.

김두철: 두 분께서 말씀해주신 전략적인 접근이 이미 일정 부분 이뤄지고 있는 부분도 있습니다. IBS이기 때문에 할 수 있는 연구를 하자는 생각을 많이 하는데 지하실험 연구단 같은 경우가 그 사례가 될 수 있겠네요. 국가적으로 꼭 필요한 연구이지만 순수물리에 가깝기 때문에 기존 출연연의 연구 영역은 아니고, 대학은 비용 때문에 접근이 어려운 연구 분야입니다.

우수인재 유치

박범순: IBS 연구단장은 외부에서 스타급 과학자를 수혈하는 방식입니다. 하지만 5년이 지난 지금 IBS 내부에서 자체적으로 차세대 연구리더를 육성하려는 노력도 이루어지고 있는지요?

김두철: 어찌 보면 세계적인 논문보다 더 중요한 것이 우수 과학자 유치와 양성입니다. 몇몇 외국인 연구단장의 경우는 국내뿐만 아니라 해외에서도 적극적으로 리쿠르팅을 하며 우수 연구자들을 그룹리더로 끌어들이는 등 좋은 과학자들을 모으기 위해 노력하고 있습니다. IBS 자체적으로도 IBS-YS, IBS-SS 같은 파격적인 프로그램과 함께 연구단 내에서도 우수한 박사후 연구원 유치를 위해서 좋은 대우를 해줄 수 있도록 유도하면서 우리나라의 우수한 과학 인력들을 유인하기 위해 노력하고 있습니다.

IBS를 위한 조언

박범순: 끝으로 설립 5주년을 맞은 IBS의 향후 발전방향에 대한 조언을 부탁드립니다.

유명희: "과학자들이 사회적으로 커뮤니케이션을 안 한다, 잘 못한다"라고 말들 하는데 저는 과학자들이 원래 그러는 것을 이해해야 한다고 생각합니다. 자신만의 연구에 빠져 지내는 게 맞는다고 생각하지요. IBS 본연의 목표는 수월성이고 그런 방향으로 꾸준히 가야 합니다. 물론 부가적으로 홍보를 강화하는 것도 필요합니다. 그렇지만 당장 사회적으로 가치를 인정받는 등의 효과를 보려 하는 것보다는 꾸준히 IBS가 무엇을 하는 곳인지를 알리고

(좌측 상단부터 시계 방향으로) 박범순 KAIST 과학기술정책대학원 교수, 오세정 국회의원 (IBS 초대원장), 유명희 KIST 책임연구원 (전 청와대 미래전략기획관), 김두철 IBS 원장

축적된 성과를 홍보해야 합니다. 또 중요한 것은 그렇게 애써 쌓은 성과들을 과대포장 홍보로 한 순간에 다 잃지 않도록 노력해야 합니다.

오세정: IBS의 꿈이 실현 되려면 일반 국민들이 그 본연의 목표를 이해하고 받아들여야 합니다. 국민의 인정을 받기 위해서는 IBS의 도덕성이 큰 역할을 할 것으로 보입니다. 부정은 가차 없이 책임을 묻고, 성과가 없으면 또 엄격하게 연구를 중단시키는 모습을 보여줘야만 국민이 막대한 연구비 투입에 대해 공감을 할 것입니다. 특별대우를 받으려면 특별한 역할을 해야 합니다. 권한과 자율만큼 책임도 크게 지는 새로운 역할모델을 IBS가 만들어가야 합니다.

김두철: 당시 설립위원회, 선정평가위원회 분들을 비롯하여 과학계의 여러 분들을 모시고 많은 조언을 들으려는 계획을 갖고 있습니다. IBS 탄생에

일조한 분들인 만큼 그분들께서도 책임감을 가지고 IBS의 미래를 함께할 수 있도록 하는 데 좋은 의견을 많이 주실 것으로 기대하고 있습니다. 과학계뿐만 아니라 국민들과의 소통도 확대해 나갈 것입니다. 본원에 건설하는 과학문화도서관을 매개로 지역 사회는 물론 국민과 함께 소통하고 호흡을 맞추는 활동을 지속적으로 해나갈 것입니다. 과학벨트 기본계획과 본원 건립이 2017년 1단계가 끝나고 2018년부터 2단계가 다시 시작됩니다. 당초 계획들을 잘 마무리해 나가면서 여러분의 자문을 듣고 구체적 계획들을 세우면서 2단계 준비를 연계해 새로운 도심형 연구소로서의 IBS를 만들어나가고자 합니다.

찾아보기

(ㅈ)

지은이

박범순

서울대 화학과를 나와 존스홉킨스대학교에서 과학사 전공으로 박사학위를 받았으며 미국 국립보건원(NIH)에서 생명과학 및 의학정책의 역사에 대한 연구를 수행했다. 현재 KAIST 과학기술정책대학원 교수로 재직 중이며, 과학제도와 기관, 과학기술과 법, 20세기 과학사 및 의학사에 대해 연구하고 있다. 공동편저로 『과학기술정책: 이론과 쟁점』(한울아카데미, 2015), *Bridging the Technology Gap: Historical Perspectives on Modern Asia* (Seoul National University Press, 2013) 등이 있다.

우태민

부산대 분자생물학과에서 석사학위를 받았으며, KAIST 과학기술정책대학원에서는 대형재난 이후 안전에 대한 사회적 대응으로 표준과 측정 관련 기술개발이 제도화되는 과정을 연구해 석사학위를 받았다. 현재 동 대학원 박사과정에 재학 중이며, 유전자변형생물체, 합성생물학과 같은 새로운 생명공학기술의 등장에 따른 거버넌스 논의, 특히 생물안전성, 생명윤리, 초국가적 거버넌스에 대해 연구하고 있다.

신유정

KAIST 기계공학과를 졸업하고 동 대학 과학기술정책대학원에 진학해 한국의 뇌연구촉진법 제정에 관한 연구로 석사학위를 받았다. 박사과정에서는 한국의 뇌연구 역사 및 정책 변화를 여러 나라의 사례와 비교하며 연구를 수행하고 있다. 20세기 과학사, 융합연구정책, 거대과학정책, RRI(Responsible Research Innovation) 등에 관심을 가지고 있다.

한울아카데미 1934

사회 속의 기초과학

기초과학연구원과 새로운 지식 생태계

지은이 | 박범순·우태민·신유정
펴낸이 | 김종수
펴낸곳 | 한울엠플러스(주)
편 집 | 배유진

초판 1쇄 인쇄 | 2016년 11월 7일
초판 1쇄 발행 | 2016년 11월 14일

주소 | 10881 경기도 파주시 광인사길 153 한울시소빌딩 3층
전화 | 031-955-0655
팩스 | 031-955-0656
홈페이지 | www.hanulmplus.kr
등록번호 | 제406-2015-000143호

Printed in Korea
ISBN 978-89-460-5934-4 93400

* 책값은 겉표지에 있습니다.